U0333944

全国机械行业高等职业教育"十二五"规划教材

高等职业教育教学改革精品教材

电 气 制 图

第 2 版

朱献清　郑　静　编著

王丹虹　主审

机 械 工 业 出 版 社

我国经济和科技快速发展，新的国家制图标准不断发布，对电气技术人员的专业知识和业务素质提出了更高的要求。本书正是为适应社会发展及电气类专业人员的需求而编写的。

全书内容共分四章：第一章，电气制图基础；第二章，电气电路图制图；第三章，建筑电气制图；第四章，计算机绘图。

本书具有专业的综合性，知识的系统性，应用的实用性，内容的实效性。按照实用、新颖、简明，便于学以致用的原则，本书由基础知识讲到绘图技能，由手工尺规绘图讲到计算机绘图，前后融会贯通，结合若干工程实例进行系统的阐述。书末附有常用的电气制图和识图资料。

本书在 2009 年 3 月《电气制图》第 1 版的基础上修改编著，编写时贯彻和应用了国家最新制图技术标准和规范。

凡选用本书作为教材的教师，可登录机械工业出版社教育服务网 www.cmpedu.com 下载配套电子教案，或发送电子邮件至 cmpgaozhi@ sina. com 索取。咨询电话：010-88379375。

图书在版编目（CIP）数据

电气制图/朱献清，郑静编著. —2 版. —北京：机械工业出版社，2014.7（2019.7 重印）

全国机械行业高等职业教育"十二五"规划教材　高等职业教育教学改革精品教材

ISBN 978-7-111-47227-8

Ⅰ. ①电…　Ⅱ. ①朱…②郑…　Ⅲ. ①电气制图-高等职业教育-教材　Ⅳ. ①TM02

中国版本图书馆 CIP 数据核字（2014）第 146333 号

机械工业出版社（北京市百万庄大街 22 号　邮政编码 100037）
策划编辑：边　萌　责任编辑：边　萌　邹云鹏　版式设计：霍永明
责任校对：陈　越　封面设计：鞠　杨　　　　责任印制：孙　炜
保定市中画美凯印刷有限公司印刷
2019 年 7 月第 2 版第 7 次印刷
184mm×260mm · 15.25 印张 · 367 千字
13701—14700 册
标准书号：ISBN 978-7-111-47227-8
定价：35.00 元

第2版前言

我国经济和科技的迅速发展，社会的不断进步，人民生活水平的持续提高，对电气技术人员的专业知识和业务素质提出了更高的要求。尤其是在改变经济增长方式、调整产业结构的大潮下，物联网、计算机技术和通信技术日新月异，电气新产品快速升级换代并迅速推出，新的国家制图标准不断颁布，由此无论是对从事电气设计、制造、施工安装还是运行维修的电气类技术人员的绘图、识图要求越来越高。

为了适应形势的发展，满足电气技术人员的需要，2009年3月，由机械工业出版社出版了《电气制图》（第1版）。本书因具有专业的综合性，知识的系统性，应用的实用性，内容的实效性，体现了实用、新颖、简明，便于学以致用的原则，而得到了兄弟学校和社会的认可。

这里要说明的是，在电力、建筑行业的一些单位及技术人员，由于习惯所致，一直继续沿用旧有制图标准、电气图形符号和文字符号。作为教材和学校教学，宣传、贯彻和使用新的国家标准，是应有的责任和义务。

这次第2版为第1版的修订版，主要的差别有：一是按照最新国家标准（包括电气制图、机械制图、建筑制图有关标准）进行了修订，同时，将第1版第四章中原来应用的AutoCAD2008改为用最新版本AutoCAD2012讲解；二是在保障教学要求的前提下，适当精简了篇幅。

本书由大连理工大学王丹虹教授担任主审。

这里需要重申的是，由于编著者水平有限，而电气技术的发展日新月异，电气制图等的国家标准和规范又不断补充、修改和完善，书中难免有不足甚至疏漏。恳请各位同行和读者不吝赐教，及时批评指正。

编　者

第1版前言

在党中央关于建设中国特色社会主义的正确理论、路线、方针、政策指导下，我国改革开放的领域进一步扩大，经济快速发展，科技飞速进步，人民生活水平迅速提高，计算机技术和通信技术日新月异，这些都促使电气新技术突飞猛进，电气新产品快速升级换代并迅速推出，由此无论是对从事电气设计、制造、施工安装还是运行维修的电气工程技术人员的绘图识图要求越来越高。

面对新形势、新要求，电气类专业的师生及从事电气技术的人员，都要不断提高本专业的知识水平和业务素质，而掌握作为工程界交流语言的电气图样的绘制和识读，无疑是最基本的业务素质之一。

本书体现了专业的综合性、知识的系统性、应用的实用性和内容的时代性。

在制图、识图的教学和专业知识讲授方面，过去的教材往往存在专业知识面过于狭窄、相关知识互相脱节的弊端，造成学电气的人不懂机械，学机械的人不懂建筑等现象。而一个电气工程往往涉及电气、机械、建筑、暖通空调、给排水等等方面的综合知识。因此，本书既讲述电气电路图制图知识，又讲解机械制图和建筑电气制图相关专业知识，便于学生综合掌握电气人员必备的有关专业知识和技能。

本书正是出于为适应社会发展和人才培养需要而编著的。本书的读者对象主要是高职高专院校及中专学校电气类专业的师生，也可供从事电气技术的专业人员参考。

根据高等及中等职业技术教育面向区域经济、社会发展和就业市场的需要，主要培养生产、建设、管理、服务第一线需要的技术应用型高、中等专门人才和创新人才的目标，本书的编写目的是引领初学者较快地掌握电气制图的知识和技能，为大中专院校电气类专业师生提供实用、新颖、简明的电气制图教材，同时为已经从事电气技术的人员提供一本专业性强、知识面宽、新颖实用的工具书。

本书讲述工程界各种常用的电气图，由电气制图的基础知识到绘图方法，由手工尺规绘图到计算机绘图，内容由浅入深，前后有机结合，融会贯通，许多图例是来自于工程实际。

即使在当今计算机绘图应用越来越多的时代，手工尺规绘图对加强学生的基础能力训练、提高人文素质无疑仍然具有不可替代的作用。

本书编写时贯彻和应用了国家最新制图技术标准和规范，第四章计算机绘图应用了最新版本 AutoCAD2008，书末附有电气制图和识图的常用资料。

为了给使用本书进行教学的教师参考，出版社和编著者将根据教师需要提供教学参考的附件（电子教案）。

在本书的编著过程中，得到了无锡职业技术学院机电技术学院、电子与信息技术学院和四川水利职业技术学院机电工程系有关同志的关心支持，陆荣、华红芳、姚民雄副教授对第一、二、三章的编写提出了参考意见，杨中瑞、谭兴杰老师对第四章的修改完善提出了宝贵意见和建议。本书参考和引用了有关国家标准、规范以及一些教材和资料，在此一并致以感谢！

　　本书是机械工业出版社 2007 年 3 月第 1 版《电气技术识图》的姊妹篇，读者可根据专业要求的不同需要而对照和选用。

　　由于编著者水平有限，而电气技术的发展日新月异，加之电气设计及制图的国家标准和规范尚在不断补充、修改和完善之中，书中难免有不足甚至错漏。我们恳请各位同行和读者不吝赐教，及时批评指正，以便让本书不断完善，能为我国电力事业和职业教育的发展发挥绵薄作用。

编　者

目　录

绪 论

在现代社会各个领域中，各种机械设备、电器、仪器仪表、计算机、车辆、建筑、桥梁等硬件和软件的设计制造、生产施工、安装维修及经营管理，都要以图样为重要依据。需求方要由图样阐述其对项目的意图、要求；设计者需要通过图样表达设计对象、设计意图、设计要求；生产制造方要通过图样熟悉设计及生产的要求，按照图样进行生产加工；施工安装者要由图样了解建设项目的施工安装要求、尺寸等，并由图样进行竣工验收；使用者则依据图样了解使用对象的结构、性能、使用注意事项及维修知识等。

图样，是工程界交流的共同技术语言，是表达设计者设计意图，交流技术思想和要求，用以指导建设、生产、管理、服务的重要技术文件。

一、电气制图课程的性质和研究对象

现代社会各行各业，都离不开电气设备的应用。因此，电气制图表达的内容是十分宽泛的。但从表达的原理可划分为两大类：一类是按正投影法绘制的图，如建筑电气安装图及用于电器生产制造的图样；另一类是不按投影关系，而是用规定的电气符号绘制的简图，如常见的各种原理电路图和接线图。

由电气制图所表达的对象、方式来看，电气制图与机械制图、建筑制图等虽有相似之处，但具有明显的区别。

电气制图是一门学习、研究、绘制和阅读电气图样，图解电气、电路和电器空间的设计、制造与安装的技术基础课程。

本课程由制图的基本知识入手，讲述电气图的分类、主要特点、基本构成和制图规则，然后分别阐述不按投影关系绘制的电气电路图、按投影关系（或基本按投影关系）绘制的建筑电气图。

随着计算机的普及和广泛应用，使用计算机绘图越来越成为工程界的重要手段和技能。本课程第四章讲解应用最新 AutoCAD 2012 绘图软件，使用计算机绘图的基本方法，并结合典型实例进行研究分析和绘图。

二、电气制图课程的学习目的和任务

学习本课程的主要目的是培养学生正确运用国家相关的制图规范、标准和方法，分析、表达电气工程图样以及绘制和阅读常用电气图样的能力，进而提高学生的空间想象能力。同时，电气制图也为学生学习后续专业课程、进行课程设计和毕业设计打下良好的基础。

本课程的主要任务如下所述：

（1）熟悉国家有关电气制图的标准及规范。

（2）培养较强的绘图基本技能技巧，进一步提高几何作图的能力。

（3）初步掌握用正投影法在平面上表达空间几何形体的图示方法，从而提高空间想象能力。

（4）培养绘制和阅读常用电气图样（主要是电气简图和建筑电气安装图）的基本能力。

（5）培养能较熟练使用 AutoCAD 2012 软件进行计算机绘图的基本能力。

（6）培养勤奋努力的学习风气、认真踏实的工作作风和严谨细致的工作态度。

三、电气制图课程的内容

本课程的主要内容有：

（1）制图的基本知识和基本技能，制图国家标准中的相关规定。

（2）手工尺规绘图的基本方法、步骤及技能。

（3）电气制图的分类、特点、基本构成及制图规则。

（4）用简图表达的电气电路图的绘图方法及技能。

（5）用正投影法表达的建筑电气安装图的绘制方法及技能。

（6）用计算机绘制电气电路图和建筑电气安装图的方法及步骤。

四、电气制图的教学方法

电气制图是一门具有一定理论，但更具有较强实践性的技术基础课程，因此，只有通过多画、多读、多实践才能较好地掌握它。为了达到本课程的教学目的和要求，要注意做到以下几点：

（1）熟悉和遵守有关电气制图及其他技术制图的国家标准规定，学会查阅和使用相关技术标准及资料的方法。

（2）正确使用绘图工具和计算机。按照正确的方法及步骤绘图，认真、严谨地画好每一张图。尤其是在手工尺规绘图时，要在基本作图、图线、字体上掌握要领，狠下工夫。只有坚持不懈地进行练习才能有所长进。应当指出，尽管计算机绘图的应用已越来越普遍，但手工尺规绘图的灵活运用，对提高学生的制图动手能力和增强人文素质，仍是不可替代的。

（3）画图与读图相结合，图样与实物相结合。"照葫芦画瓢"是目前阶段学习本课程的基本方法，但要画好图，还是首先要读懂图。在后续专业课尚未学习的情况下，教师可用典型电器（如接触器、继电器、按钮及某些开关等）实物演示，有条件的还可以到变配电所进行现场教学，使学生易于掌握有关内容。

（4）善于学习、运用、联想投影基础知识。在第三章"建筑电气制图"一章中讲述的投影知识，除了有关机械制图知识外，主要是为了使学生掌握建筑电气安装图的识读、绘制。读者要在弄懂原理的基础上，多进行空间几何关系的分析，多作形体的空间想象，多进行平面、形体与图形相互之间的对应分析。

（5）本教材的教学时数及安排建议如下：第一章12学时；第二章14学时，其中大型作业（不包括课余）2学时；第三章18学时，其中大型作业（不含课余）2学时；考查和机动各2学时。合计48学时。第四章计算机绘图的教学可考虑安排在制图专用周进行。

第一章

电气制图基础

本章首先讲述制图的基本知识，然后讲解电气图的分类、主要特点及基本构成，再叙述电气图的制图规则，从而使读者了解制图的基础知识，熟悉制图的基本技能，掌握电气制图的表达对象、基本特点和方法。

第一节　制图的基本知识

一、图纸幅面及格式

按国家标准 GB/T 14689—2008《技术制图　图纸幅面和格式》的规定，电气制图的图纸幅面及格式如下。

1. 图纸幅面尺寸　图纸幅面是指图纸宽度和长度组成的图面。绘制技术图样时，应优先采用表 1-1 所规定的图纸基本幅面尺寸。即图纸幅面分为 5 种：0 号、1 号、2 号、3 号和 4 号，分别用 A0、A1、A2、A3 及 A4 表示。尺寸代号的意义见图 1-1 及图 1-2。当需要加长图纸时，加长图幅的尺寸应由基本幅面的短边成整倍数增加后得出。

表 1-1　图纸基本幅面尺寸（第一选择）　　　　　　　　（单位：mm）

幅面代号	A0	A1	A2	A3	A4
尺寸 $B \times L$	841×1189	594×841	420×594	297×420	210×297
e	20			10	
c	10			5	
a	25				

选用图纸幅面时，应在图面布局紧凑、清晰、匀称、使用方便的前提下，按照表述对象的规模、复杂程度及要求，尽量选用较小的幅面。

2. 图框格式　图框是指图纸上限定绘图区域范围的线框。在图纸上必须用粗实线画出图框：图框线以内画图样及标题栏、技术要求、会签表等；图框线外为边宽及装订侧边宽。

除标题栏及会签表外，各图样、表格（如电气主接线图中的主要电气设备及材料明细表、二次回路图中的控制开关触点表等）、技术要求都要距图框线一般不少于 20mm。二次回路图中的设备明细表一般是从紧接标题栏上方的粗实线起，右连标题栏右侧的图框线，自下而上顺序排列的。

图框格式分留装订边和不留装订边两种，如图 1-1、图 1-2 所示，但同一工程项目或同一产品的图样只能采用同一格式。

3. 标题栏　每张图纸的右下角都要有标题栏。可以说，标题栏是图纸所表达工程项目或产品的简要说明书。

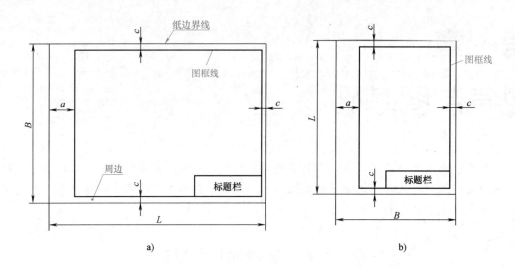

图 1-1 留装订边的图框格式

a）X 型图纸 b）Y 型图纸

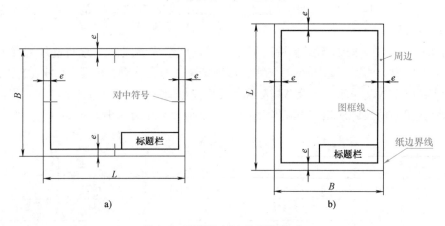

图 1-2 不留装订边的图框格式

a）X 型图纸 b）Y 型图纸

标题栏的格式和尺寸按国家标准 GB/T 10609.1—2008 的规定，如图 1-3 所示。其外框线和分列线用粗实线绘制，右边及底边与左下侧的图框线重合；内部分格线用细实线绘制。

当标题栏的长边在水平方向并与图纸的长边相平行时，称为 X 型图纸，如图 1-1a 与图 1-2a 所示；如标题栏的长边与图纸的长边垂直，则构成 Y 型图纸，如图 1-1b 及图 1-2b 所示。

无论哪种形式的图纸，都要尽量使看图的方向与标题栏的文字方向相一致。**特殊情况**下，也允许两者不相一致，这时为了清楚标明绘图及看图时的图纸方向，应在图纸的下方图框线对中处用倒立正三角形画出方向符号（称为"对中符号"）。倒立正三角形用细实线绘制，高 6mm，居图框线上下各 3mm。

这里要说明的是，不同的制图类别（如机械制图、建筑制图与电气制图）、不同的项目（如工程或产品）及不同的设计、生产单位，其图纸的标题栏格式和内容可能有所差别，但标题栏内的空格必须按照规定内容正确填写。

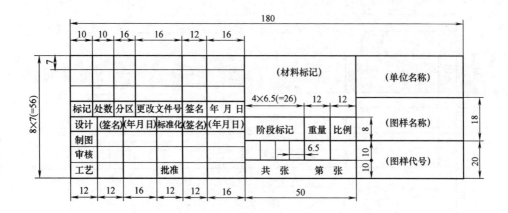

图 1-3 标题栏的格式及尺寸举例（参考件）

图 1-4 供做电气制图作业时参考。图幅小的应适当减小其尺寸。

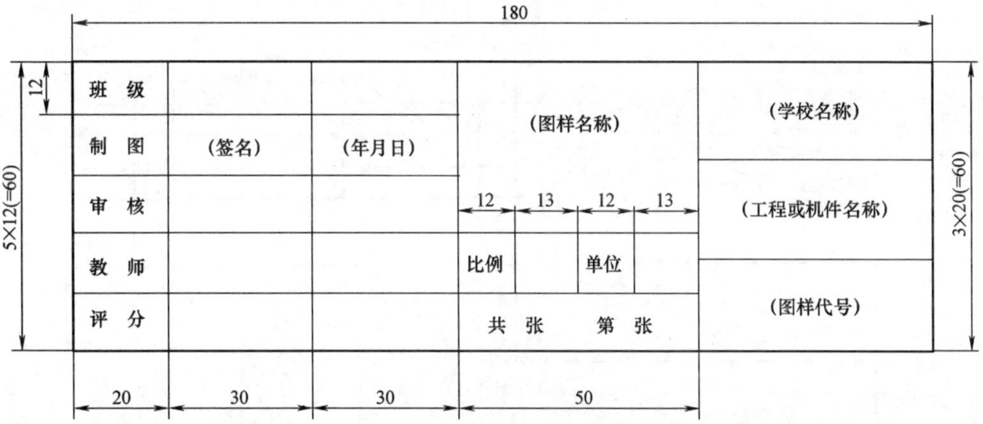

图 1-4 学生作业用标题栏的格式及尺寸（供参考）

涉及几个专业部门的图纸（如某电气工程设计施工图），紧靠在标题栏的左侧或在图纸的左上角图框线外列有会签表，由各专业负责人或相关设计人员签字认可，以统筹协调，明确责任。

4. 明细栏 明细栏又称明细表，用于标明图样中部件、组件、构件或元器件的序号、代号、名称、型号规格、数量、材料、重量（单件、总计）、分区、备注等。

机械装配图和电气一、二次接线图中一般应有明细栏。不同制图类别的明细栏的内容、格式、尺寸会有所区别，按 GB/T 10609.2—2009 和 GB/T 50786—2012 规定，如图 1-5a 及图 1-5b 所示。其中图 1-5a 为自上而下顺序列出，图 1-5b 为由下向上顺序列出。

建筑电气制图中的明细栏如图 1-6 所示。其中图 1-6a 用于电气主接线图，序号自上而下列出，其宽度（180）也可适当减少；图 1-6b 用于二次回路图，序号由下向上依次标注。当需要标明图形符号时，如图 1-6c 所示。

二、图线

图线是表达图样的主要内容。图线绘制的好坏是衡量图样质量优劣的关键之一。

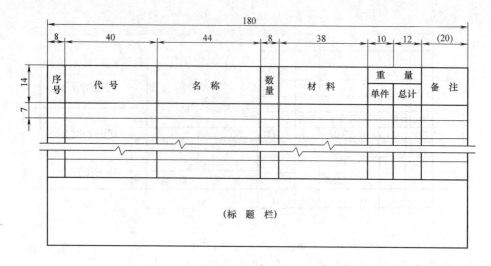

a)

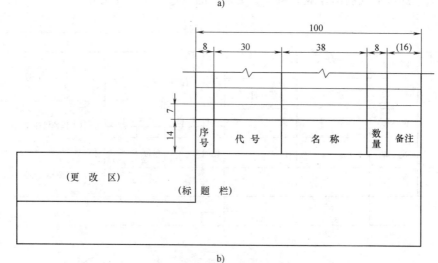

b)

图 1-5 明细栏格式举例（参考件之一）

a）自上而下顺序排列 b）自下而上顺序排列

1. 线型 国家标准 GB/T 4457.4—2002 对《技术制图 图线》规定了绘制各种技术图样的 9 种线型，其中对原国家标准 GB/T 4457.4—1984 进行了修改，主要有：一是调整了线宽比，粗线与细线比由 3:1 改为 2:1；二是将原名称中的"点划线"改为"点画线"，分别有细、粗、单点、双点画线；三是增加了粗虚线及其应用。

综合 GB/T 4457.4—2002、GB/T 50001—2010 和 GB/T 50786—2012 规定的各种图线线型及其应用，今将工程建设制图（含房屋建筑制图、建筑制图、建筑结构制图等）、机械制图、电气制图中经常使用的线型及应用举例综合列表，见表 1-2。在同一张图样上，波浪线和双折线一般只采用同一种线型。

2. 画图线的注意事项

（1）不同的线型用于不同的场合，同一幅图纸不同图样的同一线型的宽度应一致。

（2）虚线、单点画线及双点画线的线段长度和间隔应各自大致相同，其长度及间隔可视图样的大小而定。

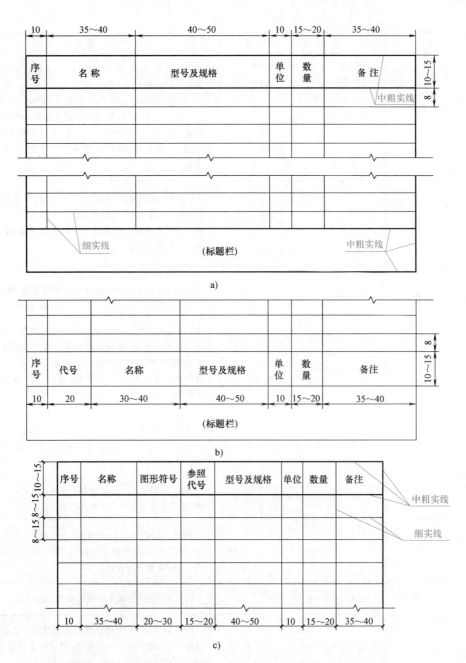

图 1-6　明细栏格式举例（参考件之二）

a）自上而下顺序排列　b）自下而上顺序排列　c）需要标识图形符号的格式

表 1-2　图线线型及应用举例

名　称		线　型	线　宽	应 用 举 例
实线	粗	————	b	图框线；建筑物或产品的主要可见轮廓线；平、立、剖面图的剖切符号用线；平、剖面图中被剖切的主要建筑构造（包括构配件）的轮廓线；电气主接线图中的母线；二次回路图中的小母线

（续）

名　称		线　型	线　宽	应用举例
实线	中	——————	$0.5b$	可见轮廓线；建筑平、剖面图中被剖切的次要轮廓构造（包括构配件）的轮廓线，建筑平、立、剖面图中建筑构配件的轮廓线，建筑构造详图及建筑构配件详图中的一般轮廓线；结构平面图及详图中剖到或可见的墙身轮廓线、基础轮廓线，钢、木结构的轮廓线、箍筋线、板钢筋线；建筑电气安装图中的电气设备轮廓线
	细	——————	$0.25b$	过渡线；图例线、尺寸线、尺寸界线；指引线和基准线；标高符号；详图材料做法的引出线；表格分隔（行、列）线；建筑电气安装图中建筑的外形轮廓线；剖面线、短中心线；一、二次电气设备的内部接线
虚线	粗	– – – – – –	b	允许表面处理的表示线；不可见的钢筋、螺栓线，结构平面图中不可见的单线结构构件线及钢、木支撑线
	中	– – – – – –	$0.5b$	不可见轮廓线；建筑构造详图及建筑构配件不可见的轮廓线；拟扩建的建筑物轮廓线；洪水淹没线；平面图中的起重机（吊车）轮廓线；结构平面图中的不可见构件、墙身轮廓线及钢、木构件轮廓线
	细	– – – – – –	$0.25b$	小于 $0.5b$ 的不可见轮廓线，不可见棱边线；图例线；基础平面图中的管沟轮廓线、不可见的钢筋混凝土构件轮廓线
单点画线	粗	— · — · —	b	限定范围表示线；起重机（吊车）轨道线；柱间支撑、垂直支撑、设备基础轴线图中的中心线
	细	— · — · —	$0.25b$	轴线、对称中心线、分度圆（线）、孔系分布的中心线、剖切线；建筑物的定位轴线；表示零、组、部件结构或功能、项目的围框线
双点画线	粗	— ·· — ·· —	b	预应力钢筋线；地下开采区塌落界线
	细	— ·· — ·· —	$0.25b$	假想轮廓线；相邻辅助零件的轮廓线，可动零部件极限位置的轮廓线，重心线，原有结构成型前轮廓线，剖切面前的结构轮廓线，轨迹线
双折线		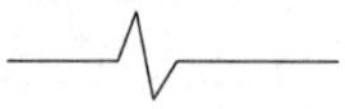 ——/\——	$0.25b$	不需要画全的断开界线；断裂处边界线，视图与剖视图的分界线
波浪线		～～～	$0.25b$	不需要画全的断开界线，构造层次的断开界线；断裂处边界线，视图与剖视图的分界线

注：《房屋建筑制图统一标准》GB/T 50001—2010 中对单、双点画线还列有"中"，线宽均为 $0.5b$；折断线和波浪线也规定为线宽 $0.5b$。可依据图样实际情况选用。

（3）图线宽度和图线组别的选择应根据图样的类型、尺寸、比例和缩微复制的要求确定。图线的宽度 b，宜从下列线宽系列中选取：2.0、1.4、1.0、0.7、0.5、0.35mm。

每个图样，应根据复杂程度和比例大小，先选定基本线宽 b，再确定相应的中 0.5b、细 0.25b。同一张图纸内，相同比例的各个图样应选用相同的线宽组。

（4）图线不得与文字、数字或符号重叠、混淆，当不可避免时，图线应予避让，以首先保证文字、数字及符号的清晰表达。

（5）相互平行的图线，其间隙不宜小于其中的粗线宽度，且不宜小于 0.7mm。

（6）单点画线或双点画线，当在较小的图形中绘制有困难时，可用相应的实线表示。如图 1-7 所示。

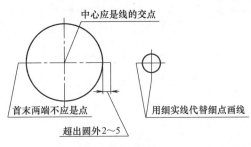

图 1-7　圆中心线的画法

（7）单点画线或双点画线的两端不应是点。点画线与点画线相交接，或点画线与其他图线相交接时，应是线段交接，不得点接也不得在点与线段的间隙内穿过。

（8）虚线与虚线交接或虚线与其他图线交接时，应是线段交接，不得在虚线段的间隙内穿过。当虚线是实线的延长线时，不得与实线连接。

表 1-3 分别列出了图线交接处的正确与错误画法。图线线型应用举例如图 1-8 所示。

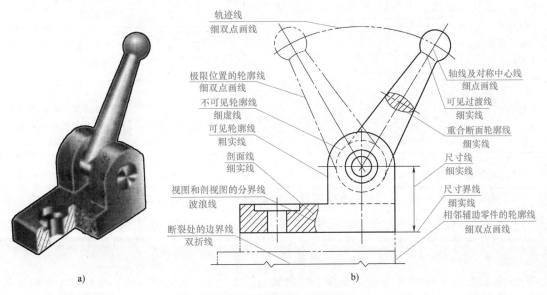

图 1-8　图线线型的应用示例

a）立体图　b）图线线型的应用

表 1-3　图线交接处的画法

图线间的关系	图　例		画法说明
	正　确	错　误	
图线相交			虚线或单、双点画线与其他图线相交时,应是线线相交,而不能在空隙处相交或空空相交 虚线间或点画线相交时,应线线相交
虚线与实线相接			虚线为实线的延长线时,虚线与实线间应留空隙
点画线与其他图线相交			单点画线互相交接,或与圆弧交接,应线线相交接
			单点画线与实线相交,应线线相交
			单点画线作为中心轴线,要超过轮廓线
图线与数字等重叠时	15	15	图线与数字(或文字、符号)不得重叠
图线相切时			点画圆弧之间或与其他图线相切时,应线线相切

三、字体

图样除用图线表示图形外,还要用汉字、数字、字母等说明设计对象(工程项目、机件等产品)在设计、制造、施工、安装、装配时的要求、尺寸、型号等。

按国家标准 GB/T 14691—1993 规定,在图样中书写的汉字、数字和字母,都必须做到"字体工整、笔画清楚、间隔均匀、排列整齐",以保证图样的正确和清晰。

字母和数字分 A 型和 B 型。A 型字体的笔画宽度(d)为字高(h)的 1/14,B 型字体的笔画宽度(d)为字高(h)的 1/10。在同一图样上,只允许选用一种型式的字体。

图样中,一般都用字身修长、挺拔秀美的 A 型字体。

字体按高度 h（mm）的不同分为 1.8、2.5、3.5、5、7、10、14 和 20 号 8 种字号。汉字的高度 h 不应小于 3.5mm，字宽约为字高的 $1/\sqrt{2}$，即约 2/3。

1. 汉字　汉字源远流长，是中华民族的文化艺术瑰宝。它不仅是人们交流的主要工具之一，而且具有象形、会意、指事的特质。从世人公认的殷商甲骨文算起，距今已经将近四千年的汉字字体很多，风格各异。国家标准规定的制图汉字应写成长仿宋体，并应采用国家正式公布的简化字。

仿宋体，是摹仿宋版书的一种字体。仿宋体的产生距今约 80 年。长仿宋体由仿宋体演变而来，笔画相同，但字形由原仿宋体的正方形变为约 1:1.5 的长方形，它字身修长，字形秀美，粗细均匀，笔划挺拔。长仿宋体字的每一笔画都有着力点，起落笔都有笔顿，横画稍向右上方倾斜，而点、撇、捺、挑、勾等笔画的尖锋都要加长。表 1-4 列出了长仿宋体汉字的基本笔法及写法要领。长仿宋体汉字字例如图 1-9 所示。

表 1-4　长仿宋体汉字的基本笔法及写法要领

名称及基本笔法	写 法 要 领	名称及基本笔法	写 法 要 领
横 	起笔顿顿露笔锋；收笔顿顿呈棱角，运笔稍向右上方倾斜，等粗	右斜点 	起笔尖细，自上渐向左下稍弯曲变粗，收笔由下向上并微带棱角
竖	起笔顿顿，由轻到重露笔锋；收笔顿顿，由重到轻呈棱角；与横画相似，笔画等粗	左斜点 	起笔尖细，自上向右下由轻到重，再由下向上收笔，下角锐，右角钝
平撇 	起笔由轻到重稍露笔锋，再向左下侧由重到轻近于直线收细成尖	挑 	起笔似横画，从左下侧由轻到重再由重到轻向右上方收细变尖，成楔形
斜撇 	起笔由轻到重稍露笔锋，后向左下方由重到轻近于弯曲（上弯小下弯大），收笔细尖	挑点 	自左下向右上，由轻到重，再由重到轻，收细变尖成长挑
竖撇 	上半部与竖画相同，下半部渐向左下方弯曲并收细变尖	竖钩	起笔和中间运笔同竖画，收笔由重到轻向左上方（约 35°左右）收细变尖作钩，钩长约为竖画粗的 4 倍
斜捺 	起笔稍露锋，再向右下方由轻到重由细渐粗近于直线，下方捺脚近似为长三角形	竖平钩 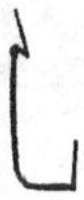	起笔及运笔似竖画，竖与横笔圆滑过渡相连，收笔时自横画末端由重而轻向上收细变尖
顿捺 	起笔由左上向右下由轻到重露锋，再自左上向右下渐粗稍曲，收笔同斜捺	左弯钩	自左上向右下，由轻而重由细弯曲变粗，收笔与竖钩相似
平捺 	左端似横画的起笔，再自左上向右下微倾斜作一渐粗直线，收笔为捺脚	右弯钩 	起笔同竖钩，由左上向右下渐弯成弧形，末端收笔同竖平钩

（续）

名称及基本笔法	写法要领	名称及基本笔法	写法要领
折弯钩 	由横画与稍斜的竖钩组合而成,注意:弯折处成棱角,斜竖画稍弯	折平钩 	上方同横画,弯折处成棱角,再斜折下部与底画圆滑相连,收笔同竖平钩

图样字体要求字体工整，笔画清楚，间隔均匀，排列整齐。写长仿宋字要起笔顿顿，落笔顿顿，粗细一致，间隔均匀，上下顶格，左右碰壁，横斜竖直,笔画挺拔。

职业技术学院 专业 电气工程与自动化 发输配电 工厂供电 物业供用电 仪器仪表 计算机网络技术 市场营销 微机工业控制技术 应用电子技术 机电一体化 姓名 设计 制图 审核 批准 材料 重量 比例 单位 工程名称 图名 图号 日期 主要电气设备材料明细表 技术要求 说明

图 1-9 长仿宋体汉字字例

写好长仿宋体字，不仅可以制图时使用，而且对于弘扬中华文化，陶冶艺术情操，提高人文素质，乃至对写好其他汉字字体、书法，都有重要意义。

书写长仿宋体字，要特别注意熟悉笔画，牢记字形，掌握要领，持之以恒。

2. 数字 手写数字通常采用斜体，计算机绘图时数字用直体标注。斜体字的字头向右倾斜，与水平基准线约成 75°。阿拉伯数字示例如图 1-10 所示。

3. 字母 字母有大写、小写和直体、斜体之分，一般物理量（如电压 U、电流 I、电阻

a)

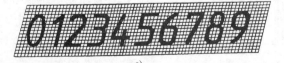

b)

c)

d)

图 1-10 阿拉伯数字示例

a) A 型斜体 b) A 型直体 c) B 型斜体 d) B 型直体

R、电感 L、电容 C、有功功率 P、无功功率 Q、视在功率 S、时间 t、温度 T 等）用斜体，**向右倾斜约 75°**，而计量单位［如安（A）、千安（kA）、伏（V）、千伏（kV）、欧姆（Ω）、瓦（W）、千瓦（kW）、伏安（VA）、兆伏安（MVA）、千瓦小时（kW·h）、千米（km）、摄氏度（℃）、秒（s）等］要用正体。**拉丁字母示例如图 1-11 所示。**

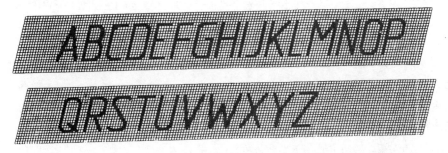

图 1-11　拉丁字母示例

a）A 型大写斜体　b）A 型小写斜体　c）A 型大写直体　d）A 型小写直体

四、比例

国家标准 GB/T 14690—1993 对图样比例作了规范。

图样的比例，是图样中的图形与其实物相对应要素的线性尺寸之比。比例的符号为"："，比例大小应以阿拉伯数字表示。比例的大小是指其比值的大小，如 1：20 大于 1：100，都是缩小比例，而 5：1 大于 1：5，其中 5：1 是放大比例，1：5 是缩小比例。比值为 1 的比例，即 1：1，称为原值比例。

为了使读图者有一个真实概念，应尽量采用原值比例。但通常由于工程设计、产品制造中的尺寸较大，因此大都采用缩小比例；而绘制小而复杂的机件，或局部表达不清时，则采用放大比例。

表 1-5 和表 1-6 分别列出了优先选用的比例及允许选用的比例。无疑，通常应首先、尽量采用优先选用的比例。

表 1-5　优先选用的比例

种　类	比　例		
原值比例	1：1		
放大比例	5：1	2：1	
	5×10^n：1	2×10^n：1	1×10^n：1
缩小比例	1：2	1：5	1：10
	1：2×10^n	1：5×10^n	1：1×10^n

注：n 为正整数。

表 1-6　允许选用的比例

种　类	比　例				
放大比例	4：1	2.5：1			
	4×10^n：1	2.5×10^n：1			
缩小比例	1：1.5	1：2.5	1：3	1：4	1：6
	1：1.5×10^n	1：2.5×10^n	1：3×10^n	1：4×10^n	1：6×10^n

注：n 为正整数。

电气简图（示意图）不存在比例问题，但建筑电气工程图则要按比例绘制。

比例一般应标注在标题栏中的"比例"栏内。同一图纸上的若干个图样，如采用同一比例，则在标题栏的"比例"栏中用同一标注；若各图样比例不同，则应在每个图样上分别标注，各比例可注写在图名的右侧，字的基准线应取平，其中比例的字高宜比图名的字高小 1 号或 2 号，如"平面图 1：100"；也可以在图样名称的下方标注，如 $\dfrac{A}{2：1}$，$\dfrac{M}{1：100}$，$\dfrac{I-I}{1：50}$ 等。

应当指出，采用不同比例并不改变原件的实际尺寸，因此无论是采用什么比例，图样中所标注的尺寸，就应是原件的实际尺寸。

五、绘图工具及其使用

"工欲善其事，必先利其器"，要既好又快地绘制图样，必须正确合理地选用和使用绘图工具。

手工尺规绘图常用的工具，除了图纸、铅笔外，还有图板、丁字尺、三角板、比例尺、直尺、曲线板、绘图模板、绘图仪器及描图用的描图纸、描图工具等。

1. 图纸 图纸要洁白、坚韧、耐擦和有适当的厚度，其尺寸要符合表1-1图纸的幅面尺寸，分别称为0号、1号……图纸。

目前市场上的图纸，一种是未经印刷的绘图纸（俗称"铅画纸"），另一种是已经印刷有图框线和标题栏的图纸。

特殊情况下使用与表1-1幅面尺寸不同的图纸时，要用未经印刷的绘图纸。图框要严格画成矩形，其长与宽的尺寸要符合表1-1及相应的规定。

绘图前，把图纸结合丁字尺良好固定在图板上，要注意以下几点：①图纸的上下图框线要与丁字尺的工作边平行重合。②用胶带纸（不得用图钉或胶水）将图纸的四角（0号、1号图纸的上下左右边居中处宜另加）可靠固定在图板上。考虑到右手画图时多有摩擦，图纸的固定位置宜靠图板左上侧。③有的图纸印刷不良，图框线不是准确的矩形，上、下边并不严格平行。因此，固定图纸前要作检查，把丁字尺尺头紧贴在图板左侧边，再把图纸上下两条图框线的其中一条与丁字尺工作边对齐。在绘图过程中要以该条图框线作为所有图样的水平基准线。图纸的固定如图1-12所示。

2. 铅笔 绘图用的铅笔宜用专用绘图铅笔。按绘图铅笔铅芯的软硬不同，分为H～6H、HB、B～6B共13种规格。字母"H"表示硬铅芯，"H"前数字越大则越硬；字母"B"表示软铅芯，"B"前的数字越大则越软；"HB"表示软硬适中。

绘图时，宜用H或2H铅笔画底稿线或加深细线；用HB或H的铅笔书写文字；用B或2B铅笔描深图线。圆规用的铅芯宜用2B或B。

铅笔的削法及应用见表1-7。

表1-7 铅笔的削法及应用

类别	铅 笔				圆规用铅芯		
软硬	2H	H	HB	HB 或 B	H	HB	B 或 2B
铅芯形式	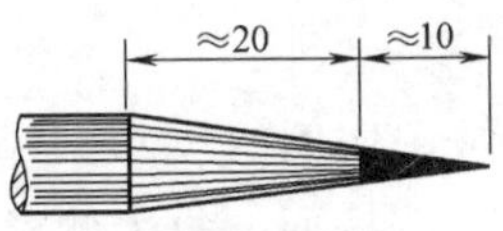 圆锥形		写字画箭头	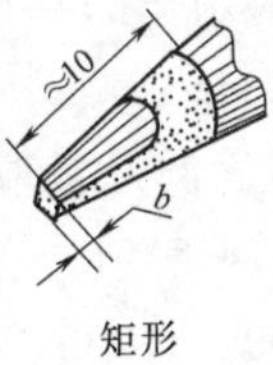 矩形	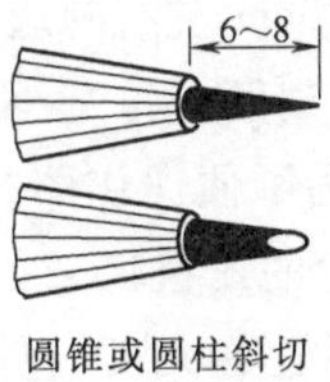 圆锥或圆柱斜切		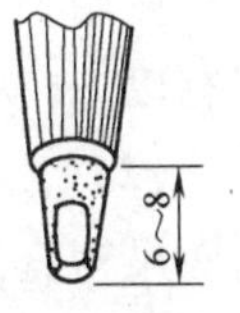 矩形四棱柱
应用	画底稿线	描深细实线、点画线	写字画箭头	描深中、粗实线	画底稿线	描深点画线、细实线、虚线	描深中、粗实线

在画图框线或在0号、1号图纸上画较大图样的长线时，要事先察看铅芯的长度是否适中；用圆锥形铅芯画图线时，要将铅笔按同一倾角微微缓慢转动，以使图线能均匀一致。

3. 图板、丁字尺和三角板（图1-12）

（1）**图板** 按所用图纸大小选用相应号的图板，常用的图板为0号、1号、2号。图板的表面要平整光洁、硬度适中。

图板的左侧边称为导边，必须平直，以保证丁字尺的尺头内侧边与之准确可靠地相贴接。

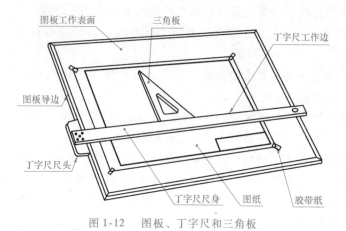

图1-12　图板、丁字尺和三角板

（2）丁字尺　丁字尺用于校准图纸固定的位置、画长水平线，及在绘图过程中检验各图样相应的水平基准线。

丁字尺由尺头和尺身两部分组成。尺头与尺身通常都用螺栓连接，必须牢固可靠，尺头的内侧边与尺身的工作边必须垂直。

（3）三角板　三角板一般用透明塑料材料制成，每副为两块：一块是两锐角分别为30°和60°的直角三角形，另一块是锐角为45°的等腰直角三角形。绘图用的三角板，通常选用等腰直角三角形斜边长30cm的一副三角板较为实用。

将一块三角板与丁字尺、图板互相配合使用，在图纸上可画出一系列不同位置的水平直线和垂直直线及特殊角度30°、45°、60°的倾斜线；将两块三角板与丁字尺配合使用，还可画出15°、75°的倾斜线，如图1-13所示。

4. 直尺和比例尺

（1）直尺　有了三角板和丁字尺，便可画出不同长度的各种图线。但有时为了方便，也有使用长度约为30cm左右的透明塑料制作的直尺的。直尺同丁字尺、三角板一样，上面都有以cm为单位的刻度，每一小格为1mm。

（2）比例尺　为了便捷作图，可用比例尺量取各种常用比例的尺寸。目前最为常用的比例尺为有三条棱边的三棱尺，如图1-14所示。它有3个侧棱面，每个侧棱面上刻有2种比例，因而共有6种比例刻度，即1:100、1:200、1:250、1:300、1:400、1:500。

比例尺常用于建筑工程制图等绘制长度较长对象的场合。图1-14b和图1-14c为比例尺使用举例。例如某工厂变电所的高压开关柜，高2200mm×宽840mm，若用1:100的比例时，图线分别要画22mm及8.4mm，而用1:50比例时，图线分别长44mm及16.8mm，则分别在1:100及1:500的比例棱边上去量取，这时用1:500代替1:50，比例缩小了10倍，长度要相应增加10倍。

5. 绘图模板　为了作图简捷，可以应用相应的各种模板。模板适用于手工尺规绘图（包括做作业时），它有各种专业如电工、电子、建筑、机械、化工绘图模板，有圆、椭圆、螺栓螺纹模板等。图1-15为模板应用举例。

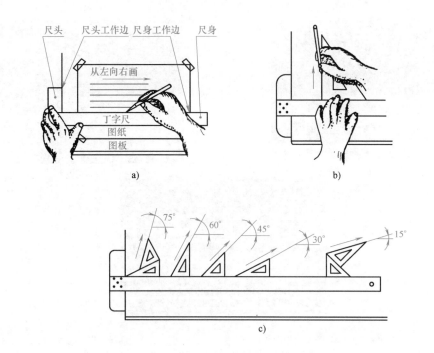

图 1-13　丁字尺与三角板的使用

a）画水平线　b）画垂直线　c）画倾斜线

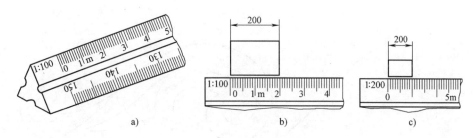

图 1-14　比例尺及其使用

a）比例尺　b）、c）比例尺的使用

6. 曲线板　曲线板用于绘制非圆的曲线，它同模板一样，也是为了绘图简捷而使用的，它一般只适用于手工尺规绘图，如图 1-16 所示。若曲线较长，使用曲线板时，往往要将曲线分成两段以上才能画出，这时要注意几段曲线相互连接处应圆滑均匀一致。

7. 绘图仪器　绘图仪器主要指圆规、分规及其附件。

（1）圆规　圆规用于画圆及圆弧。

圆规的钢针两端形状不同：圆锥形一端用作分轨时用，台阶状的一端作为画圆时定圆心用。延长杆则用于画直径较大的圆。点圆规，简称点规，专门用于画直径小的细圆。圆规及其附件和使用方法如图 1-17 所示。

圆规的铅芯宜用 B 和 2B，其削制形状及粗细则根据所画圆的情况而定。

画圆时，右手要按住圆规装定心针的腿匀转动。一般要朝顺时针一个方向画，不要顺向、逆向反复画，否则画出的图线可能不均匀一致。

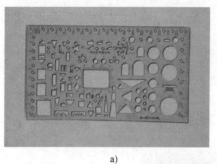

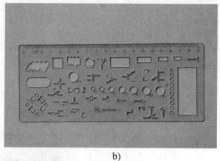

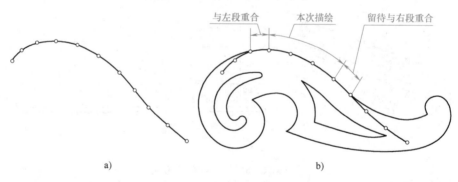

图 1-15 绘图模板

a）电工模板 b）电子模板 c）椭圆模板

图 1-16 曲线板及其使用

a）非圆曲线（分段） b）曲线板的使用

带上、下两片"鸭舌"的插腿，是专门用于描图时用的。

（2）分规 分规用于量取尺寸、截取线段和等分线段。分规两腿端部钢针的针尖应良好重合于一点，如图 1-18a 所示。其使用方法如图 1-18b、c、d 所示。等分线段用试分法，先大致估计等分段长度，经 2～3 次试分就可以了。用分规既可以等分线段，也可以等分圆周。

8. 其他绘图工具

（1）橡皮 宜用专用的绘图橡皮，但不要过硬的，否则容易擦破图纸。

（2）擦线板 是专用于擦去误画、多画图线的专用工具，它由很薄的不锈钢板制作而成。

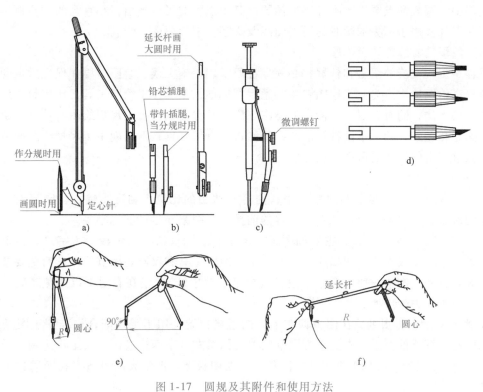

图 1-17 圆规及其附件和使用方法

a）大圆规 b）圆规附件 c）点圆规 d）圆规铅芯形状 e）圆规的使用 f）延长杆及使用

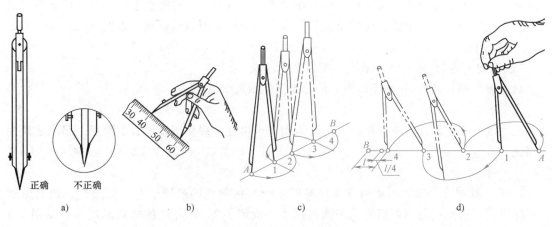

图 1-18 分规及其使用

a）分规 b）量取尺寸 c）截取等长线段 d）等分线段

（3）描图工具 用于描晒蓝图用的底图。

一是专用的描图纸，它半透明，韧性好，描错的图线可用刀片刮去（注意：要轻而均匀地朝同一方向刮；刮以前描图纸要干燥，刮以后可用橡皮在被刮处来回轻擦以免重描时墨汁浸开）。

二是描图笔。用于画图线的是大小不等的一组专用描图笔，它们都是在胶木笔杆前装有"鸭嘴"（两片镀铬金属，有细螺钉调节间距，即调节图线的粗细）。用于画图或圆弧的则是绘图仪器中大圆规和点圆规的附件鸭嘴插腿；其中点圆规可以画出很小直径的"点圆"。

三是刀片。用于刮去描图时的错误图线及文字。刀片要薄、锋利。

六、绘图的基本方法及步骤

图样是工程交流的语言和依据，必须保证质量、正确无误，绘图时要在保证质量的前提下力争提高绘图速度。为此，绘图者要熟悉制图标准，正确使用绘图工具，比较熟练地掌握几何作图的方法，同时，要运用恰当的绘图顺序，掌握要领。手工尺规绘图与计算机绘图的方法当然是相差较大的，不同种类的图样绘制也会有所区别，下面就手工尺规绘图的一般方法和步骤进行讲解，读者可举一反三。

（一）绘图准备

1. 确定图纸幅面 按所画对象大小、内容及适当的比例，确定图幅。在能清晰、正确表达绘图对象，完整表达设计意图、内容的前提下，图幅要尽可能选小些。

2. 准备绘图工具和仪器 主要如图板、图纸、绘图仪器、三角板、丁字尺、铅笔、橡皮、胶带纸等。图板大小与图幅应相一致；所有绘图工具和仪器要擦拭干净；铅笔要按不同线型削好。另外，准备一块干净的手帕（或白纸、餐巾纸），垫在右肘下以避免摩破、摩脏图纸，并用于掸去橡皮屑。

3. 固定图纸 将图纸放在图板偏左上方的适当位置，用丁字尺配合校准摆正图纸（注意：已印有图框线的图纸，左、下方图框线要与图板左、下两边及丁字尺工作边相一致，即平行或垂直），然后用胶带纸将图纸的四角固定在图板上。图纸大的可适当在四周边上加贴胶带纸。

4. 环境安置 与相邻人员保留适当距离，避免互相影响，甚至无意间碰撞；自然采光最好来自左前方；绘图工具及仪器一般放在桌子上，或图板的右侧或上侧，但尽可能不要放在图板上；有专用绘图桌的，要按个人实际适当调节好桌面高低及倾斜角度。

（二）画底稿

"欲速则不达"，对初学者来说，切忌急于求成。

画底稿宜用较硬的 H、2H 铅笔，铅芯要削尖或磨尖。

底稿线要画得轻、细、准。"轻、细"的目的是便于修改或描深时直接覆盖；"轻、细"到什么程度？不管别人看不看得清，只要达到如果再轻再细作图者就看不清了，那就是最为适当的。底稿是关键一步，底稿画得好，就能为画好图样打下重要基础，因此必须要"准"，绝不能马虎。

1. 画图框线和标题栏 使用没有印有图框线和标题栏的绘图纸时，要画好、画准图框线和标题栏。图框线与图纸四边的距离见图 1-1 或图 1-2，标题栏的格式及尺寸参见图 1-3和图 1-4（也可按工程图实际或教师布置规定的画出）。图框线要画成准确的矩形，它是图纸上绘制各图样基准线的基准。这一步的图框线不要画成粗实线，可在描深时再加粗。

2. 规划布置 一张完整的图包括图样、标题栏、会签表、设备明细表和技术说明等，除了标题栏和会签表与图框线相连外，其余所有图样或文字都要距图框线一般不少于20mm，不可太近，更不可与图框线重叠、交叉，甚至超越。

（1）认真构思布局 规划比设计更重要。整个图面要布白均匀，疏密适中；各部分内容要完整，无遗留，位置正确；图样之间、图样与文字之间的间距要适当。布局一定要"三思而后行"。

（2）用轻细线划块 可以将所要表达部分按其内容多少及主次大致分成几块，并用"轻、细"线划块，下一步画底稿时各部分一般不能"越界"。这样便于做到心中有数，避免产生"画到哪里算哪里"，到时难以改动，甚至只得重画的现象。

3. 画底稿图 本着先图形后文字的原则，先画各图样的底稿。

（1）**先画基准线** 基准线是本张图纸上所有图样、表格及文字排列的基准。

基准线有水平基准线和垂直基准线两种，其中主要的是水平基准线。水平基准线可用丁字尺的尺头、尺身与图板左侧边配合画出，不要太宽、太深，但可稍清晰些，不一定在图纸的全长（高）上画成通线。同一图纸上有几幅图样时，对较长的基准线可在同一基准线位置画成断续的几根。

（2）**画图样底稿** 一般按照先整体后局部、先主要后次要、从上到下、从左到右的顺序画出各图样。底稿线不分线型，都要轻、细、准。其中，要标注尺寸数字的，尺寸线要与所示尺寸的图线平行，并留有适当间距。

（3）**检查修正** 对所画完的图样底稿进行认真、仔细、全面的检查，进行必要的修改完善。对错误的图线可用橡皮（软些的）向同一方向均匀擦除，切忌来回用力而擦破图纸。

（三）描深图稿

在对底稿图修正和检查无误后，开始描深。描深时用 HB 或 B 铅笔较为适宜，圆规用的铅芯宜用 2B 或 B。

描深图稿时，要选定各线型图线宽度（参见表 1-2），关键是粗实线宽 b，要以它为基准后再确定中、细实线及虚线等的图线宽度。一旦确定 b 以后，不能再随意变动。同一线型要均匀一致。要注意：粗、细实线只是图线宽度的区别，而不是清不清晰的差别，所有图线都要清晰。

描深的步骤一般按下列顺序进行：

（1）先上后下，先左后右。

（2）先粗后细，先实后虚。

（3）先圆后直，先小后大。

（4）先倾斜后平直。

同一线型的图线一起描深，同一直径的圆或圆弧一起描深。

描深过程中，为使同一线型均匀一致，要勤削铅笔、用力均匀，画较长的图线时可缓慢、均匀地转动铅笔，描深时切忌来回往复画同一根图线，否则图线难以均匀一致。表格可以在描好图样后描深，也可一并进行。图框线和标题栏线可留待最后描深。在描深过程中，可能会又发现底稿中的错漏处，应及时修正。描深结束后，再次进行检查及必要的修正。

（四）标注尺寸

对建筑电气安装图等有尺寸的图样，要标注尺寸。

尺寸线、尺寸界线和尺寸箭头可在图样描深后分别一起统一画出，然后标注尺寸数字及文字符号。

（五）写文字说明及填写标题栏

先写主要设备材料明细表（明细栏）、技术说明，最后填写标题栏。

汉字、拉丁字母和尺寸数字都要按制图标准规定的字体书写。

标题栏中各栏目的汉字要按要求认真填写，其中"姓名"用手写体签名（要书写端正容易辨认，不得写"天书"），其他的文字也一律要用长仿宋体。

第二节　电气图概述

电气图是用国家统一规定的电气符号，按制图规则表示电气设备生产、制作、安装或工作原理、相互连接顺序的图形。

这里所说的"电气设备"，泛指发、输、变、配、用电设备及其控制、保护、测量、监察、指示等设备及连接导线、母线、电缆等，而"用电设备"则包括动力、照明、弱电（电信、广播音响、电视、计算机管理与监控、防火防盗报警系统）等耗用电能的设备。

"电气符号"主要是指电气图形符号和文字符号，另外还有电气设备标志符号、电气项目代号、电气回路标号等。

一、电气图的分类

按照所表达对象的类别、规模大小、使用场合要求及表达方式等的不同，电气图的种类和数量有较大的差别。

（一）电气图的表达方式

按表达方式的不同，电气图可分为以下两大类。

1. 概略类型的图　是表示系统、分系统、装置、部件、设备、软件中各项目之间的主要关系和连接的相对简单的简图。它是体现设计人员对某一电气项目的初步构思、设想，用以表示理论或理想的电路。概略类型图并不涉及具体的实现方式，主要有系统图或框图、功能图、功能表图、等效电路图、逻辑图和程序图等，通常用单线表示法表示。

2. 详细类型的图　详细类型的电气图是将概略图具体化，将设计理论、思想转变为实际实施的电气技术文件。主要有电路图、接线图或接线表、位置图等。

以上两类电气图是从各种图的功能及其产生顺序来划分的，是整个电气项目整体中的不同部分。

（二）电气图的常用分类

（1）按电能性质分，有交流系统电路图、直流系统电路图。

（2）按图样表达的相数分，有单线图和三线图。

（3）按表达内容分，有一次电路图、二次回路图、建筑电气安装图、电子电路图、物联网图等。

（4）按表达的设备分，有电机绕组联结图、机床电气控制电路图、数控机床电路图、电梯电气电路图、汽车电路图、空调控制系统电路图及电信系统图、计算机系统图、广播音响系统图、电视系统图、物联网图等。

（5）按表达形式和使用场合的不同，电气图通常分为以下几种。

1）系统图或框图：系统图或框图是用电气符号或带注释的围框，概略表示整个系统或分系统的基本组成、相互关系及其主要特征的一种简图。如图1-19、图1-20所示。

图1-19是某工厂变电所的供电系统图。其10kV电源取自区域变电所，经两台降压变压器将电压降至400/230V，供各车间等负荷用电。图中虽然表示了这些组成部分的相互关系、主要特征和功能，但各部分都只是简略表示，它对每一部分的具体结构、各电气设备的型号规格、连接方法和安装位置等并未详细表示，因此它只是属于概略类型的简图。

图1-20为用于高压电力线路发生短路故障时，过电流继电保护装置动作原理的框图：当高压线路发生短路故障时，串接在高压线路上的电流互感器 BE 一次侧电流增大，当超过

串联在 BE 二次侧的电流继电器 KC 的动作电流时，KC 瞬时动作，将作为时限元件的时间继电器 KF 得电启动，经过事先设定的时间延时后，便接通信号继电器 KS 和中间继电器 KA，于是 KS 接通信号回路发出灯光及音响信号，KA 则接通驱动高压断路器 QA 动作的跳闸回路，使 QA 自动跳闸而断开故障电路，由此起到了对短路故障切除的保护作用。

由此可见，图 1-20 虽然概要表示了过电流继电保护装置的基本组成、相互关系、动作原理，但并不表示每一部分的具体结构、各电气元器件的型号规格、详细的连接方式和安装位置，因此它也只是属于概略类型的简图。

电气系统图和框图往往是某一电气系统、装置、设备进行成套设计的第一张图，它们的用途主要是：作为进一步设计的依据；供操作和维修时参考；供有关部门了解设计对象的整体方案、简要工作原理和各部分的主要组成等。例如，图 1-19 可作为该变电所方案的可行性论证、短路计算、电气主接线及继电保护设计和变电所模拟操作图的依据。

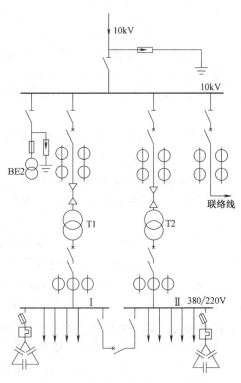

图 1-19　某工厂变电所供电系统图

2）电路图：电路图又称电气原理图或原理接线图，是表示电气系统、分系统、装置、部件、设备、软件等实际电路各元器件相互连接顺序的简图。它采用按功能排列的图形符号来表示各元器件及其连接关系，以表示功能而不需要考虑项目的实际尺寸、形状或位置。

电路图详细表示了该电路中各电气设备（或元器件）的全部组成和相互连接顺序关系，用于详细表示、理解该电路的组成、相互连接、工作原理、分析和计算电路特性等。

按照所表达的电路不同，电路图可分为两大类：

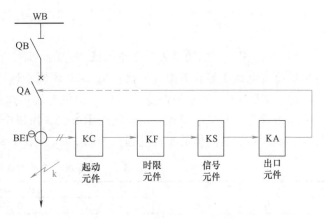

图 1-20　过电流继电保护装置框图

KC—电流继电器　KF—时间继电器　KS—信号继电器
KA—中间继电器　QB—隔离开关　QA—高压断路器
BE—电流互感器

㊀　按照建筑电气制图标准（GB/T 50786—2012）规定，电流互感器和电压互感器的电气文字字母代码都是 BE。本书中为了不致引起混淆，两互感器的字母代码（电气文字符号）分别用 BE1、BE2 标注。

　　① 一次电路图：也称为主电路图、一次接线图、一次原理图或电气主接线图。它是用国家统一规定的电气符号按制图规则表示主电路中各电气设备（或元器件）相互连接顺序的图形，如图 2-33 及图 2-36、图 2-37 所示[⊖]。

　　② 二次电路图：也称为副电路图、二次接线图或二次回路图。它是用国家统一规定的电气符号按制图规则表示副电路（即二次回路）中各电气设备（或元器件）相互连接顺序的图形。

　　按照用途的不同，二次电路图又可分为原理图、位置图及接线图（表）3 类，分别如图 2-43、图 2-44 及图 2-45 所示。

　　3）接线图或接线表：是表示或列出一个装置或设备的连接关系的简图（表），用于进行设备的装配、安装和检查、试验、维修。如图 2-45 所示。

　　4）设备元件表：或称主要电气设备明细表。它是把成套装置、设备和装置中各组成部分元器件的代号、名称、型号、规格和数量等用表格形式列出的表格。它一般不单独列出，而列在相应的电路图旁。在一次电气图中，各设备项目自上而下依次编号列出，二次电气图中则紧接标题栏自下而上依次编号列出，如图 2-36 及图 2-47 所示。这里要指出的是，由于书本排版原因，图 2-47 是将"电气元器件明细表"单独列出的（见表 2-6），而且表头在上、序号是从上到下顺序排列的，在实际图样中，该表的表头是与图纸标题栏上方粗实线相连（表头线与此线重合），序号及文字符号、名称等为自下而上依次排列的。

　　5）位置图：位置图或位置简图，是表示成套装置、设备或装置中各个项目的布置、安装位置的图。其中，位置简图一般用图形符号绘制，用来表示某一区域或某一建筑物内电气设备、元器件或装置的位置及其连接布线，如图 3-53 及图 3-54 所示；而位置图是用正投影法绘制的图，它表达设备、装置或元器件在平面、立面、断面、剖面上的实际位置、布置及尺寸，如图 3-74 及图 3-75 所示。为了表达清晰，有时还要画出大样图（常用比例为 1∶2、1∶5、1∶10 等）。

　　6）功能图：功能图是表示理论的或理想的电路，而不涉及具体实现方法的图，用以作为提供绘制电路图等有关图的依据，图 1-20 即属于这一类图。

　　7）功能表图：表示控制系统（如一个供电过程或工作过程）的作用和状态的图。它往往采用图形符号和文字叙述相结合的表示方法，用以全面表达控制系统的控制过程、功能和特性，但并不表达具体的实施过程，如图 1-21 及表 1-8。

表1-8　某行程开关触点运行方式

角度（°）	0~60	60~180	180~240	240~330	330~360
触点动态	0	1	0	1	0

　　注："0"表示触点断开，"1"表示触点闭合

　　图 1-21a 所示为用图形表示的形式，其横轴表示转轮的位置，纵轴"0"表示触点断开，而"1"表示触点闭合；图 1-21b 所示为操作器件的符号表示，当凸轮推动圆球（60°~180°，240°~330°）时，触点闭合，其余为断开；图 1-21c 所示也是用操作器件符号表示，但把凸轮画成展开式，箭头表示凸轮行进方向。

　　用表格表示见表 1-8，表中"0"表示触点断开，"1"表示触点闭合。图 2-47 中的"触

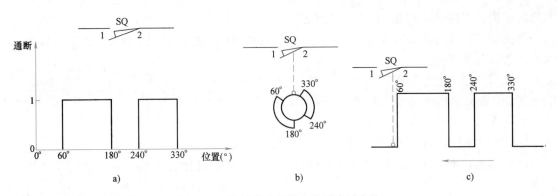

图 1-21　某行程开关触点位置表示方法

a）用图形表示　b）、c）用操作器件符号表示

点表"即是应用实例。

8）等效电路图：是表示理论的或理想的元件（如电阻、电感、电容、阻抗等）及其连接关系的供分析和计算电路特性、状态之用的图。图 1-22 所示是用于进行某变电所短路计算时的简图，其等效电路图将有关元件（系统 S、线路 WL、变压器 T）用等效阻抗表示连接关系，并由此分别进行电路在最大运行方式和最小运行方式下发生短路时的分析、计算。

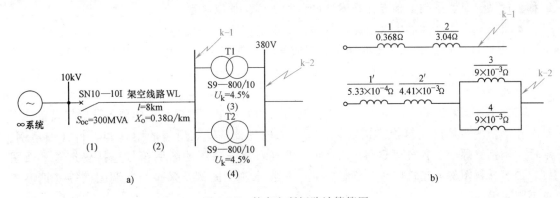

图 1-22　某变电所短路计算简图

a）计算电路图　b）等效电路图（欧姆法）

9）逻辑图：是一种主要用二进制逻辑（"与"、"或"、"异或"等）单元图形符号绘制的图。一般的数字电路图便属于这种图，如图 2-58 所示。

10）程序图：是一种详细表示程序单元和程序片及其互相连接关系的简图，用于对程序运行的理解。

11）数据单：即对特定项目给出详细的资料，列出其工作参数，供调试、检测、使用和维修之用。数据单一般都列在相应的电路图中，而不单独列出。

以上是电气图的基本分类。因表达对象的不同，目的、用途、要求的差异，所需要设计、提供的图样种类和数量往往相差很多。在表达清楚、满足要求的前提下，图样越少越简练越好。

（三）按制图是否应用投影原理的电气图分类

工程制图中，常用的投影法有中心投影法和平行投影法，平行投影法又可分为正投影法和斜投影法。工程中应用最多的是正投影法。

有关投影的概念将在第三章第二节中详述。按电气制图是否应用正投影原理，可以将电气图分为以下两大类。

1. 电气简图 电气简图即电气示意图，是用国家统一规定的电气符号，按制图规则表示电气设备或元器件相互连接顺序的图形。

电气简图不按投影原理绘图。

电气制图中大量的都是电气简图，电气简图具有以下特点。

（1）各组成部分或元器件用电气图形符号表示，而不具体表示其外形、结构及尺寸等特征。

（2）在相应的电气图形符号旁标注文字符号、数字编号（有时还要标注型号、规格等）。

（3）按功能和电流流向表示各装置、设备及元器件的相互位置和连接顺序。

（4）没有投影关系，不标注尺寸。

显然，前述系统图、框图、电路图、接线图或接线表、功能图、等效电路图、逻辑图及某些位置图，都属于这类简图。

应当指出的是，"简图"仅是一种术语，而不是"简化图"、"简略图"的意思。之所以称为简图，是为了与其他专业技术图的种类、画法加以区别。

本书第二章中所述的电气电路图都是这类电气简图。

2. 电气布置安装图 电气布置安装图或简称电气安装图、电气布置图，它是用国家统一规定的图形符号和文字符号将电气设备及其附件与建筑物按正投影原理制图，表示电气设备布置安装的图形。

电气布置安装图要突出以电气为主，它所表达的对象，不仅有主体即各种电气设备，而且有作为依附客体的建筑物或构筑物，还有为电气设备安装所需的附件和材料（如角钢、扁钢、槽钢、螺栓、各种管道等），因此，电气布置安装图的图例符号包括建筑总平面图例、建筑材料图例、建筑构造及配件图例、给排水施工图例及采暖与空调图例等（请参考本书附录 D、E）。

根据简便、实用的原则，按照制图中正投影应用的不同情况，电气布置安装图又可分为以下两种。

（1）全部按正投影原理 全部按正投影原理绘制的图样，如图 3-74 和图 3-75 所示，图中不仅建筑部分严格按正投影和选定的比例画出，而且电气设备（变压器、高压开关柜、低压配电屏、电缆及其支架等）都是按照正投影原理及一定比例画出的。当然，在满足工程实际需要的前提下，图中的变压器、高低压柜屏等只要按比例简化画出其外形轮廓就可以了。

（2）部分按正投影原理 这种图是在满足工程施工安装的前提下，建筑按正投影画出，而电气设备只用电气符号（电气图形符号及电气文字符号）表示。如图 3-53 和图 3-54 所示，楼层（或车间）建筑及尺寸按正投影和比例画出，而各种照明灯、电扇、开关、插座、导线及机床并不严格用正投影画出，只是用电气符号（或机床外形轮廓）大致标出其布置及安装的位置，专业的电气技术人员会根据现场情况安装的。

二、电气图的主要特点

电气图与机械图、建筑图、地形图或其他专业的技术图相比，具有一些明显不同的特点。

1. 简图是电气图的主要表达形式 如上所述，电气图的种类是很多的，但除了必须标明实物形状、位置、安装尺寸的图（如电气设备平面布置图、立面布置图等）以外，大量的图都是简图，即仅表示电路中各装置、设备、元器件等的功能及其相互连接关系的图，如图1-19、图2-33及图3-70所示。

2. 元器件和连接线是电气图的主要表达内容 电源、负载、控制元器件和连接导线是构成电路的四个基本部分。如果把各电源设备、负载设备和控制设备都看成元器件，则各种电气元器件和连接线就构成了电路，这样，在用来表达各种电路的电气图中，元器件和连接线就成为主要的表达内容了。这在电气简图和部分按正投影原理画的图样中尤为明显。

3. 图形符号、文字符号是组成电气图的主要要素 电气图大量用简图表示，而简图主要是用国家统一规定的电气图形符号和文字符号进行绘制的，因此，电气图形符号和文字符号不仅大大简化了绘图，而且它必然成为电气图的主要组成成分和表达要素。

图形符号、文字符号和项目代号、数字编号及必要的文字说明相结合，不仅构成了详细的电气图，而且对读图时区别各组成部分的名称、功能、状态、特征、对应关系和安装位置等是十分重要的，为此，读者必须逐步牢记常用的电气图形符号及文字符号。

4. 电气图中的元器件都是按正常状态绘制的 所谓"正常状态"或"正常位置"，是指电气元件、器件和设备的可动部分表示为非激励（未通电，未受外力作用）或不工作的状态或位置，例如：

继电器和接触器的线圈未通电，因而其触点处于还未动作的位置。

断路器、负荷开关、隔离开关、刀开关等在断开位置。

带零位的手动控制开关的操作手柄在"0"位，按钮触点在未按动位置。

行程（位置）开关在非工作状态或位置。

事故、备用、报警等开关在设备、电路正常使用或正常工作的位置等。

5. 电气图往往与主体工程及其他配套工程的相关专业图有密切关系 电气工程通常同主体工程（土建工程）及其他配套工程（如机械设备安装工程、给排水管道、采暖通风管道、广播通信线路、道路交通、蒸汽煤气管道等）配合进行，电气装置及设备的布置、走向、安装等必然与它们密切有关。因此，电气图尤其是电气安装图（布置图）无疑与土建工程图、管道工程图等有不可分割的联系。这些电气图不仅要符合国家有关电气设计规程和规范要求（如安全、防火、防爆、防雷、防闪络等），而且要根据有关土建、机械、管道图的规程要求和尺寸来进行设计布置。

三、电气图的基本构成

电气图一般由电路接线图、技术说明、主要电气设备（或元器件）及材料明细表和标题栏四部分组成。

1. 电路接线图 电路是由电源、负载、控制元器件和连接导线等组成的能实现预定功能的闭合回路。电路接线图详细表达了电路中各设备或元器件的相互连接顺序。毫无疑问，电路接线图是整个图样最重要的核心内容。

2. 技术说明 技术说明或技术要求，用以注明电气接线图中有关要点、安装要求及图中表达不清的未尽事项等。其书写位置通常是：主电路图中在图面的右下方，标题栏的上方；二次回路图中在图面的右上方或下方。

3. 主要电气设备（元器件）**及材料明细表**　主要电气设备（元器件）材料明细表，即明细栏，如图 1-5 及图 1-6 所示。它是用以注明电气接线图中电路主要电气设备（或元器件）及材料的代号、名称、型号、规格数量和说明等，它不仅便于识图，而且是订货、安装、调试、维修时的重要依据。

4. 标题栏　标题栏又称"图标"，它在图面的右下角，用于标注电气工程名称、设计类别、设计单位、图名、图号、比例、尺寸单位、材料及设计人、制图人、描图人、审核人、批准人的签名和日期等。标题栏具有该图样简要说明书的作用。

此外，有些涉及相关专业的电气图样，紧接在标题栏左下侧或图框线以外的左上方，列有会签表，由相关专业（如电气、土建、管道等）技术人员会审认可后签名，以便互相统一协调、分工明确责任。

应当指出，工程图样作为工程交流的语言和工具，是重要的技术文件，具有法律效力。设计人员及审核、批准者等要由签名的图样对工程负法律责任，施工安装人员如误读图样或未经相关人员同意（要有书面材料签字认可）而随意修改、变动图样，造成不良后果或严重事故的，要追究行政、经济直至法律责任。因此，签名不仅是当事者的成果和权力，更意味着不可推诿的工作责任乃至法律责任。

第三节　电气图的制图规则

电气制图要按国家有关制图的标准、规范及规则进行。

一、图线的应用

电气制图中图线的线型，要符合国家标准 GB/T 4457.4—2002 和 GB/T 50001—2010 的规定，见表 1-2。

二、尺寸的标注

尺寸数值是制造、加工、装配或施工安装的主要依据。尺寸注法要符合国家标准 GB/T 4458.4—2003 的规定。

尺寸标注应满足下列主要要求。

（1）**正确**　标注的尺寸要正确无误，要符合国家标准有关规定。

（2）**清晰**　标注的尺寸要素布局整齐清楚，便于看图。

（3）**完整**　标注的尺寸齐全，能正确表示所表达对象的形状、位置和加工施工要求，既不遗漏，也不重复。

（4）**合理**　标注的尺寸符合设计、制造和检验的要求。

尺寸由尺寸数字、尺寸起止符号（尺寸箭头，或45°短划线）、尺寸界线和尺寸线四个要素组成，如图 1-23 所示。

1. 尺寸单位　各种工程图上标注的尺寸，除标高尺寸、总平面图和一些特大构件的尺寸单位以"米"（m）为单位外，都以毫米（mm）为单位。凡尺寸单位采用 mm 时不必注明，采用其他单位时必须在图样中注明单位的代号或名称。

2. 尺寸数字　表达对象的真实大小是以图样上所标注的尺寸数值为依据的，与图形的大小、比例及绘图的准确度无关（当然，图样应力求正确无误）。因此，图样上的尺寸，应以尺寸数字为准，不得以图上直接量取的尺寸为依据。图样上所注尺寸应是最后完工尺寸，否则要另加说明。

　　在同一图样中，每一个尺寸一般只标注一次，并要标注在反映该结构最明显最清晰的图形上。但建筑电气安装图上必要时允许标注重复尺寸。

　　尺寸数字一律要用标准制图字体，建议采用与长仿宋体汉字相协调、挺拔秀美的 A 型字体。

　　同一张图样上的尺寸数字字高应一致，但用作指数、分数、极限偏差和注脚（角注）等的数字一般应采用较小一号的字体。

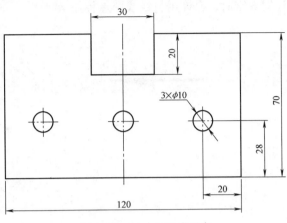

图 1-23　尺寸的组成要素

　　线性尺寸的数字一般都注写在尺寸线的中部上方，也允许注写在尺寸线的中断处，如图 1-23 所示。但同一图样中，尺寸数字的注写形式应一致，即不能有的在尺寸线上方，有的在中断处。尺寸数字不可被任何图线所通过，否则，必须将图线断开以标注数字。当图中位置太小无法标注尺寸时，可以用引出标注。如图 1-23 中的 $3 \times \phi 10$ 及图 1-24a、b 所示。

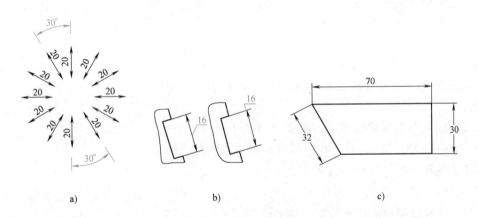

图 1-24　线性尺寸数字的注写方法

　　图样中所标注尺寸的图线大部分为水平线和垂直线，尺寸数字的注写形式是：水平方向注写时，尺寸数字字头朝上；垂直方向注写时，字头一般是朝左，但当尺寸数字注写在尺寸线中断处时，则字头朝上。如图 1-24b 所示。

　　倾斜方向的尺寸数字注写如图 1-24c 所示。要尽量避免在图示 30°范围内标注尺寸，当无法避免时，可仿照图 1-24a 所示的形式标注。

　　3. 尺寸起止符号　尺寸起止符号有箭头、斜线和圆点三种，其画法如图 1-25 所示。其中，箭头长度约为箭尾宽 d（粗实线宽度）的 6 倍，尖角≥15°；斜线用中粗斜短线绘制，其倾斜方向应与尺寸界线成顺时针 45°角，长度高 h 约为 2～3mm。虽然箭头的图示看起来简单，但由于它数量多，而且画得不好将影响整个图样绘图质量，因此要掌握图示要领，多画多练，一般宜使用三角板画出。当图样中所标注尺寸处位置太小而没有足够的位置画箭头或注写数字时，允许用斜线或圆点标注。

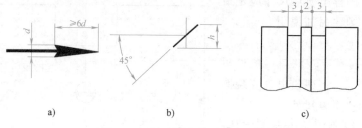

图 1-25　尺寸起止符号的形式

a）箭头　b）斜线　c）圆点

　　在同一张图样上只能采用同一种尺寸起止标注形式。**实心箭头适用于各种类型的图样。**一般机械制图中都使用实心箭头，建筑制图和建筑电气制图中既可用实心箭头，也可以用斜线标注。如图 3-74 和图 3-75 所示。

　　箭头的尖端与尺寸界线必须正好相接，既不能超过，也不可留有空隙。同一张图样中的所有箭头大小应一致。

　　在计算机绘图中，尺寸起止符号通常都用 45°斜线表示。在电气制图中，为了区分不同的含义，规定电气能量、电气信号的传递方向（即能量流、信息流流向）用开口箭头，而实心箭头主要用于可变性、力或运动方向及指引线方向。如图 1-26 中，电流 I 的方向用开口箭头表示，而可变电容 C 的可变性限定符号及电压 U 的指示方向要用实心箭头表示。

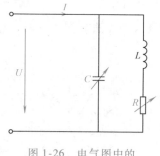

图 1-26　电气图中的
箭头使用示例

　　4. 尺寸界线　尺寸界线表示所标注尺寸的范围，用细实线绘制。

　　尺寸界线应从图形的轮廓线、轴线或对称中心线处引出，如图 1-27a 中的 58、38、$\phi28$；也可以直接利用轮廓线、轴线或对称中心线作为尺寸界线，如图 1-27a 中的 $\phi20$、$\phi16$。

　　尺寸界线一般应与尺寸线相垂直，必要时才允许倾斜，且要超过尺寸线箭头约 2 ~ 5mm。当尺寸界线与轮廓线太近时，也允许倾斜画出，如图 1-27d 中的 18、12。

　　标注角度的尺寸界线应沿径向引出。标注弦长或弧长的尺寸界线应平行于该弦的垂直平分线。

　　5. 尺寸线　尺寸线表明所标注尺寸的方向，必须用细实线单独画出，而不得用图中任何图线代替，一般也不得与其他图线重合或画在其延长线上。

　　线性尺寸的尺寸线必须与所标注的线段平行，它与所标注的线段或互相平行的尺寸线（如图 1-27a 中尺寸 58、38 的尺寸线）之间间距一般为 5 ~ 10mm。尺寸线与尺寸线之间，或尺寸线与尺寸界线之间，应尽量避免相交，因此，当标注几个平行尺寸时，要把小尺寸放在靠近图形的里面，大尺寸放在外面。如图 1-23 中的 20 与 120、28 与 70，图 1-27a 中的 38 与 58。弧形尺寸的标注如图 1-27e 所示。

　　圆的直径和圆弧半径的尺寸线的终端应画成箭头，如图 1-27b 及图 1-28。

　　6. 应用举例　为了应用上述几何作图及尺寸标注的知识，下面以图 1-28 为例进行

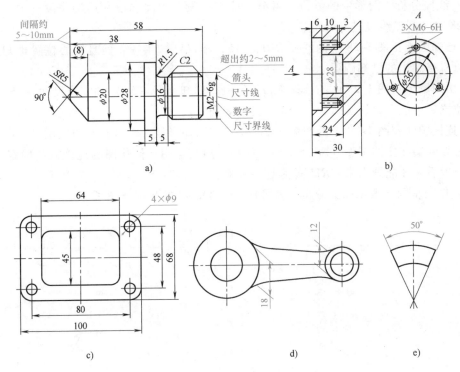

图 1-27　尺寸的组成及标注示例

讲述。

图 1-28 所示手柄为典型的机械零件之一。

（1）尺寸常识　除了上述尺寸标注的知识外，这里结合图示先讲述有关尺寸基准和定形尺寸、定位尺寸的概念。

1）尺寸基准：标注尺寸的起始点，称为尺寸基准。"起始点"可能是点或线或面。平面图形中尺寸标注有水平与垂直两个方向的尺寸基准，一般以图形中的对称线、轴线、较大圆的中心线及较长的线段作为尺寸基准。图 1-28 中轴线 A 作为垂直方向的尺寸基准，而直线 B（实际上是手柄的一个圆形端面）为水平方向的尺寸基准。

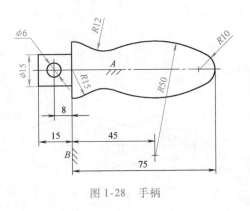

图 1-28　手柄

2）定形尺寸：图形中用于确定线段长度、圆的直径或圆弧的半径、角度大小的尺寸，称为定形尺寸。如图 1-28 中的 8、15、45、75 是用于确定手柄长度方向各部分线段长度的，而 R10、R12、R15 和 R50 用于确定各圆弧的尺寸，φ6 是圆柱形孔尺寸，φ15 是圆柱尺寸。

3）定位尺寸：定位尺寸是用于确定图形中各线段之间相对位置关系的尺寸，如确定圆或圆弧的圆心位置、直线段位置的尺寸。图 1-28 中的尺寸 8 用于确定 φ6 圆柱孔的位置，尺寸 45 用于确定 R50 圆弧的位置，而尺寸 75 则不仅表示手柄弧形段部分的长度，而且是右端 R10 圆弧的定位尺寸。

（2）线段分析　图形中的线段，可分为已知线段、中间线段和连接线段三种。下面结合图 1-28 对各圆弧线段进行分析。

1）已知圆弧：图 1-28 中的圆弧 R10、R15，不仅已知半径，而且圆心位置也知道，因此是可以直接画出的已知圆弧。

2）中间圆弧：图 1-28 中的圆弧 R50，是根据已知半径（50）和定位尺寸（45），确定圆心的位置后才能画出该圆弧的，R50 称为中间圆弧。

3）连接圆弧：图 1-28 中的圆弧 R12，是只有已知半径，没有圆心的定位尺寸，它必须在与该圆弧两端连接的圆弧（R50、R15）画出以后，运用几何作图的连接方法确定（R12）圆心的位置后，才能画出来。R12 便是连接圆弧。

（3）作图步骤　根据以上分析，就可按图 1-29a ~ f 的步骤作图了。

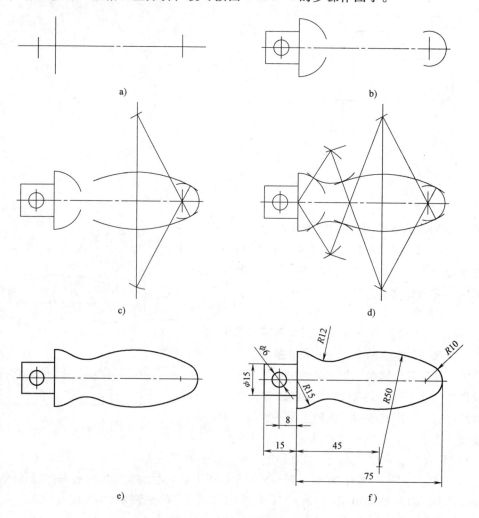

图 1-29　手柄的作图步骤

a）画基准线　b）画已知线段　c）画中间圆弧　d）画连接圆弧　e）擦去多余图线，描深　f）标注尺寸

三、指引线

电气图中用来注释某一元器件或某一部分的指向线，统称为指引线。**它用细实线表示，**

指向被标注处，且根据不同情况在其末端加注以下标记。

指引线末端在轮廓线以内时，用一黑点表示，如图 1-30a 所示。

指引线末端在轮廓线上，用一实心箭头表示，如图 1-30b 所示。

指引线末端在回路线上，用一 45°短斜线表示，如图 1-30c 及图 3-70 所示。

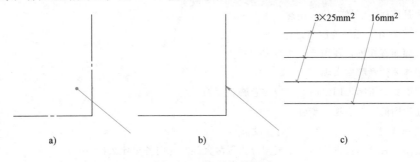

图 1-30 指引线的画法

四、连接线

电气图上各种图形符号之间的相互连接图线，统称为连接线。**连接线一般用细实线或中实线表示，计划扩展的内容则用虚线。当为了突出或区分不同电路的功能时，可采用不同宽度的图线表示。**如图 2-43 和图 2-47 所示，主电路用粗实线、二次回路则用中实线或细实线表示。

连接线的识别标记一般注在靠近连接线的上方，也可在中断处标注，如图 1-31 所示。

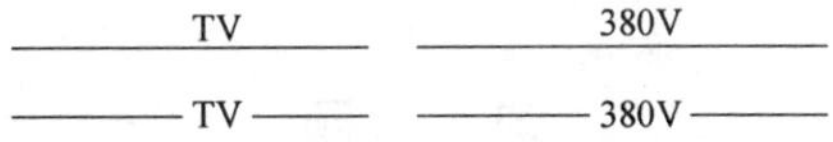

—— TV ——	—— 380V ——
— TV ——	— 380V —

图 1-31 连接线的标记

有多根平行线或一组线时，为避免图面繁杂，可采用单线表示，如图 1-32 所示。

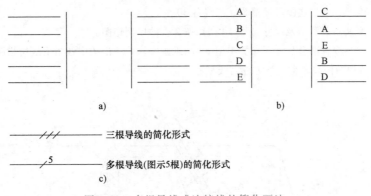

图 1-32 多根导线或连接线的简化画法

a）多根平行线的单线表示 b）两端处于不同位置的平行线的单线表示 c）多根导线的简化画法

当连接穿越图面的其他部分时，允许将连接线中断，但在中断处应加相应标记，如图 2-45 及图 2-47 所示。

五、围框

围框用于在图样上表示其中一部分的功能、结构或项目的范围。

围框用细单点画线表示，如图 2-45 及图 3-70 所示。

　　围框的形状一般为长方形，如图2-31、图2-45及图3-69、图3-70所示，但也可以不规则。围框线一般不可与元器件符号相交（插头、插座和连接端子符号除外）。

思　考　题

1-1　什么是图样？图样有什么用途？

1-2　"电气制图"课程的性质是什么？

1-3　图纸幅面有几种？各用什么符号表示？

1-4　画图线要注意哪些事项？

1-5　使用图板、丁字尺固定图纸时应注意哪些要领？

1-6　简述绘图的基本方法及步骤？

1-7　什么是"电气图"？什么叫"电气设备"？

1-8　按制图是否应用投影原理，电气图分为哪两大类？它们各有什么特点？

1-9　电气图有哪些主要特点？电气简图有什么特点？

1-10　电气图通常是由哪些部分组成的？

1-11　尺寸标注包括哪些要素？

1-12　标注尺寸有哪些基本要求？

1-13　什么是尺寸线和尺寸线？

1-14　什么叫尺寸基准？尺寸基准怎样选择？

1-15　什么是定形尺寸和定位尺寸？

1-16　什么叫指引线、连接线？

习　　　题

1-1　按表1-4练习长仿宋体的基本笔划，按图1-9字例书写长仿宋体汉字（每周一遍，反复练习）。

1-2　按图1-10、图1-11练习书写阿拉伯数字及拉丁字母（每周一遍，反复练习）。

1-3　按图1-25a、b的样式画尺寸箭头、斜线各30个。

1-4　按图1-28所示的手柄及尺寸，用A4图纸按2:1的比例作图。

1-5　由图1-33量取各部分尺寸后按2:1用A4图纸画图，并注出图中各指引线所指图线的名称及线型（提示：指引线上方注写图线名称，下方注写线型）。

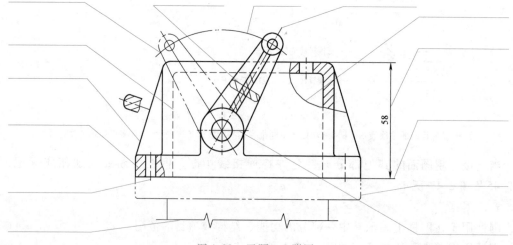

图1-33　习题1-5附图

第二章

电气电路图制图

本章中的电气电路图就是电气简图。本章首先叙述电路图的基本知识及其基本表示方法，然后介绍电路图中的各种电气符号，在此基础上再分别讲解各种常用电路图的绘制方法。

第一节　电路图的基本表示方法

正如第一章第二节所述，电路图是表示电气系统、分系统、装置、部件、设备、软件等实际电路各元器件相互连接顺序的简图。电路图是不按正投影原理绘制的电气图。

由于表达的对象和用途不同，电路图的种类及其表示方法有很大差别。但因为电路图大都用简图表示，其表达的主要内容是元器件和连接线，图形符号、文字符号是组成电路图的主要要素，因此，各种电路图必然有许多共同点和基本的表示方法。

一、连接线的基本表示方法

电路图上各种图形符号之间的相互连接线可能是表示传输能量流、信息流的导线，也可能是表示逻辑流、功能流的某种图线。

按照电路图中图线的表达相数不同，连接线可分为多线表示法和单线表示法两种。

1. 多线表示法　每根连接线用一条图线表示的方法，称为多线表示法。其中大都是用三线表示。如图 2-1a 所示 6～10kV 高压线路电测量仪表电路图及图 2-52 所示数控车床控制主、副电路图。

多线表示法绘制的图能详细、直观地表达各相或各线的内容，尤其是在各相或各线不对称的场合下宜采用这种表示法。但它图线多，作图麻烦，特别是在接线比较复杂的情况下会使图形显得繁杂而不能清晰易读，因此，它一般只用在图形比较简单或相、线数不对称的场合。

2. 单线表示法　两根或两根以上（大多是表示三相系统的三根线）连接线用一根图线表示的方法，称为单线表示法。如图 2-33 及图 2-36 等所示。

单线表示法易于绘制，清晰易读。它应用于三相或多线对称或基本对称的场合。凡是不对称的部分，例如三相三线、三相四线制供配电系统电路中的互感器、继电器接线部分，则应在图的局部画成多线来标明，或另外用文字符号说明。如图 2-43 及图 2-47 中的两相式接线电流互感器，只有 L1、L3 相的线路装设，因此在局部应画出三相线路。

另有一种混合表示法，即在同一个图幅中，有的部分用单线表示法，有的用多线表示法。

二、对连接线的表示应掌握要点

1. 导线的一般表示方法

（1）导线的一般符号　图 2-2a 所示，它用于表示单根导线、导线组、电线、母线、绞线、

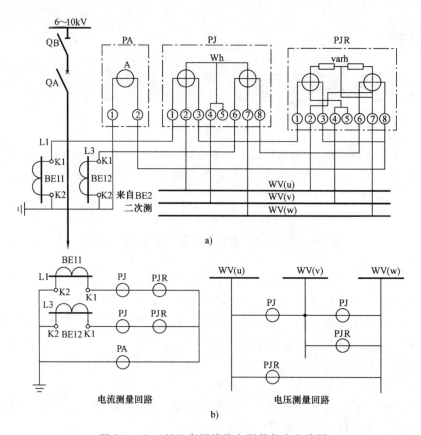

图 2-1 6～10kV 高压线路电测量仪表电路图

a）接线图 b）展开图

BE11、BE12—电流互感器 BE2—电压互感器 WV—电压小母线

PA—电流表 PJ—三相有功电能表 PJR—三相无功电能表

电缆、线路及各种电路（能量、信号的传输等），并可根据情况通过图线粗细、加图形符号及文字、数字标注来区分各种不同的导线，如图2-2b所示的母线、图2-2c所示的电缆等。

（2）导线根数的表示方法 当用单线表示几根导线或导线组时，为了表示导线的实际根数，可以在单线上加45°细短斜线表示：根数较少（2～3根）时，用斜线数量代表导线根数；当根数较多（一般如4根以上）时，用一根短斜线旁加注数字表示，如图2-2d所示。

（3）导线特征的标注方法 导线特征通常采用字母、数字符号标注，举例如下。

在图2-2e①中，在横线上标注出三相四线制，交流，频率为50Hz，线电压为380V；在横线下方注出导线为BV型绝缘导线，额定电压500V，三相导线每根相线截面积为16mm^2，中性线截面积为10mm^2。

图2-2e②表示导线为硬铜母线，三相相线每相截面积宽×厚为80mm×6mm，中性线截面积宽×厚为30mm×4mm。

图2-2e③表示的是聚氯乙烯绝缘铝导线，额定电压500V、三相导线每相截面积70mm^2、中性线截面积35mm^2、穿内径为70mm的焊接钢管沿墙明敷。导线敷设方式及部位的标注符号见表3-8及表3-9。

2. **图线的粗细** 为了突出或区分电路、设备、元器件及电路功能，图形符号及连接线可用图线的不同粗细来表示。常见的如：发电机、变压器、电动机的圆圈符号不仅在大小、而且在图线宽度上与电压互感器和电流互感器的符号应有明显区别；电源主电路、一次电路、电流回路、主信号通路等采用粗实线或中实线，二次电路、电压回路等则采用宽小 1 号的中实线或细实线，而母线通常画得比粗实线还要宽些。电路图、接线图中用于标明设备元器件型号规格的标注框线及设备元器件明细表的分行、分列线，均用细实线。

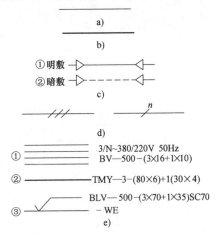

图 2-2　导线的一般表示方法及示例

a）导线的一般符号　b）母线　c）电缆

d）导线根数的表示方法

e）线路特征的表示方法（举例）

3. **导线连接点的表示** 导线连接一般有"T"形、"+"字形两种，其标注方法如图 2-3 所示。"T"形连接点可加实心圆点"·"，也可不加实心圆点，如图 2-3a 所示。对"+"形连接点，必须加实心圆点，见图 2-3b。

凡交叉但并不连接的两条或两条以上连接线，在交叉处不得加实心圆点，如图 2-3c 所示；而且应避免在交叉处改变方向，也不得穿过其他连接线的连接点，如图2-3d所示。

图 2-3e 为表示导线连接点的示例。图中连接点①是"T"形连接点，可标也可不标实心圆点；连接点②是属于"+"字形交叉连接点，必须加注实心圆点；连接点③④的"○"号表示导线与设备端子的固定连接点；A 处表示两导线交叉但不连接。

4. **连接线的连续表示法和中断表示法** 为了表示连接线的接线关系和去向，可采用连续表示法或中断表示法。

连续表示法是将表示导线的连接线用同一根图线首尾连通的方法，而中断表示法则将连接线中间断开，用符号（通常是用文字符号及数字编号）分别标注其去向的方法。

（1）连接线的连续表示法 连续线既可以用多线也可以用单线表示。当图线太多（如 4 条以上）时，为使图面清

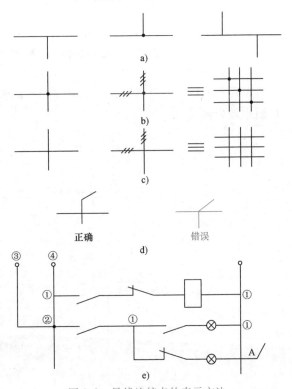

图 2-3　导线连接点的表示方法

a）"T"形连接点　b）"+"字形连接点　c）交叉而不连接

d）交叉处改变方向　e）示例

晰，易画、易读，对于多条去向相同的连接线常用单线表示法。

当多条线的连接顺序不必明确表示时，可采用图 2-4a 中的单线表示法，但单线的两端仍用多线表示；导线组的两端位置不同时，应标注相对应的文字符号，如图 2-4b 所示。

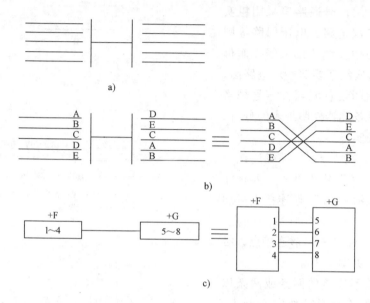

图 2-4 连续线的单线表示法

当导线汇入用单线表示的一组平行连接线时，采用图 2-5 表示。即在每根连接线的末端注上相同的标识符号；汇接处用斜线表示，其方向应能易于识别连接线进入或离开汇总线的方向，如图 2-5a 所示。

当需要表示导线的根数时，可按图 2-5b 表示。这种形式在动力和照明平面布置（布线）图中较为常见。

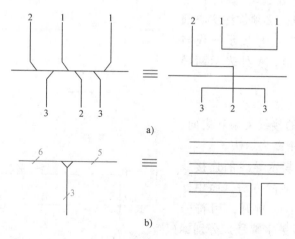

图 2-5 汇总线（线束）的单线表示法

（2）连接线的中断表示法 中断线的使用场合及表示方法常有以下 3 种。

1）去向相同的导线组，在中断处的两端标以相应的文字符号或数字编号，如图 2-6 所示。

2）两功能单元或设备、元器件之间的连接线，用文字符号及数字编号表示中断，如图2-7所示。

3）连接线穿越图线较多的区域时，将连接线中断，在中断处加相应的标识，如图2-8所示，以及图2-47b中"去Y5在2号变707"、"去Y2在总开关（1QA）柜707"都是连接线的中断表示。

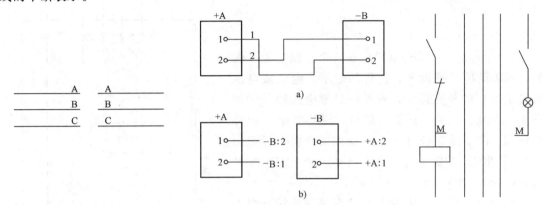

图2-6　导线组的中断表示　　　图2-7　用符号标识表示中断线　　　图2-8　穿越图面的中断线

a）连续表示　b）用相对编号法表示

5. **电器特定接线端子和特定导线线端的识别**　与特定导线直接或通过中间电器相连的电器接线端子，应按表2-1中的字母进行标识。

表2-1　设备端子和导体的标志和标识（GB/T 50786—2012）

序号	导　体		文字符号	
			设备端子标志	导体和导体终端标识
1	交流导体	第1线	U	L1
		第2线	V	L2
		第3线	W	L3
		中性导体	N	N
2	直流导体	正极	+或C	L+
		负极	-或D	L-
		中间点导体	M	M
3	保护导体		PE	PE
4	PEN导体		PEN	PEN

注：变压器设备端一次侧用英文大写字母，二次侧用英文小写字母。交流导体第1线、第2线、第3线在电力行业中有时在延用旧符号标识A、B、C。

图2-9为按照字母数字符号标识的电器端子和特定导线线端的相互连接示例。

6. **绝缘导线的标识**　对绝缘导线作标识的目的是为了用以识别电路中的导线和已经从其连接的端子上拆下来的导线。我国国家标准对绝缘导线的标识作了规定，但电器（如旋转电机和变压器）端子的绝缘导线除外，其他设备（如电信电路或包括电信设备的电路）仅作参考。限于篇幅及一般使用不多，此处不作详述。这里仅将常用的"补充标识"作一叙述。

补充标识用于对主标识作补充，它是以每一导线或线束的电气功能为依据进行标识的系统。

补充标识可以用字母或数字表示，也可以采用颜色标识或有关符号表示。

补充标识分为功能标识、相位标识、极性标识等。

1）功能标识：是分别考虑每一个导线功能（例如，开关的闭合或断开，位置的表示，电流或电压的测量等）的补充标识，或者一起考虑几种导线的功能（例如，电热、照明、信号、测量电路）的补充标识，例如图2-47中各小母线的文字符号标识为操作小母线 WC（u）、WC（n）及电压小母线WV（u）、WV（v）、WV（w）。

2）相位标识：相位标识是表明导线连接到交流系统中某一相的补充标识。

相位标识采用大写字母或数字或两者兼用表示相序，见表2-2。交流系统中的中性线必须用字母 N 标明。同时，为了识别相序，以利于运行、维护和检修，国家标准对交流三相系统及直流系统中的裸导线涂色规定见表2-2。

3）极性标识：是表明导线连接到直流电路中某一极性的补充标识。

用符号标明直流电路导线的极性时，正极用"＋"标识，负极用"－"标识，直流系统的中间线用字母 M 标明。如可能发生混淆，则负极标识可用"（－）"号表示。

4）保护导线和接地线的标识：见表2-2。

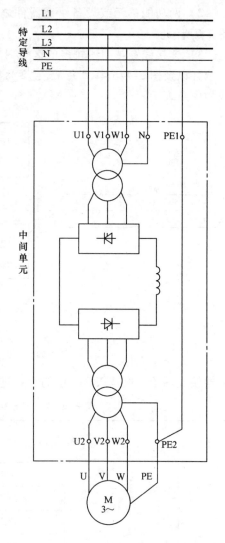

图 2-9　电器设备端子和
特定导线的相互连接

表 2-2　导体的颜色标识（GB/T 50786—2012）

导 体 名 称	颜 色 标 识	导 体 名 称	颜 色 标 识
交流导体的第 1 线	黄色（YE）	PEN 导体	全长绿/黄双色（GNYE），终端另用淡蓝色（BU）标识或全长淡蓝色（BU），终端另用绿/黄双色（GNYE）标识
交流导体的第 2 线	绿色（GN）		
交流导体的第 3 线	红色（RD）	直流导体的正极	棕色（BN）
中性导体 N	淡蓝色（BU）	直流导体的负极	蓝色（BU）
保护导体 PE	绿/黄双色（GNYE）	直流导体的中间点导体	淡蓝色（BU）

在任何情况下，字母符号或数字编号的排列应便于阅读。它们可以排成列，也可以排成行，并应从上到下、从左到右、靠近连接线或元器件图形符号排列。

三、元器件的基本表示方法

1. 元器件的集中表示法和分开表示法　电气元器件的功能、特性、外形、结构、安装位置及其在电路中的连接，在不同电路图中有不同的表示方法。同一个电气元器件往往有多种图形符号，如方框符号、简化外形符号（如表示电机和测量仪表的为圆形，表示继电器、接触器线圈的为矩形，表示电信中的信号发生器的为方形等）、一般符号；在一般符号中，有简单符号，有包括各种符号要素和限定符号的完整符号。

系统图、框图、位置图、等效电路图、功能图等，通常采用方框符号、简化外形符号或简单的一般符号表示，但电路图和接线图往往要用完整的图形符号表示。

根据电路图的用途，完整图形符号又分别采用集中表示法、分开表示法和介于二者之间的半集中表示法。图 2-10 所示为 DL-10 系列电磁式电流继电器和 DZ-10 系列中间继电器的图形符号，它们分别是用集中表示法和分开表示法表示的。

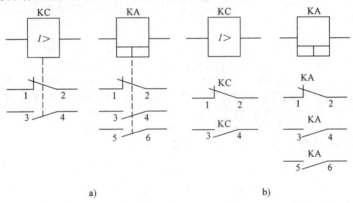

图 2-10　完整图形符号的表示示例

a）集中表示法　b）分开表示法

KC—电流继电器　KA—中间继电器

（1）**集中表示法**　集中表示法是把设备或成套装置中一个项目各组成部分的复合图形符号在简图上绘制在一起的方法。它只适用于简单的图，如图 2-11 所示。

（2）**分开表示法**　分开表示法又称展开表示法，它是把同一项目中的不同部分（用于有功能联系的元器件）的图形符号，在简图上按不同功能和不同回路分别画在各相应图上的表示方法。但不同部分的图形符号要用同一项目代号表示，如图 2-11 中电流继电器 KC1、KC2 和时间继电器 KF、中间继电器 KA 的线圈与触点，高压断路器 QA 所示。分开表示法可以使图线避免或减少交叉，因而使图面清晰，而且给分析回路功能及标注回路标号也带来了方便。二次回路图中的展开图就是用的分开表示法，如图 2-44 及图 2-47b、c 所示。

（3）**半集中表示法**　为了使设备和装置的电路布局清晰，易于识别，把同一个项目（通常用于具有机械功能联系的元器件）中某些部分的图形符号在简图上集中表示，而另一些分开布置，并用机械连接符号（虚线）表示它们之间关系的方法，称为半集中表示法。其中，机械连接线（用细虚线表示）可以弯折、分支和交叉。如图 2-12 所示笼型异步电动机正反转控制电路中的按钮 SF2、SF3。

2. 电气元器件工作状态的表示方法　在电路图中，电气元器件的可动部分均按"正常状态"表示。

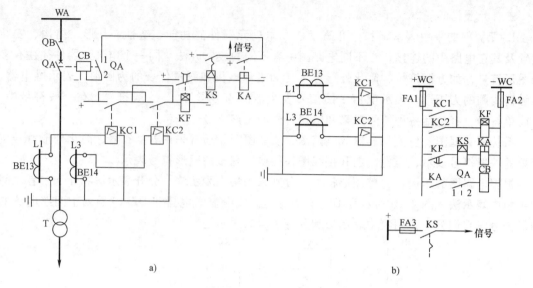

图 2-11 变压器定时限过电流保护原理电路图

a) 接线图（集中表示法） b) 展开图（分开表示法）

WA—母线 QB—隔离开关 QA—高压断路器 T—电力变压器 BE13、BE14—电流互感器

KC1、KC2—电流继电器（DL 型） KF—时间继电器（DS 型） KS—信号继电器

KA—中间继电器（DZ 型） CB—跳闸线圈

3. 电气元器件触点位置的表示方法 元器件的触点分为两大类：一类是由电磁力或人工操作的触点，如电量继电器（电磁型、感应型、晶体管型继电器等）、接触器、开关、按钮等的触点；另一类是非电和非人工操作的触点，如各种非电量继电器（气体、速度、压力继电器等）、行程开关等的触点。

（1）对于电量继电器、接触器、开关、按钮等项目的触点，在同一电路中，在"正常状态"下，或在加电或受力后各触点符号的动作方向应一致。

触点符号规定为"左开右闭，下开上闭"，即当触点符号垂直放置时，触点在左侧为常开（动合），而在右侧为常闭（动断）；当触点符号水平放置时，触点在下方为常开（动合），而在上方为常闭（动断），如图 2-13 所示。

（2）对非电和非人工操作的触点，必须在其触点符号附近表明运行方式。一般采用 3 种方法表示，如图 1-21 所示。

4. 元器件的技术数据及有关注释和标识的表示方法

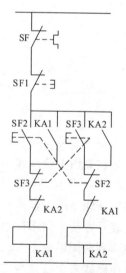

图 2-12 笼型异步电动机正反转控制电路图

（1）元器件技术数据的表示方法 电器元器件的技术数据（如型号、规格、整定值等）一般标注在其图形符号的近旁，如图 2-14 所示。

技术数据标注的位置通常为：当连接线为水平布置时，尽可能标注在图形符号的下方，如图 2-14a 所示；垂直布置时，标注在项目代号的下方，如图 2-14b 所示。技术数据也可以标注在继电器线圈、仪表、集成电路等的方框符号或简化外形符号内，如图 2-14c 所示。

在一、二次电气接线图等电路图中，技术数据常用表格的形式标注，如图 2-36 和

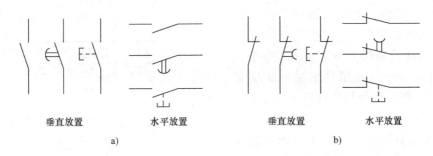

图 2-13 触点符号表示示例

a）常开（动合）触点 b）常闭（动断）触点

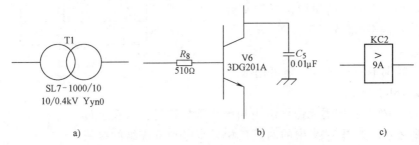

图 2-14 元器件技术数据标注方法举例

a）电力变压器 b）电阻、晶体管、电容 c）电流继电器

图 2-47 所示。电气主接线图上要写出"主要电气设备及材料明细表"字样，序号一般采用由上向下顺序排列，如图 2-36 右表所示；而二次回路图中通常不另写文字"元器件明细表"，序号等项目紧接标题栏上方自下而上顺序列出。

（2）注释和标识的表示方法 当元器件的某些内容不便于用图示形式表达清楚时，可采用注释的方式，如图 2-15 所示。图中"信息标识"符号为常用电气设备用图形符号的色饱和度、对比度和亮度符号。

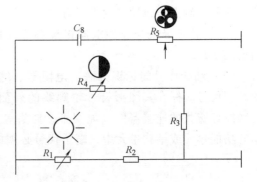

图 2-15 元器件有关信息标识示例

图中的注释可视情况放在它所需要说明的对象附近，并将加标识的注释放在图中其他部位；如图中注释较多，应放在图样的边框附近，一般放在标题栏上方。

5. 元器件接线端子的表示方法

（1）端子及其图形符号 电气元器件中用以连接外部导线的导电元件，称为端子。端子分为固定端子和可拆端子两种，按 GB/T 50786—2012 规定，固定端子和可拆端子都用图形符号"○"表示。

装有多个互相绝缘并通常对地绝缘的端子的板、块或条，称为端子板或端子排。端子板常用加数字编号的方框表示，如图 2-16 及图 2-45 所示。

（2）以字母、数字符号标识接线端子的原则和方法 电气元器件接线端子标识由拉丁字母和阿拉伯数字组成，如 U1、1U1，也可不用字母而简化成 1、1.1 或 11 的形式。

接线端子的符号标识通常应遵守以下原则。

1）单个元器件：单个元器件的两个端点用连续的两个数字表示，在图2-17中绕组的两个接线端子分别用1和2表示；单个元器件的中间各端子一般用自然递增数字表示，如图2-17所示的绕组中间抽头端子用3和4表示那样。

2）相同元器件组：如果几个相同的元器件组合成一个组，则各元器件的接线端子可按下述方式标识。

在数字前冠以字母，例如标识三相交流系统电器端子的字母 U、V、W 等，如图2-18a所示。

若不需要区别不同相序时，则可用数字标识，如图2-18b 所示。

3）同类元器件组：同类元器件组用相同字母标识时，可在字母前冠以数字来区别。如图2-19中的两组三相异步电动机绕组的接线端子用1U1、2U1…来标识。

图2-47中表示了电流继电器KC1、KC2和跳闸线圈CB1、CB2及其线圈、触点接线端子的表示方法。

4）与特定导线相连的电器接线端子：其标识见表2-1，标识示例见图2-9。

（3）端子代号的标识方法　电阻器、继电器、模拟和数字硬件的端子代号应标在其图形符号轮廓线的外面；对用于现场连接、试验和故障查找的连接器件（如端子、插头等）的每一连接点都应标识端子代号；在画有围框的功能单元或结构单元中，端子代号必须标识在围框内，如图2-20所示。

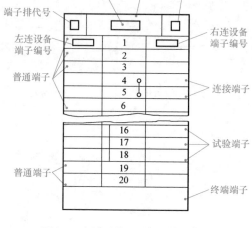

图 2-16　端子排及端子标识图例

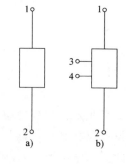

图 2-17　单个元器件接线端子标识示例

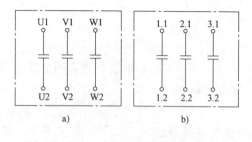

图 2-18　相同元器件组接线端子标识示例

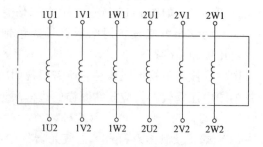

图 2-19　同类元器件组接线端子标识示例

四、电路图的简化画法

为了清晰简明地表示电路，电路图应尽量简化。一般下列几种情况可予以简化。

1. 主电路的简化　在发电厂、变配电所和工厂电气控制设备、照明等电路中，主电路通常为三相三线制或三相四线制的对称电路或基本对称电路，在电路图中，可将主电路或部分主电路简化为用单线图表示，而对于不对称部分及装有电流互感器、电压互感器及热继电器的局部电路，用多线图（一般为三线图）表示。图2-21a是三相三线制及三相四线制简化成单线的表示方法，图 2-21b 则为表示两相式电流互感器及热继电器在用三线图表示时的局部电路画法。图 2-33 及图 2-36、图 2-37中都是这种应用的实例。

2. **并联电路的简化**　多个相同的支路并联时，可用标有公共连接符号的一个支路来表示，但仍要标出全部项目代号及并联支路数。图 2-22 所示，为了简化表示几条具有动合触点的并联支路，可简化用一对动合触点支路表示，但各项目代号 KA2、KA3、KA4 仍是要分别标明的。

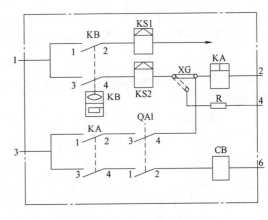

图 2-20　围框端子代号标识示例

3. **相同电路的简化**　在同一张电路图中，相同电路仅需详细表示出其中 1 个，其余电路可用点划线围框表示，但仍要绘出各电路与外部连接的有关部分，并在围框内适当加以说明，如"电路同上"、"电路同左"等，如图 2-37 中的"同 P3"、"同 P8"所示。但在供配电电气主接线图中，为了清楚表示各引出电路的用途（负荷），一般对相同的电路都要分别予以画出，只是在标注其装置、设备的型号规格时用"设备同左"等字样简化。

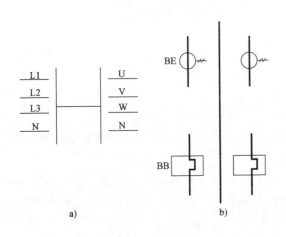

图 2-21　主电路的简化画法

a）三相四线制电源电路的简化画法

b）两相式电流互感器及热继电器主电路的画法

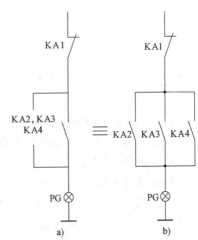

图 2-22　并联电路的简化画法示例

a）简化画法电路图

b）原有电路图

第二节　电气符号

电气符号是按国家统一规定的用于表示电气元器件的特定符号，它主要包括图形符号、文字符号和回路标号三种。各种电路图都是用这些电气符号表示电路的构成、功能、设备相互连接顺序、相互位置及工作原理的。因此，必须了解（对常用的应掌握）电气符号的表示、含义、标注原则和使用方法，才能看懂和画好电路图。

一、电气图形符号

用于电气图样或其他文件以表示一个设备或概念的图形、标识或字符，统称为电气图形符号。

1. 图形符号的含义和组成 图形符号通常由基本符号、一般符号、符号要素和限定符号等组成。

（1）基本符号 基本符号只用以说明电路的某些特征，而并不表示独立的电器或元件。例如，"$---$"、"$\sim$"分别表示直流、交流，"$+$"、"$-$"用以表示直流电的正、负极，"N"表示中性线等。

（2）一般符号 一般符号是用于表示一类产品或此类产品特征的一种通常很简单的符号，例如"○"为电机的一般符号，"$\boxed{|}$"是线圈的一般符号，"$\otimes$"是灯的一般符号。

（3）符号要素 一种具有确定意义的简单图形，必须同其他图形组合以构成一个设备或概念的完整符号，称为符号要素。

例如，如图 2-23a 所示是构成电子管的 4 个符号要素的管壳、阳极、阴极和栅极，它们虽有确定的含义，但一般不能单独使用，而在用不同形式进行组合后，就构成了多种不同的图形符号，如图 2-23b、图 2-23c、图 2-23d 所示。

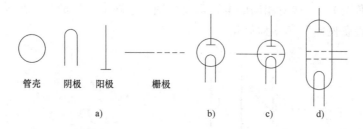

管壳 阴极 阳极 栅极

　　a)　　　　　　　　　b)　　　c)　　　d)

图 2-23　符号要素及其组合示例

a) 符号要素　b) 电子二极管　c) 电子三极管　d) 电子四极管

（4）限定符号 用以提供附加信息的一种加在其他符号上的符号，称为限定符号。限定符号一般不能单独使用。

限定符号有电流和电压的种类、可变性（有内在的和非内在的）、力和运动的方向、（能量、信号）流动方向、特性量的动作相关性（指设备、元器件与整定值或正常值相比较的动作特性，如"$>$"、"$<$"等）及材料的类型等。

限定符号的应用，使图形符号更具有多样性，如图 2-24 和图 2-25 所示。

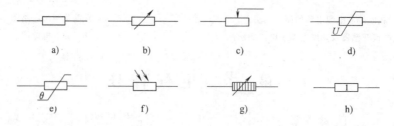

　　a)　　　　　　b)　　　　　　c)　　　　　　d)

　　e)　　　　　　f)　　　　　　g)　　　　　　h)

图 2-24　限定符号应用示例（之一）

a) 电阻器的一般符号　b) 可调电阻器　c) 带滑动触点的电阻器　d) 压敏电阻器

e) 热敏电阻器　f) 光敏电阻器　g) 碳堆电阻器　h) 功率为 1W 的电阻器

以上 4 种符号中，一般符号及限定符号最为常用。

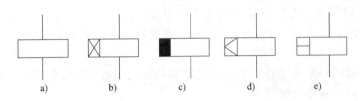

图 2-25　限定符号应用示例（之二）

a）继电器线圈的一般符号　b）缓慢吸合继电器线圈的符号

c）缓慢释放继电器线圈的符号　d）机械保持继电器线圈的符号　e）快速继电器线圈的符号

2. 图形符号的分类　按照表示的对象及用途不同，图形符号分为电气简图用图形符号及电气设备用图形符号两大类，分别由国家标准作出规定。

电气简图用图形符号种类繁多，附录 A 摘选了其中常用的部分电气简图用图形符号。

电气简图用图形符号是构成电气图的基本单元，是应用最为广泛的图形符号。电气设备用图形符号则主要适用于各种类型的电气设备或电气设备的部件上，使操作人员了解其用途和操作方法，其主要用途是用于识别、限定、说明、命令、警告和指示等。

3. 图形符号的应用

（1）图形符号的表示规则　绘制电气图形符号时，均按未通电、未受外力作用的"正常状态"表示。例如，开关未合闸，继电器、接触器的线圈未通电，按钮和行程开关未受外力作用动作等。

同一元器件的不同部件在不同回路中要分别画出，但各部分必须用同一文字符号标注（如图 2-47 中的 KC1、KC2、SQ、2QA 等）。

（2）尽可能采用优选形符号　某些同一设备或元器件有几个图形符号，分"优选形（形式 1）"、"其他形（形式 2）"等，在选用时应尽可能采用优选形，尽量采用最简单的形式。但要注意，在同类图中应使用同一种形式表示。如三相电力变压器、电流互感器、电压互感器及 DS-110（120）系列时间继电器、GL-11（21、15、25）型电流继电器等的图形符号。

（3）突出主次　为了突出主次或区别不同用途，相同的图形符号允许采用符号大小不同、图线宽度不同来加以区分。例如电力变压器与电压互感器、发电机与励磁机、主电路与副电路、母线与一般导线等绘图时，在图形大小和图线粗细上要予以适当区分。

（4）三相及同类设备、元器件的表示　同一电气设备的三相及同类电气设备或元器件的图形符号应大小一致、图线等宽、整齐划一、排列匀称。如图 2-52 中的断路器 QA、接触器 QAC、熔断器 FA 和按钮 SB，图 2-36 中的变压器、高压断路器、隔离插头、电压互感器及电流互感器所示。

（5）符号的绘制　电气图用图形符号是按网格绘制的，但网格并不与符号同时示出。一般情况下，符号可直接用于绘图，但在计算机辅助绘图系统中使用图形符号时，应符合相应的规定（例如，符号应设计成能用于特定模数 M 的网格系统中，使用的模数 M 为 2.5mm）。凡成矩形的符号（如熔断器、避雷器、电阻器等），长宽比以 2∶1 为宜。

二、电气文字符号

文字符号用于标明电气设备、装置和元器件的名称、功能、状态及特征，一般标注在电气设备、装置和元器件之上或其近旁。

文字符号还有为项目代号提供种类和功能字母代码、为限定符号与一般图形符号配合使用而派生新图形符号的作用。

1. 文字符号的组成　电气技术中的文字符号分基本文字符号和辅助文字符号两类,基本文字符号又分为单字母符号和双字母符号。国家标准 GB/T 50786—2012 对此作了规定,见表 2-3。

电气设备常用的基本文字符号及辅助文字符号分别见表 2-3 及附录 B（发电厂与变电所电路图上的交流回路标号数字序列）。

表 2-3　电气设备常用参照代号的字母代码（GB/T 50786—2012）（摘录）[一]

项目种类	设备、装置和元件名称	参照代号的字母代码	
		主类代码	含子类代码
两种或两种以上的用途或任务	35kV 开关柜	A	AH
	10kV 开关柜		AK
	低压配电柜		AN
	并联电容器箱（柜、屏）		ACC
	保护箱（柜、屏）		AR
	电能计量箱（柜、屏）		AM
	信号箱（柜、屏）		AS
	电源自动切换箱（柜、屏）		AT
	动力配电箱（柜、屏）		AP
	应急动力配电箱（柜、屏）		APE
	控制、操作箱（柜、屏）		AC
	照明配电箱（柜、屏）		AL
	应急照明配电箱（柜、屏）		ALE
把某一输入变量（物理性质、条件或事件）转化为供进一步处理的信号	热过载继电器	B	BB
	保护继电器		BB
	电流互感器		BE
	电压互感器		BE
	测量继电器		BE
	接近开关、位置开关		BG
	时钟、计时器		BK
	压力传感器		BP
	烟雾（感烟）探测器		BR
	感光（火焰）探测器		BR
	速度计、转速计		BS
	速度变换器		BS
	传声器		BX
	视屏摄像机		BX
材料、能量或信号的存储	电容器	C	CA
	线圈		CB

　　[一]　注：表 2-3 中用颜色标记的为本书中常用的项目及字母代码。

（续）

项 目 种 类	设备、装置和元件名称	参照代号的字母代码	
		主类代码	含子类代码
材料、能量或信号的存储	硬盘	C	CF
	存储器		CF
提供辐射能或热能	白炽灯、荧光灯	E	EA
	紫外灯		EA
	电炉、电暖炉		EB
	灯、灯泡		—
直接防止（自动）能量流、信息流、人身或设备发生危险的或意外的情况，包括用于防护的系统和设备	热过载释放器	F	FD
	熔断器		FA
	接闪器		FE
	接闪杆		FE
	保护阳极（阴极）		FR
启动能量流或材料流，产生用作信息载体或参考源的信号。生产一种新能量、材料或产品	发电机	G	GA
	直流发电机		GA
	电动发电机组		GA
	柴油发电机组		GA
	蓄电池、干电池		GB
	信号发生器		GF
	不间断电源		GU
处理（接受、加工和提供）信号或信息（用于防护的物体除外，见 F 类）	继电器	K	KF
	时间继电器		KF
	瞬时接触继电器		KA
	电流继电器		KC
	电压继电器		KV
	信号继电器		KS
	瓦斯保护继电器		KB
	压力继电器		KPR
提供驱动用机械能（旋转或线性机械运动）	电动机	M	MA
	电磁驱动		MB
	励磁线圈		MB
	弹簧储能装置		ML
提供信息	电压表	P	PV
	告警灯、信号灯		PG
	监视器、显示器		PG
	LED（发光二极管）		PG
	计量表		PG

（续）

项 目 种 类	设备、装置和元件名称	参照代号的字母代码	
		主类代码	含子类代码
提供信息	电流表	P	PA
	有功电能表		PJ
	时钟、操作时间表		PT
	无功电能表		PJR
	有功功率表		PW
	功率因数表		PPF
	无功电流表		PAR
	频率表		PF
	相位表		PPA
	转速表		PT
	同位指示器		PS
	无色信号灯		PG
	白色信号灯		PGW
	红色信号灯		PGR
	绿色信号灯		PGG
	黄色信号灯		PGY
	显示器		PC
	温度计、液位计		PG
受控切换或改变能量流、信号流或材料流（对于控制电路中的信号，见 K 类和 S 类）	断路器	Q	QA
	接触器		QAC
	晶闸管、电动机启动器		QA
	隔离器、隔离开关		QB
	熔断器式隔离器		QB
	熔断器式隔离开关		QB
	接地开关		QC
	旁路断路器		QD
	电源转换开关		QCS
	剩余电流保护断路器		QR
	综合启动器		QCS
	星-三角启动器		QSD
	自耦降压启动器		QTS
限制或稳定能量、信息或材料的运动或流动	电阻器、二极管	R	RA
	电抗线圈		RA
	滤波器、均衡器		RF
	电磁锁		RL

（续）

项目种类	设备、装置和元件名称	参照代号的字母代码	
		主类代码	含子类代码
限制或稳定能量、信息或材料的运动或流动	限流器	R	RN
	电感器		—
把手动操作转变为进一步处理的特定信号	控制开关	S	SF
	按钮开关		SF
	多位开关（选择开关）		SAC
	启动按钮		SF
	停止按钮		SS
	复位按钮		SR
	试验按钮		ST
	电压表切换开关		SV
	电流表切换开关		SA
保持能量性质不变的能量变换，已建立的信号保持信息内容不变的变换，材料形态或形状的变换	变频器、频率转换器	T	TA
	电力变压器		TA
	DC/DC 转换器		TA
	整流器、AC/DC 变换器		TB
	天线、放大器		TF
	调制器、解调器		TF
	隔离变压器		TF
	控制变压器		TC
	整流变压器		TR
	照明变压器		TL
	有载调压变压器		TLC
	自耦变压器		TT
从一地到另一地导引或输送能量、信号、材料或产品	高压母线、母线槽	W	WA
	高压配电线缆		WB
	低压母线、母线槽		WC
	应急照明线路		WD
	滑触线		WF
	控制电缆、测量电缆		WG
	光缆、光纤		WH
	信号线路		WS
	电力（动力）线路		WP
	照明线路		WL
	应急电力（动力）线路		WPE
			WLE
			WT

（续）

项 目 种 类	设备、装置和元件名称	参照代号的字母代码	
		主类代码	含子类代码
连接物	高压端子、接线盒	X	XB
	高压电缆头		XB
	低压端子、端子板		XD
	过路接线盒、接线端子箱		XD
	低压电缆头		XD
	插座、插座箱		XD
	接地端子、屏蔽接地端子		XE
	信号分配器		XG
	信号插头连接器		XG
	（光学）信号连接		XH
	连接器		—
	插头		

2. 文字符号的使用　文字符号的字母书写采用拉丁字母大写正体，一般应优先采用单字母符号。只有当需要较详细、具体地标注电气设备、装置和元器件时，才采用双字母符号。

这里需要指出的是，电气技术文字符号并不适用于各类电气产品的型号编制与命名。我国机电产品的型号是以汉语拼音字第一个字母的大写表示的，它与电气文字符号是两种完全不同的标注类别，因此绝不能同电气文字符号相混淆。表 2-4 中分别举例列出了部分电气设备的电气文字符号与型号，读者可予以对照后加深理解，即电气设备的文字符号与型号是完全不同的两个概念，其表示的字母也是完全不相同的。

表 2-4　部分电气设备的文字符号与型号比较举例

电气设备名称	文 字 符 号		型 号 举 例	
	单字母	双字母	型　　号	意　　义
电力变压器	T	TA	SL7—1000/10	铝芯（L）三相电力变压器，设计序号"7"，额定容量 1000kVA，高压侧额定电压 10kV
交流电动机	M	MA	Y180M—2	三相异步电动机（Y），机座中心高 180mm，机座形式为长机座（M），磁极数 2 个
高压断路器	Q	QA	SN10—10I	户内式（N）高压少油（S）断路器，设计序号"10"，额定电压 10kV，断流容量（代号 I）300MVA
电流继电器	K	KC	GL—15/10	感应式（G）电流（L）继电器，特征代号"15"，额定电流 10A

三、设备标识符号

在二次回路图中，每一个二次设备都有一个相应的文字符号，如 KC 代表电流继电器，有若干只电流继电器时则用 KC1、KC2、KC3…表示；又如 PA 表示电流表，不同的电流表用 PA1、PA2…表示。

二次回路的各屏、盘要在背面安装接线，为了区分同类或不同类的各种设备，就要分别对它们标识相应的符号。标识符号一般画成圆圈，中间为一条水平线，如图 2-26 所示。上半圆的罗马字Ⅰ、Ⅱ、Ⅲ…表示安装单位编号，罗马字的右下角数字为该安装单位中此设备的顺序号；下半圆标识该设备的电气文字符号。

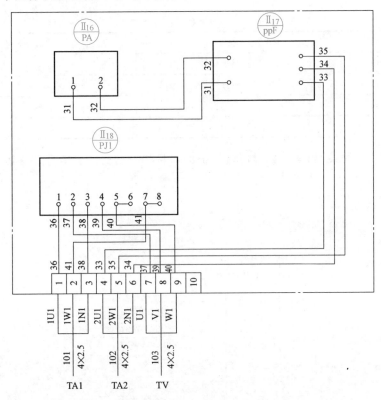

图 2-26 屏（盘）背面接线图中设备标识方法示例

在图 2-45 所示的高压配电线路二次回路接线图中，其设备标识采用了较为简便的方式，即用分式表示设备的标识：分子为设备文字符号，分母为设备型号。

四、电气项目代号

在电气图上用一个图形符号表示的基本件、部件、组件、功能单元、设备、系统等，称为项目。项目有大有小，而且可能相差很多，大至电力系统、成套配电装置，以及发电机、变压器，小至电阻器、端子连接片、二极管、集成电路等，都可以称之为项目。

项目代号是用以识别图形、表图、表格中和设备上的项目种类，并提供项目的层次关系、实际位置等信息的一种特定代码。由项目代号可以将不同的图或其他技术文件上的项目与实际设备中的该项目一一对应联系起来。如某一有功电能表 PJ1，是计量 2 号线路 WL2 有功电能的，线路 WL2 是在 3 号高压开关柜内，而开关柜的种类代号为 A，因此这只有功电能表的项目种类代号全称可表达为"＝A3－W2－P1"，其第 5 号接线端子则应称为"＝A3－W2－P1:5"，也可以简称为"＝A3－W2P1:5"。又如某照明灯的项目代号为"＝S2＋201－E6:2"，则表示 2 号车间变电所（STS2）201 室 6 号照明灯的 2 号端子。

项目代号在国家标准《工业系统、装置与设备以及工业产品结构原则与参照代号》

（GB 5094—1985）和《电气技术中的文字符号制订通则》（GB 7159—1987）中作了有关规定。如果图样中不符合，则应在图样说明中特别注明。在没有新的同类标准颁布以前，本书中尽量采用了 GB/T 50786—2012 的规定，见表 2-3。

项目代号是由拉丁字母、阿拉伯数字及特定的前缀符号按照一定规则组合而成的。一个完整的项目代号包括 4 个代号段，其名称及前缀符号见表 2-5。

表 2-5 项目代号的代号段

分　段	名　称	前缀符号
第一段	高层代号	=
第二段	位置代号	+
第三段	种类代号	−
第四段	端子代号	:

今以图 2-27 中的某 10kV 线路过电流保护的项目代号结构、前缀符号及其分解图为例进行讲解。

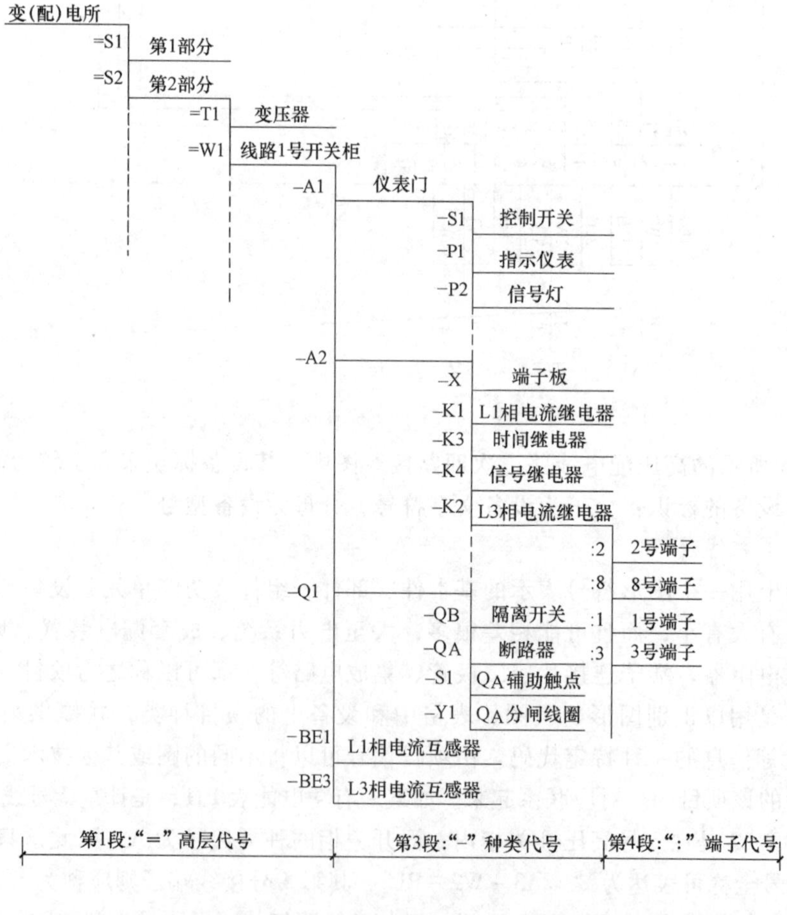

图 2-27　项目代号结构、前缀符号及其分解图示例

1. 高层代号　系统或设备中任何较高层次（对给予代号的项目相对而言）项目的代号，称为高层代号。如电力系统、变（配）电所、电力变压器、电动机、启动器等。

由于各类子系统或成套配电装置、设备的划分方法不同，某些部分虽然并不是高层，但它对其所属的下一级项目就是高层。例如，电力系统对其所属的变（配）电所来说，很明显电力系统的代号为高层代号，但对于此变电所中的某一开关（如高压断路器）的项目代号而言，则该变电所代号就成了高层代号。故高层代号具有项目总代号的含义，其命名是相对的，只能根据需要命名，但要在图样中加以说明。图 2-27 中的变（配）电所 S 即是高层代号。

2. 位置代号　项目在组件、设备、系统或建筑物中的实际位置的代号，称为位置代号。

位置代号通常由自行规定的拉丁字母及数字组成。在使用位置代号时，应画出表示该项目位置的示意图，如图 2-28 所示为某厂总变电所 202 室的中央控制室，内有控制台、控制屏、操作电源屏及继电保护屏等 4 列，各列分别用拉丁字母 A、B、C、D 表示，各屏用数字（由巡视观测的面向自左至右依次排列）1、2、3…表示，则位置代号用字母和数字组合而成表示。如该室 B 列屏的第 5 号控制屏的位置代号标注为 "＋B＋5"，其全称表示为 "＋202＋B＋5"，也可简化表示为 "＋202B5"。

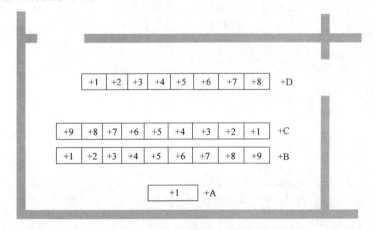

图 2-28　位置代号示意图

3. 种类代号　用以识别项目种类的代号，称为种类代号。

项目种类是将各种电气元件、器件、设备、装置等，根据其结构和在电路中的作用来分类的，相近的项目归为同一类，常用单字母符号命名，如表 2-3 中 "字母符号" A、B…Z 等。

（1）种类代号的表达方法　种类代号通常有以下 3 种表达方法。

第一种表达方法是由字母代码和数字组成，如图 2-29a 中的 ＝A1、－K8、－Q1 等。这是运用最多、最直观和容易理解的表示方法。其中，字母代码为规定的字母符号（单字母、双字母或辅助字母符号，一般用单字母符号）。例如，101 室内 1 号高压开关柜（A1）上的第 3 个继电器可表示为 "＋101＝A1－K3"，其中 "－" 为种类代号段的前缀符号，"K" 为项目种类（继电器）的字母代码，"3" 为同一项目种类（继电器）中该项目所编的序号。

第二种表达方法是用顺序数字（1、2、3…）给图样中的每一个项目规定一个统一的数字序号，同时将这些顺序数字和它所相应代表的项目列在图样中或其他说明中，如 －1、－2、－3…。如图 2-29b 中，将断路器 QA2 编为 1、中间继电器 KM1 编为 8、气体继电器 KB 编为 3，则 KM1 的动合触点表示为 －8.1，气体继电器 KB 的动合触点分别为 －3.1、－3.2…。

第三种表达方法是将不同类的项目分组编号，如继电器用 11、12、13…，信号灯用 21、22、23…，电阻器用 31、32、33…，并将编号所代表的项目列表于图中、图后或其他说明中。如图 2-29c 所示。

对于同一张图上用以上三种方法分开表示的同一项目的相似部分，如继电器的触点，可在数字后加圆点"·"隔开，再用辅助数字区别。如图 2-29c 中 -13.1、-13.2、-18.1 所示。

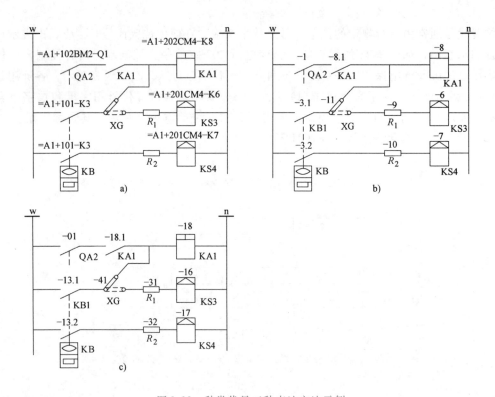

图 2-29 种类代号三种表达方法示例

a）第 1 种方法　b）第 2 种方法　c）第 3 种方法

（2）复合项目的种类代号　由若干项目组成的复合项目（如部件），其种类代号可采用字母代码加数字表示，如 3 号高压开关柜 A3 中的第 2 个继电器，可表示为" = A3 - K2"，或简化为" = A3K2"；某 2 号低压断路器 QA2 中的储能电动机 M1、热脱扣器 FD1 可表示为" - Q2 - M1"、" - Q2 - F1"，或简化为" - Q2M1"、" - Q2F1"等。

4. 端子代号　用以同外电路进行电气连接的电器导电体的代号，称为端子代号。例如用于高低压成套柜、屏内外电路进行电气连接的接线端子的代号。

端子代号是完整项目代号的一部分。当项目的端子有标识时，端子代号必须与项目上的端子标识一致；当项目的端子无标识时，应在图上自行设立端子代号。端子板（排）的代号用"X"表示，以区别设备代号，如图 2-45 所示。端子板（排）代号为 X1，则相应的端子代号有 X1:1、X1:2、…X1:18，而有功电能表 PJ1 的第 2 号接线端子全称应标为" +101 +B +5 = A3 - W1 - P1:2"，可简化为" +101B5 = A3 - W1P1:2"，其代表意义为：装设在变电所 101 室 B 列第 5 台的 3 号高压开关柜中 1 号线路的 1 号有功电能表的第 2 号端子。

　　电气原理图中之所以要标注项目代号，是因为根据该原理图可以很方便地进行安装、检修、分析与查找事故，所以国家标准把它规定在电气工程图样的编制方法之中。但根据使用场合详略要求的不同，在同一张图上的某一项目代号不一定都有 4 个代号段。如有的并不需要知道某设备的实际安装位置，则就可以省去位置代号；当图中所有项目的高层代号相同时，则可以省略高层代号而只需要另外加以说明。

　　在用集中表示法和半集中表示法所绘制的图样中，项目代号只在符号近旁标注一次；在分开表示法的图中，项目代号应在项目每一部分的符号旁标注出来，如图 2-47b、c 电气回路图所示。

　　五、电气回路标号

　　电路图中用来表示各回路的种类和特征的文字符号及数字标号，统称回路标号。

　　回路标号通常采用阿拉伯数字表示，但如何采用，在国家新的标准中还没有作出具体规定，因此，暂时沿用目前工程界仍普遍使用的原有国家标准 GB 316—1964《电力系统图上的回路标号》提出的原则和方法，供标注及识图时参考。见附录 B、C。

　　GB 316—1964 中关于回路标号的一般原则主要有：① 将导线按用途分组，每组给予一定的数字范围；② 导线的标号一般是由三位或三位以下的数字组成的，当需要标明导线的相别或其他特征时，在数字的前面或后面（一般在前面）加注文字符号，例如，三相回路的 U、V、W 等；③ 导线标号按"等电位原则"进行，即回路中连接在同一点上的所有导线具有同一电位，则标注相同的回路标号（一般只注一处）；④ 由线圈、触点、电阻、电容等减压元件所间隔的线段，应标注不同的回路标号；⑤ 标号应从交流电源或直流电源的正极开始，以奇数顺序号 1、3、5…或 101、103、105…开始，直至电路中一个主要减压元件为止，之后按偶数顺序号…6、4、2 或…106、104、102 至交流电源的中性线（或另一相线）或直流电源的负极；⑥ 某些特殊用途的回路则给以固定数字标号，如断路器跳闸回路专门用 33、133 标注等。

　　1. 交流回路的标号　在交流一次回路中，用个位数字的顺序区分回路的相别，用十位数字的顺序区分回路中的不同线段。如第一相回路按 1、11、21…顺序标号，第二相按 2、12、22…，第三相按 3、13、23…顺序标号。

　　交流二次回路的标号原则与直流二次回路的标号原则相似，回路的主要减压元件两侧的不同线段分别按奇数和偶数的顺序标号，如左侧用奇数，则右侧用偶数标号。元器件相互之间的连接导线，可任意选标奇数或偶数。

　　对于不同供电电源的回路，也可用百位数字的顺序标号进行区分。

　　交流回路数字标号系列见附录 B。

　　2. 电力拖动、自动控制电路的标号　在电力拖动和自动控制电路中，一次回路的标号由文字标号和数字标号两部分组成：文字标号用于标明一次回路中电器元件和线路的技术特性，如三相交流电源端用 L1、L2、L3 表示；交流电动机定子绕组的首端用 U1、V1、W1，尾端用 U2、V2、W2 表示；数字标号用来区别同一文字标号回路中的不同线段，如三相交流电源端用 L1、L2、L3 标号，而开关以下则用 L11、L12、L13 标号，熔断器以下用 L21、L22、L23 标号等。

电气设计中，在不影响设计、安装、调试、维修的前提下，为简明起见，在二次回路图中，除电器元件、设备、线路标注电气文字符号外，其他只标注回路标号。

3. 控制电缆标号 二次电路中的各种屏与屏之间、屏与其他设备之间是用控制电缆相互连接的。为了设计、安装、调试和检修的方便，对众多控制电缆通常采用文字和数字相结合进行编（标）号，以表示该电缆的序号、用途及敷设场所、走向等。

第三节 电路图的绘制

一、概述

与第一章第二节中的"电气图的主要特点"相似，简图是电路图的主要表达形式，其各组成部分都是用电气图形符号表示的，没有投影关系，即它并不具体表示各组成部分的外形、结构和尺寸；电路图中，各元器件和连接线是其表达的主要内容，电气图形符号和文字符号是组成电路图的主要要素。

各类电路图有所差别，但一般来说，一幅完整的电路图是由电路接线图、主要电气设备（或元器件）及材料明细表、技术说明和标题栏四个部分组成的。

图样是工程界交流的语言，不仅如此，一张用手工尺规画得好的图，犹如一件绘画艺术品，会让人爱不释手。这就要求做到：布局合理，疏密匀称；突出重点，主辅相成；图线清晰，线条均匀；笔画正确，字体秀美；图纸完好，图面整洁。

在合理选定图幅并良好固定图纸后，绘图的一般步骤是：首先进行认真构思，对所要绘制的步骤及表达的内容和布局做到心中有数；然后对整个图面进行布局，把所要表达的全部内容（不能遗漏），按其正确位置、主次及繁简划定实际所占画面大小；第三，确定基准线，包括水平基准线和垂直基准线；第四，按自左至右、自上而下、先主后次、先一次后二次、先图形后文字的顺序画底稿线（包括文字分行分格线）；第五，经认真、详细检查，确认无误无漏后描深图形，注写文字；最后，再次认真、详细检查确认，在标题栏签字等。

二、电路图的布局

（一）电路图布局的原则和顺序

电路图的布局不像机械图、建筑图那样必须严格按照表达对象的位置、投影关系进行，而可以按情况灵活多样地进行绘制，但它同样是要按规范绘制的。

电路图合理布局的原则是：突出重点，便于绘制，易于识读，均匀对称，清晰美观。

电路图布局的顺序通常是：从总体到局部，从一次到二次，从主到次，从左到右，从上到下，从图形到文字。

（二）图面布局的要点

一张绘制得好的、成功的图样，其中很重要的是整个图面的布局能体现突出重点、主次分明、疏密匀称、清晰美观，反之，即使图形、图线和文字绘制、书写得再好，这张图也是不足取的。为此，要注意以下要点。

1. 进行构思，做到心中有数 首先要对整个图面的表达内容（如有哪些图形，各图形的相互位置，每个图形的功能及主要组成元件，文字符号及标注内容，设备元器件明细表，技术说明等）及各部分所占位置、尺寸进行缜密的构思，做到心中有数。初学者最好先把每部分特别是各图形画出较为详细的草图，然后再汇总成整个图面，并由此确定图幅大小。

2. 进行规划，划定各部分的位置 根据图面布局要点和对全图的总体构思，在作出各草图的基础上，确定所要表达各部分的相互位置及大小，用只要绘图者自己能分辨出的既轻又细的底稿线把每一部分的区域划定。需要特别指出的是，这一步是图面总体布局的关键，一定要仔细反复考虑，认真推敲，疏而不漏，并适当留有余地。

图 2-30 所示为某供电系统的电气主接线图，它包括主接线图、主要电气设备及材料明细表、技术说明和标题栏等四部分，在进行整个图面的布局时，首先按表达内容，经构思后选用 A1 图幅；第二步便划定各部分的位置；第三步确定基准线，再具体进行各回路部分的绘制。很明显，电气主接线图的水平基准线是母线（汇集和分配电能的导线），垂直基准线则可根据水平基准线另行单独画出，这里可用其中之一的电源进线或负载引出线作为垂直基准线。如果整个图面是由若干幅图样组成的，则应以全图的基准线为准，再确定出其他各图的相应基准线。

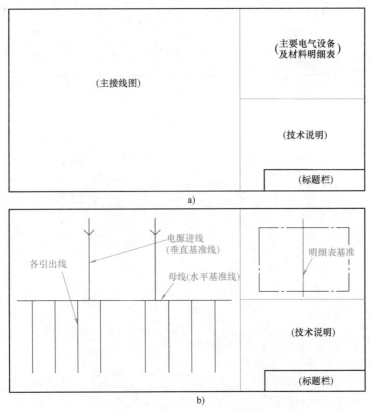

图 2-30 图面布局示例（电气主接线图）

a) 划定各部分的位置 b) 确定基准线

在整个图面布局的基础上，便可进行电路、元器件及连接线的布局和相应的文字标注。

（三）电路及元器件的布局

1. 电路布局的原则 电路布局应遵循以下原则。

（1）电路垂直布置时，相同或类似项目应横向对齐；水平布置时，相同或类似项目应纵向对齐。例如，在图 2-37 中，各低压配电屏电路相同，垂直布置时其各种开关、电流互感器、测量仪表应横向对齐。

（2）功能相关的项目应靠近绘制，以便清晰地表达其相互关系并有利于识图。

（3）同等重要的并联通路应按主电路对称布置。

2. 电路及元器件的布局方法

（1）功能布局法　功能布局法是指图中电路及元器件符号的布置只考虑便于表达其功能关系，而不考虑其实际位置的布局方法。它按表达对象的不同功能部分划分为若干组，按照因果关系、先后顺序、能量流或信息流方向从上到下或从左到右进行布置。例如，在图 1-19 所示的某工厂供电系统图中，按功能关系可划分为 6 个功能组，每个功能组的元件集中布置在一起，并从电源引入→10kV 汇流母线→变压器降压（两条回路并列）→380/220kV 汇流母线→各车间负载，电路及元件按从上到下、从左到右进行布置。如图 2-31 所示。大部分电气图，如系统图、框图、电路图、功能图、逻辑图、等效电路图等都采用这种布局方法。

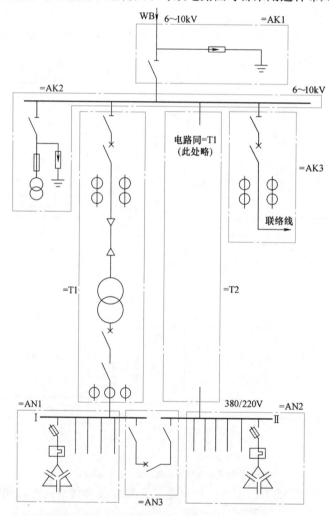

图 2-31　某工厂供电系统图功能的划分

（2）位置布局法　位置布局法是指电路图中电路及元器件符号的布置与其实际位置相对

应一致的布局方法，以便清晰地表示各电路及元器件的相对位置和导线的走向及连接关系，接线图、电缆配置图等即采用这种方法。在图 2-45 中所示的继电器、测量仪表的安装位置及接线，图 3-53 和图 3-54 中动力、照明设备的布置及线路走向，都是按位置布局法确定的。

（四）图线的布置及画法

除了图形符号，电路图中的连接线是其主要表达的内容。连接线通常用直线（粗实线或细实线）表示，应尽可能横平竖直，减少交叉和弯折。

图线布置通常有水平布置、垂直布置和交叉布置三种。

1. 水平布置 将设备、元器件按行布置，其连接线大都成水平布置。如图 2-37、图 3-69 及图 3-70 所示。由于水平布置符合人们阅读习惯，因此用得最多，在绘制时应尽可能采用。

2. 垂直布置 设备、元器件按竖列布置，接线大都成垂直布置的形式。如图 2-33 及图 2-36 所示。

3. 交叉布置 为了将相应的电路、元器件布置成对称形式，可采用连接线交叉的方式进行布置，如图 2-43 和图 2-52 所示。

诚然，上述三种布置只是基本形式，实际绘图时往往是综合运用的，要根据具体情况确定以哪种布置形式为主、哪种为辅。

在正确布局的基础上，就可以找定基准，逐步绘图了。为了进行作图，要把整个图幅的基准线（水平线或垂直线，或两者兼而有之）及以此为准的各图样的基准线用稍轻又细的细实线画出，作为下步具体绘制图形符号、连接线及文字标注的基准。这里特别要注意的是：基准线一定要"准"。基准线一旦确定以后，不得再更动。为了找准基准线，要注意事先检查图样的图框线是否成准确的矩形，丁字尺的尺头、尺身是否稳固和相互垂直等。

下面分别讲述常用的一次电路图、二次回路图、数控机床电路图和电子电路图的绘制方法。

三、一次电路图的绘制

一次电路图是电能发、输、变、配、用电能系统的简要说明，也是进行电气设计计算、配置二次系统和施工安装的重要根据。

（一）概述

1. 电路的分类 电路通常可按图 2-32 进行划分。

2. 电气接线及设备的分类 电气接线是指电气设备在电路中连接的先后顺序。按照电气设备的功能、电压不同，电气接线可分为电气主接线（一次接线）和二次接线。

电气一次接线泛指发、输、变、配、用电电路的接线。

供配电的变配电所中承担受电、变压、输送和分配电能任务的电路，称为一次电路，或一次接线、主接线。一次电路中的所有电气设备，如变压器，各种高、低压开关设备，母线、导线和电缆及作为负载的电动机和照明灯等，称为电气一次设备或一次元器件。

为保证一次电路安全、正常、经济运行而装设的控制、保护、测量、监察、指示及自动装置电路，称为副电路，或二次电路、二次回路。二次电路中的设备，如控制开关、按钮、脱扣器、继电器，各种电测量仪表，信号灯、光字牌及警告音响设备，自动装置等，称为二次设备或二次元器件。

电流互感器 BE1（原符号 TA）及电压互感器 BE2（原符号 TV）的一次侧装接在主电

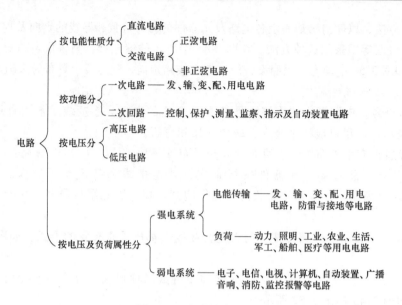

图 2-32　电路的常用分类

路，二次侧接继电器和电测量仪表，因此，它仍归属于一次设备，但在主、副电路图中应分别画出一、二次侧接线；熔断器 FA 在主、副电路中都有应用，按其所装设的电路不同，分别归属于一、二次设备；避雷器 FE 虽然是保护（防雷）设备，但它并联在主电路中，因此是属于一次设备。

表达一次电路接线的电气图通常有：供配电系统图，电气主接线图，自备电源电气接线图，电力线路工程图，动力与照明工程图，电气设备或成套配电装置订货、安装图，防雷与接地工程图等，这里只讲述电气主接线图和有关常用的供配电系统图。

（二）电气主接线图（一次电路图）

电气主接线是指一次电路中各电气设备按顺序的相互连接。

用国家统一规定的电气符号按制图规则表示主电路中各电气设备相互连接顺序的图形，就是电气主接线图，也称一次电路图。

一次电路图一般都用单线图表示，即一相线就代表三相。但在三相接线不同的局部位置仍要用三线图表示。

一幅完整的电气主接线图包括电路图（含电气设备接线图及其型号规格等）、主要电气设备（元器件）及材料明细表、技术说明及标题栏、会签表。

（三）一次电路图的绘制

1. 发电厂的电气主接线图图例及其绘制　发电厂的电气主电路担负发电、变电（升压）、输电的任务。发电厂附近有电力用户时，它还有直配供电的任务。同时，发电厂还有自（厂）用电，自用电低压负荷的电源是经过厂用变压器降压后获取的。

工矿企业⊖和相当多的电力用户有自发电设备，则自备发电站的主电路担负有发电、变电、输配电的任务。在用低压发电机时，低压负荷可直配；采用高压发电机发电的，要经变压器降压后才供电给负荷。

⊖　按供电容量分，工厂及变配电所一般划分如下：1000kVA 及以下为小型；1000kVA 以上、10000kVA 以下为中型；超过 10000kVA 的为大型。

发电厂的装机容量差别很大，因而电气主接线的形式有很多。图 2-33 是某一发电厂的电气主接线图。

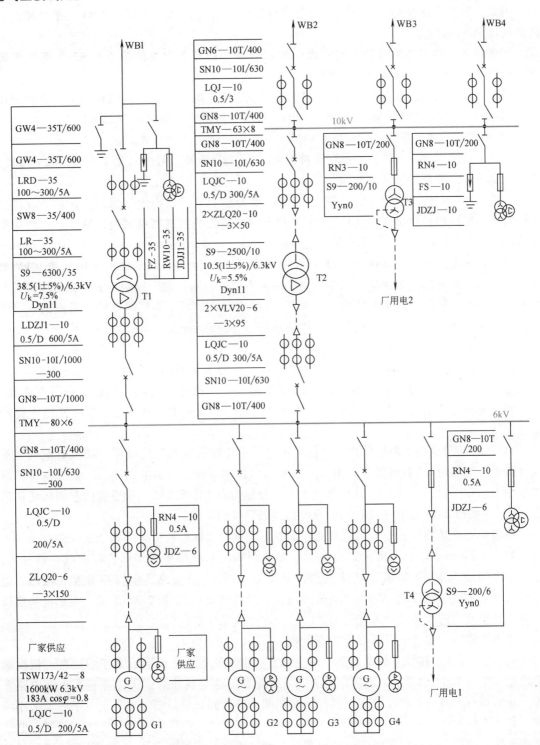

图 2-33 某发电厂电气主接线图

（1）图例分析

1）发电厂的概况及负荷：该电厂为水力发电厂，装机容量为 $4 \times 1600\text{kW}$，它离城镇较近，因此，除了线路 WB1 向电网输送 35kV 电能外，还由 WB2、WB3、WB4 三条线路向近区负荷以 10kV 供电。

考虑到电厂的总装机容量及有较大的近区负荷，以及最大可能输电给 35kV 系统等因素，35kV 主变压器容量选为 6300kVA。

近区负荷与发电厂距离不远，且与 10kV 系统连接，电厂发电机电压 6.3kV 经升压变压器升为 10.5kV 后向近区供电。经论证，10kV 近区变压器的容量宜选为 2500kVA。

2）电气主接线的形式：该发电厂的电气主接线有下列两种形式。

一是单母线不分段接线。4 台发电机的 6kV 汇流母线及 2 号变压器高压侧 10kV 母线，均采用了单母线不分段接线的形式。

二是变压器—线路单元接线。该电厂 35kV 高压侧只有一回出线，采用变压器—线路单元接线，不但可以简化接线，而且使 35kV 户外配电装置的布置简单紧凑，减少了占地面积和费用。

另外，该电厂采用两台容量各为 200kVA 的厂用变压器 T3、T4，分别从 6kV 和 10kV 母线取得电源，双电源供电提高了厂用电供电的可靠性。但是，由于这两台变压器低压侧的相位不一定相同，因此，厂用电低压 380/220V 母线应分段运行，即厂用电低压母线的主接线形式应为单母线分段，而且一般常用单母线断路器分段的形式。

（2）主接线图绘制方法

1）首先，按上述图例分析读图。考虑电气专业知识掌握的实际情况，这里要求弄懂：主要电气设备（变压器、高压断路器、高压隔离开关、母线、电流互感器、电压互感器、熔断器、避雷器、电缆）的电气图形符号和文字符号；电能发、输、变、配、用电电路的顺序连接。

2）图面布局。由于篇幅所限，该图并不是一张完整的电气主接线图，而只有电气主接线电路图。图幅用 A2 就可以了。图示要绘制的内容有两种：一是电路图，二是设备型号规格标注框。布局时，垂直方向 6kV 母线上、下分别约占 3/5 和 2/5，水平方向左侧标注框约占 1/6。可按图 2-34 划分区域布局。分区的线条要既轻又细。

图幅中无论是图形还是文字、表格，都要与图框线及标题栏留空间隔 20mm 左右。

3）确定基准线。在图面大致布局后，要分别确定水平基准线和垂直基准线。很显然，应选 6kV 母线为水平基准线，WB2 线路及其下方 G3 发电机回路为垂直基准线（当然，也可以选择 WB1 线路及其下方 G1 发电机回路为垂直基准线）。如图 2-35 所示。在选定基准线以后，其他所有的水平线、垂直线都要以它们作为基准分别画出。

作为底稿线，基准线可画得稍微清晰些。

4）画底稿线。按从总体到局部、从左到右、自上而下、先图形后文字的顺序，依次画出线路 WB1～WB4、G1～G4、厂用电 1 及 2 的电路。这里要注意：①先轻轻画出各电路直线，然后再分别画出其各设备和元器件。②相同电路的同类设备要左右、上下平齐，大小一致，如发电机 G1～G4，主变压器 T1、T2，高压隔离开关，高压断路器，电流互感器，电压互感器等，为此，作图时可轻轻地画出若干条水平线（可连续或分段），如高压隔离开关和高压断路器分别画上下两条水平线，主变压器和互感器则画通过圆心的两条水平线。③同类

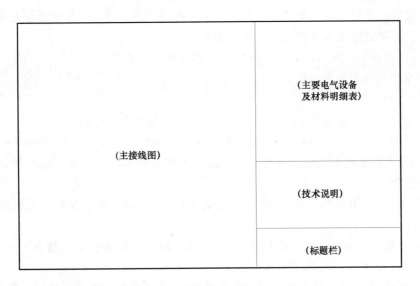

图 2-34 图 2-33 图面的布局

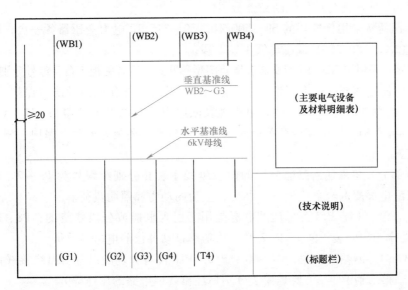

图 2-35 图 2-33 基准线的确定及部分辅助作图线

设备但功能及容量差别大的要有明显区别，突出主次。如主变压器与厂用变压器、电流互感器、电压互感器的圆的直径应不相同，母线要用粗实线。④各电气设备型号规格的标注框用细实线，且应与所标注的设备对应对齐，整列（或整排）标注框线要上下（或左右）对齐。相同电路可只用同一列（排）标注框标注，或用"设备同左"、"设备同右"等字样标注，但不同电路不同设备要分别予以标注清楚。

5）描深图样图线，书写文字数字。在对底稿进行认真详细检查后，描深图形。先描深圆、圆弧、曲线，再描开关、电缆等斜线，最后描深直线段。同类图线要一起画好、线宽一致。

使用手工尺规绘图时，可用电工模板画圆（图中发电机、变压器、互感器等）、三角形（图中电缆、变压器绕组联结）、矩形（图中熔断器、避雷器），这样较为简便。

图形描深后，书写文字，本图中即各标注框中电气设备的型号、规格及标题栏等。拉丁字母、文字、数字要按制图标准规定的字体书写。

6）再次检查校核，确认无误后在标题栏中签写班级、姓名等。

2. 变配电所的电气主接线图图例及其绘制 变电所担负接受电能、变换电压、分配电能的任务，而配电所只承担接受电能和分配电能的任务。

变配电所的电气主接线是变配电所接受、汇集和分配电能的电路。

对于中小型工厂（指总供电量 1000kVA 以上、10000kVA 以下及 1000kVA 以下的用户）、住宅区及商住楼的变配电所来说，其主接线大都采用单母线接线，也可能是其中两种基本形式的组合。

（1）图例分析 图 2-36、图 2-37 分别为某工厂 10/0.4kV 变电所高、低压侧电气主接线图，现简析如下。

1）电源：该厂电源由地区变电所经一回长 4km 的架空线路获取，进入厂区后用 10kV 电力电缆引入 10/0.4kV 变电所。

2）主接线形式：10kV 高压侧为单母线隔离插头（相当于隔离开关功能，但结构不同）分段，380/220V 低压侧为单母线断路器分段。

3）主变压器：采用低损耗的 S9—500/10、S9—315/10 电力变压器各一台，降压后经电缆分别将电能输往 380/220V 低压母线Ⅰ、Ⅱ段。

4）高压侧：采用 JYN2—10 型交流金属封闭型移开式高压开关柜 5 台，编号分别为 Y1～Y5。其中：Y1 为电压互感器—避雷器柜，供测量电压、作交流操作电源及防雷保护用；Y2 为通断高压侧电源的总开关柜；Y3 是供计量电能及限电用（有电力定量器）；Y4、Y5 分别为两台主变压器的操作柜。以上高压开关柜除了一次设备外，还装有控制、保护、测量、指示等二次回路设备。

5）低压部分：单母线断路器分段的两段母线Ⅰ、Ⅱ分别经编号为 P3～7、P11～13 的 PGL2 型低压配电屏配电给全厂生产、办公、生活的动力和照明负荷。

P1、P2、P9、P14、P15 各低压配电屏是用于引入电能或分段联络的；P8、P10 是为了提高电路的功率因数而装设的 PGJ1-2 型无功功率自动补偿静电电容器屏。

在图 2-37 中，因幅面限制，P4～P7、P10～P12 没有分别画出各引出线接线图，在工程设计图中是应详细画出的（主要是为了分别标注出各屏电路的用途等）。

该变电所为独立式，其布置如图 3-74 及图 3-75 所示。

该厂为电器类工厂，属三级负荷。已有 10 多年来的运行实践表明，其供电可靠性、安全性都比较好。

（2）主接线图绘制方法 今以图 2-36 为例讲解该图的绘制方法。其中与图 2-33 绘制方法相同的内容在此不赘述。

1）首先，按上述图例分析读图。其中，要熟悉各电气图形符号的名称（该图中与图 2-33 中不同的有户外高压跌落式熔断器 RW4—10，10kV 隔离插头，GSN 电压显示装置），要读懂电源引入后经变电所各高压开关柜，再到两台主变压器降压后分别引向低压Ⅰ、Ⅱ段母线的各电路。

2）图面布局。如同时要画图 2-36 和图 2-37，则应选用 A1 图纸，现只举例绘制图 2-36，用 A2 图纸即可。

主要电气设备及材料明细表

序号	名称	型号规格	单位	数量	备注
1	电力变压器	S9-500/10/0.04kV	台	1	
2	电力变压器	S9-315/10/0/04kV	台	1	
3	高压开关柜	JYN2-10-23	台	1	
4	高压开关柜	JYN2-10-07	台	1	
5	高压开关柜	JYN2-10-05	台	1	改
6	高压配电屏	JYN2-10-02	台	2	
7	低压配电屏	PGL2-01	台	2	
8	低压配电屏	PGL2-06C-01	台	1	
9	低压配电屏	PGL2-06C-02	台	2	
10	低压配电屏	PGL2-28-06	台	7	
11	低压配电屏	PGL2-40-01(改)	台	1	
12	低压配电屏	PGJ1-2	台	2	
13	无功功率补偿屏	PGJ1-2	台	2	
14	户外隔离开关	GW1-10/1,400A	组	1	
15	跌落式熔断器	RW4-0,75A	组	1	
16	阀型避雷器	FS2-10	组	1	
17	硬铜母线	TMY-60×6	m		
18	硬铜母线	TMY-50×5	m		
19	硬铜母线	TMY-30×4	m		

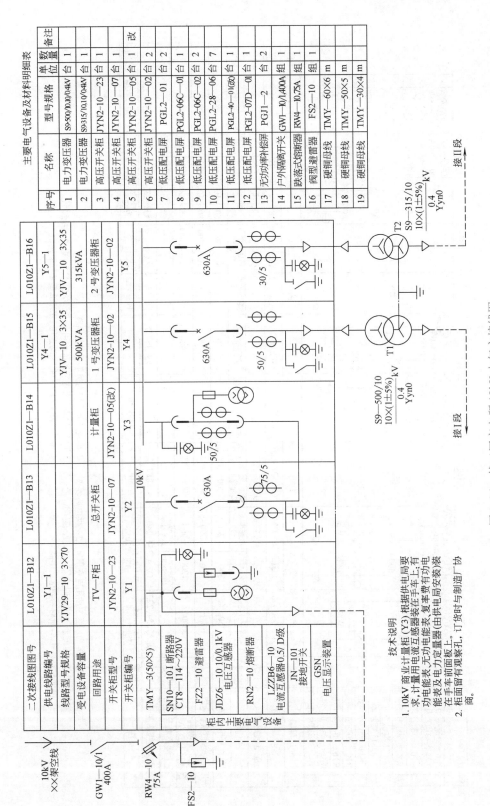

图 2-36 某工厂变电所 10kV 电气主接线图

技术说明

1. 10kV 商业计量柜 (Y3) 根据供电局要求，计量用电流互感器装在手车上，有功电能表及电力定量表、无功电能表、复零率费有功电能表及电力定量表(由供电局交装装修在手车前面板上。)柜面留有观察孔，订货时与制造厂功商。

2. 柜面留有观察孔，订货时与制造厂功商。

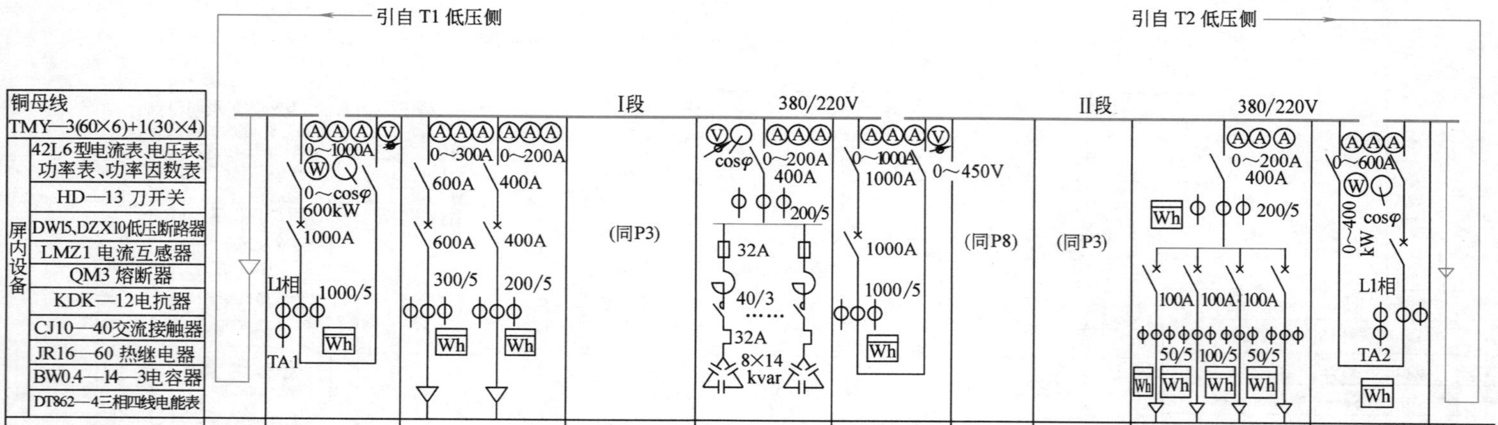

铜母线　TMY-3(60×6)+1(30×4)

屏内设备
- 42L6型电流表 电压表、功率因数表
- HD—13 刀开关
- DW15,DZX10低压断路器
- LMZ1 电流互感器
- QM3 熔断器
- KDK—12电抗器
- CJ10—40交流接触器
- JR16—60 热继电器
- BW0.4—14—3电容器
- DT862—4三相增装电能表

引自 T1 低压侧　380/220V　I段　380/220V　II段　380/220V　引自 T2 低压侧

配电屏编号	P1	P2	P3	P4~P7	P8	P9	P10	P11,P12	P13	P14	P15
配电屏型号	PGL2—01	PGL2—06C—01	PGL2—28—06	PGL2—28—06	PGJ1—2	PGL2—06C—02	PGJ1—2	PGL2—28—06	PGL2—40—01改	PGL2—07D—01	PGL2—01
配电线路编号	PX1		PX3—1　PX3—2	PX4~PX7				PX11,PX12	PX 13—1　PX 13—2　PX 13—3　PX 13—4		PX15
用途	电缆或电1号变低压总开关	工装 精温车间动力	机修车间动力	锻工、金工、冲压、装配车间动力	电容自动补偿(1)	低压联络	电容自动补偿(2)	热处理车间零及备用	功外楼照明　照明　与空调照明　备用	2号变低压总开关	电缆变电
回路计算电流/A		750	300	200~300		750		60~400	50　100　80　600	600	
低压断路器脱扣器额定电流/A		1000	400	300~400		1000		100~600	100　100　100　800	800	
低压断路器瞬时脱扣器额定电流/A		3000	1200	900~1200		3000		500~1800	800　1000　800　1000	2400	
配电线路型号规格	3(VV—1×500)	VV29—13×3×95+1×35	VV29—13×150+1×50					VV29—1 3×35+1×10	同左　同左		3(VV—1×500)
二次接线图图号	OZA.354.223	OZA.354.240	OZA.354.240	同P3	OZA.354.224	OZA.354.224		Wh为DT862 380/220V	OZA.354.140(改)	OZA.354.223	
备注	电缆 无巨装	TA1为电容补偿屏(1)用 Wh为DT862型 380/220V		同P3	112kvar		112kvar		Wh 为三相四线 屏宽改为800mm	TA2方电容屏(2)用	电缆 无巨装

技术说明

1. 低压 P13 配电屏为厂区生活用电专用屏。根据供电局要求安装计费有功电能表。在屏前上部装有上锁的封闭计量小室，屏面有观察孔。订货时与制造厂协商。
2. 柜及屏外壳均为仿苹果绿色烘漆。
3. TA1~TA2 至各电容器屏均用 BV—500(2×2.5)线，外包绝缘带。
4. 本图中除 P2,P9,P14 外，均选用 DZX10 型低压断路器。

图 2-37　某工厂变电所 380V 电气主接线图

图 2-36 除因篇幅所限而没有列标题栏外，其余的电路图、主要电气设备及材料明细表和技术说明都已有了。

图面布局时，水平方向图样约占 3/4，表约占 1/4；上下方向两台主变压器电路及技术说明约占 1/3。大致分区如图 2-38 所示。

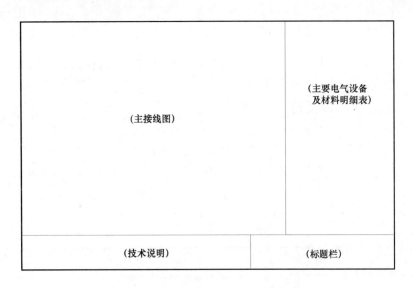

图 2-38　图 2-36 图面的布局

3）确定基准线。以 10kV 母线为水平基准线；垂直基准线则可选左侧 10kV 进线，也可选 Y4 高压开关柜到变压器 T1 电路。如图 2-39 所示。图中选用后者为垂直基准线。

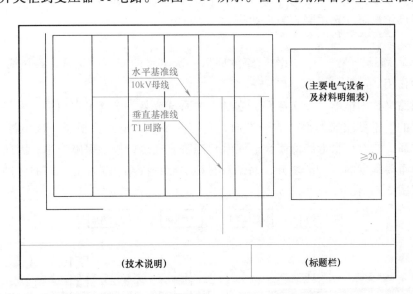

图 2-39　图 2-36 基准线的确定及部分辅助作图线

4）画底稿线。绘制图 2-36 时，与图 2-33 明显不同之处在于：电路图在表格中绘制，另有右侧的明细栏。因此，根据"从总体到局部"的原则，画底稿线时应先画出电路图的表格框，并分格成 6 列（其中左侧第 1 列稍宽，其余 5 等分）；右侧的明细表在左右宽度两边画出后，上下按字号等分分格。明细表表格一般要留空 1～2 行，以备遗漏。其部分主要底稿线如图 2-40 所示。各高压开关柜（Y1 至 Y5）的同类设备要画得左右平齐、大小一致，可先轻轻画出若干水平线，再分别画各电气图形符号。

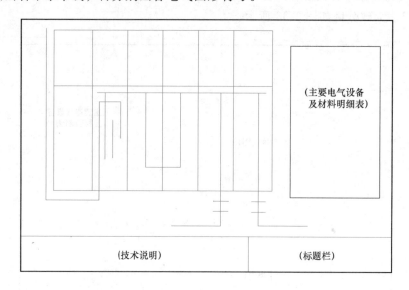

图 2-40　图 2-36 绘制时的主要底稿线

5）描深图样图线，书写文字数字。

6）再次检查校核，确认无误后填写标题栏等。这里要指出的是，为符合人们阅图习惯及装订方便，一般要尽可能选用在图纸的水平方向绘图，即选用图 1-1 和图 1-2 所示的 X 型图纸，不得已情况下才选用竖直方向绘图。

四、二次回路图的绘制

1. 二次回路及二次设备　二次回路对确保一次电路的安全、正常、经济合理运行具有非常重要的作用。

二次回路又称副电路、二次电路，它是电力系统或某一电气工程项目、电气装置、电气设备的重要的、不可或缺的部分。一方面，它依附于一次电路，根据一次电路的需要而配置；另一方面，它对一次电路的安全、正常、经济合理运行提供保障作用。因此，一、二次的划分并非重要程度的主、次之分，而是对它们功能、特点、属性等不同的区别。它们之间的关系可用图 2-41 表示。

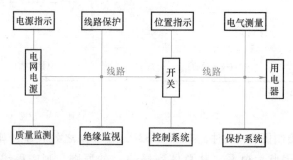

图 2-41　电气一次电路、二次回路设备的组成及相互关系框图

二次回路的一般分类如图 2-42 所示。

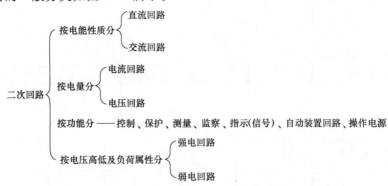

图 2-42　二次回路的一般分类

二次回路中的电气元器件，即二次设备。按其功能分，主要有以下各种设备（元器件）。

（1）控制设备　有各种操作机构，各种控制开关、转换开关、限位开关、微动开关、储能电动机、按钮、合闸接触器及分合闸线圈等。

（2）保护设备　有各种继电器、熔断器。

（3）测量设备　包括各种电量或非电量测量仪表，如电流表，电压表，有功、无功功率表，有功、无功电能表，功率因数表，频率表，温度表，压力表，转速表等。

（4）监察设备　如变配电所监察中性点不接地系统发生单相接地故障的绝缘监察设备，直流系统绝缘监察装置。

（5）指示设备　包括各种信号、音响、指示设备，如信号灯、光字牌、掉牌、电笛、警铃、蜂鸣器等。

（6）自动装置设备　常见的有备用电源自动投入装置（APD 或 BZT）、自动重合闸装置（BCH 或 ZCH）、自动按频率减负装置（ZPJH）等。

（7）交、直流操作电源的二次回路设备　有交流操作电源回路、铅酸蓄电池直流电源、晶闸管整流操作直流电源、镉镍电池直流电源等装置的回路设备。

二次回路设备还包括电流互感器和电压互感器的二次绕组及起传输、连接作用的各种控制电缆、导线、连接片、端子和端子排。

2. 二次回路图的分类　二次回路图除了按照图 2-42 所示各种不同的回路分类外，通常按绘制表达的方法不同，又可分为以下三大类。

（1）**二次原理图**　二次原理图，也称二次原理电路图，它是为实现预设功能将表示二次设备的电气符号按一定顺序连接，用以说明电路工作原理的图形。

二次原理图的表示方法有三种：集中表示法、分开表示法和半集中表示法，如第二章第一节所述。

用集中表示法表示的二次原理图又称二次原理电路图（简称原理图），如图 2-43 所示；用分开表示法表示的二次原理图又称二次原理展开图（简称展开图），如图 2-44 所示。

在图 2-43 中，L1、L3 相分别接入各一只双次级绕组的电流互感器，BE11、BE12 的二次绕组接入测量仪表的电流线圈，BE13、BE14 的二次绕组接入继电保护装置的元器件（图示为感应式电流继电器 KC1、KC2）的线圈、先合后断辅助触点及断路器 QA 的跳闸线圈

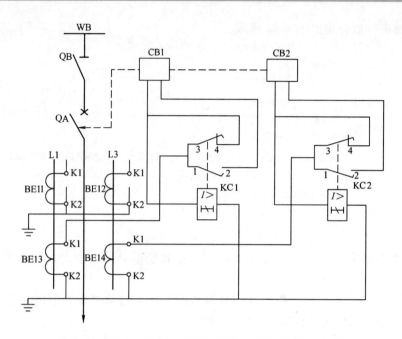

图 2-43　某高压配电线路反时限过电流保护原理电路图

BE11、BE12—接测量仪表电流互感器　BE13、BE14—接继电保护电流互感器

KC1、KC2—感应式电流继电器　CB1、CB2—跳闸线圈

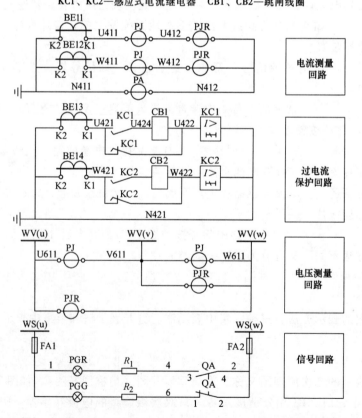

图 2-44　某高压配电线路二次回路分开式（展开式）原理电路图

CB1、CB2。该图用集中表示法表示，即把该高压线路反时限过电流保护（"项目"）的各组成部分 BE13、BE14、KC1、KC2、CB1、CB2，用电气符号在电路图上作集中表示。其工作原理是：一次电路（高压线路）发生短路或过负荷→反映到 BE13、BE14→KC1、KC2 动作，其触点先合后断→CB1、CB2 获得电信号脉冲→QA 跳闸。

图 2-43 采用的是集中表示法、单线表示法，连接线既有水平布置、垂直布置，又有交叉布置。

图 2-44 为用分开表示法表达的过电流保护回路原理电路图，它与图 2-43 一样能说明进行过电流保护的工作原理，但它及与其有关的各回路更清晰易读，尤其是在表达各元器件的连接关系时更清楚。这种分开表示（展开表示）法，是将该项目（高压配电线路的二次回路）中不同部分（BE11～BE14，KC1、KC2、CB1、CB2 及 PJ、PJR、PA、PGR、PGG）的图形符号，在图中按不同功能和不同回路分开表示的。

由此可见，二次原理图表示了某一系统或电气装置、电气设备二次回路的工作原理和相互连接顺序关系，是用于说明工作原理和进行二次回路安装、接线、调试及维修的重要技术文件。

（2）二次接线图及接线表　二次接线图是用于表示二次设备安装接线的图样。它表示了二次设备相互之间的连接关系和顺序，是进行二次设备和电路安装接线、调试维修的依据，如图 2-45 所示。

在图 2-45 中，上部为仪表继电器屏的屏后接线图，它也属于安装图之一。这里要注意：① 屏后的设备及其接线端子号与其在屏面的左右布置是相反的；② 各接线端的编号，是采用的相对标号法。例如：BE11 的 K2 接线端与端子排 X1 的第 3 号端子相连，则在 BE11 的 K2 处标注 X1:3，而在端子排 X1 第 3 号端子的接入端（左侧）标注为 BE11:K2；又如，电流表 PA 的 2 号端子与无功电能表 PJR 的第 3、8 两个端子相连，则 PA 的 2 号端子处标注 PJR:3、PJR:8，而在 PJR 的 3、8 两个端子处分别标注 PA:2、PA:2。

这里把图 2-45 与图 2-44 相对照，举其中一个回路的例子来说明把两图联系起来识读的方法。由图 2-44 电流测量回路图中可见，其中上方的回路构成是：BE11 的 K1→PJ→PJR→PA→BE11 的 K2（K2 接地），则在图 2-45 中对应地反映为：BE11 的 K1→X1:1→PJ:1→PJR:1→PA:2→PA:1→X1:3→BE1 的 K2（接地）。

二次接线表则通常用于表示多位转换开关（万能开关）触点的通断，由此辅助说明二次电路的工作原理，如图 2-47 中的触点表所示。

（3）二次安装图　二次安装图包括屏（盘）面布置图（见图 2-46）、屏（盘）后接线图、端子排图。它是在二次原理图、接线图的基础上绘制用于安装接线及调试维修的图样。如图 2-45 所示。

同一屏的同一设备（元器件），在屏面与屏背面的安装位置、设备编号、接线端子要相对应。例如，屏面上是自左至右的，在屏后则为自右至左排列了。

在屏体设备与屏外和屏顶设备连接、同一屏体中两个单元之间的设备连接时，都应经过端子板（多个端子相连于一体的端子排）。同一屏内同一单元的设备相互连接时，不需要经过端子板。

接线端子分为普通端子、连接端子、试验端子、终端端子和特殊端子 5 种。

在接线图中，端子板的文字代号为 X，端子的前缀符号为"："。

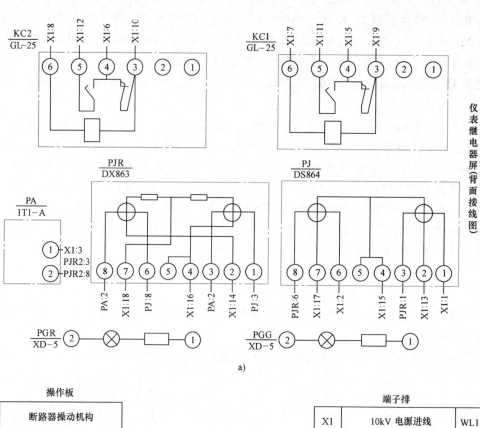

a)

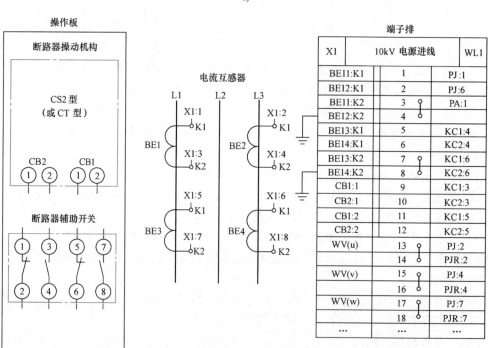

b)

图 2-45 某高压配电线路二次回路接线图图例

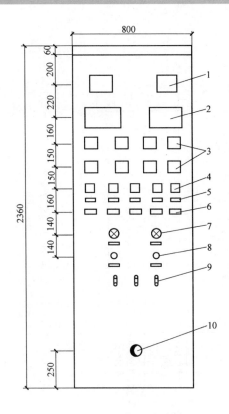

图2-46　屏面布置图示例

1—电测量仪表　2—过流（差动）继电器　3—电流、中间、电压继电器

4—信号继电器　5—标签框　6—光字牌　7—信号灯　8—按钮　9—连接片　10—穿线孔

3. 控制和信号回路图

今以图2-47为例。图2-47为常用的采用弹簧操动机构的断路器控制回路和信号回路图。图中二次回路的电气元器件见表2-6。

表2-6　图2-47中电气元器件明细表

序号	文字符号	名　称	型号规格	单位	数量	备　注
1	FA1～FA3	熔断器	R1—10/6	只	3	
2	M	储能电动机	HDZ—213，≈220V	只	1	450W，$t<5s$，内附
3	SQ	储能限位开关	LX12—2	只	1	CT8 内附
4	S	转换开关	HZ10—10/1	只	1	
5	SA	控制开关	LW5—15B4810/3	只	1	
6	ST1，ST2	行程开关	JW2—112/3	只	2	由制造厂配供
7	2QA	高压断路器	SN10—10I/630	台	1	
8	2QA1～6	断路器辅助开关	F4—12	只	3	CT8 内附
9	Y0	合闸线圈	～220V，5A	只	1	CT8 内附
10	CB1、CB2	分闸脱扣器	4 型，～220V，1.2A	只	1	CT8 内附
11	R_1～R_3	限流电阻	ZG11—25，2kΩ	只	3	
12	PGR1，PGR2	红色指示灯	XD5，～220V，15W	只	2	
13	PGG	绿色指示灯	XD5，～220V，15W	只	1	
14	PGW	白色指示灯	XD5，～220V，15W	只	1	
15	PB	电铃	～220V	只	1	

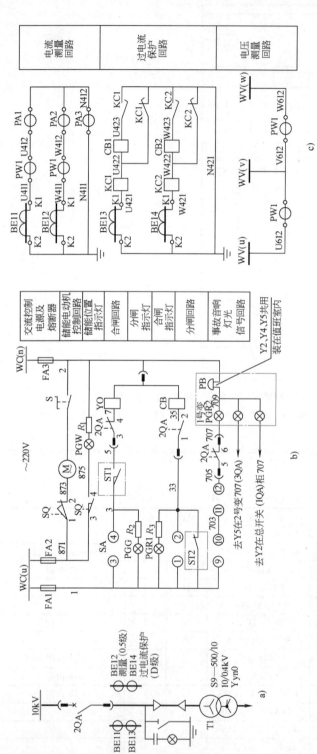

图 2-47 采用弹簧操动机构的断路器控制和信号回路图

a）一次电路图 b）控制及信号回路 c）测量及保护回路展开图 d）控制开关触点表

（1）图例分析　该电路图为某工厂 10kV 变电所电气主接线图（见图 2-36）中 JYN2—10—02 型编号为 Y4 的高压开关柜所用 CT8 型弹簧操动机构的控制及信号回路。其交流操作电源来自避雷器—电压互感器柜（JYN2—10—23 型）的电压互感器（JDZ6—10 型，容量 400VA）的二次侧，经控制变压器 BK—500、220/100V 供给。

1）LW5—15B4810/3 控制开关：为控制电路的控制元件，它具有两个固定的 45° 及自动复归至 0° 的三个位置，是双向自复式万能转换开关，内有 1 ~ 12 共 6 对 12 个触点，触点通断表如图 2-47d 所示。

2）CT8 弹簧操动机构：它采用的是交流 220V 电源，电动机储能，电动合闸（SA_{3-4}），电动分闸（SA_{1-2}）。当发生过电流故障时，通过过电流保护回路的过电流脱扣器 SLT1、SLT2（即图中 CB1、CB2）动作于断路器跳闸而切除故障。

图 2-47a 为 T1 变压器操作柜电路的一次电路图；图 2-47b 所示采用集中表示法表达了控制及信号回路，并在右侧用标识框分别标识了各回路的作用和名称；图 2-47c 所示则采用分开表示法表示电流、电压测量回路和过电流保护回路；图 2-47d 所示为控制开关触点接线表，其中 1 ~ 12 共 12 个、6 对触点，"×" 号表示控制开关在此位置时（正反 45° 及 0°）触点接通，空白则为触点断开。

（2）绘制方法　图 2-43、图 2-44 及图 2-45 的绘制并不复杂，而且图 2-44 与图 2-47c 较为相似，因此，这里仅以图 2-47 为例，讲解二次回路图的绘制方法，对其他二次回路图的绘制，读者可举一反三。

1）首先，按上述"图例分析"要基本熟悉图中各电气设备、元器件的电气图形符号和文字符号，基本弄懂电路的工作原理及表示方法。

2）图幅选择与图面布局。图 2-47 除了 a、b、c 三张电路图外，还有控制开关触点表、主要电气元器件明细表及标题栏。根据全图表达内容，可选用 A2 图纸，图面布局可如图 2-48b 划分区域。反之，如按上方 a-b-c 后下方 d-技术说明-明细表，图 2-48a 所示，则会造成图面的左部过密而显得整个图面疏密不当了。电气元器件明细表可与标题栏上方的粗实线紧接，自下而上顺序编号列表，如图 1-5b 或图 1-6b 所示。

3）确定基准线。由于本图包含 3 个电路图、2 张表格，而图面布局时 a、b、c 三图分为上下两排，因此，水平基准线可选择以交流 220V 控制与信号小母线 WC 为主，并以此为准另选图 2-47c 中 BE1 ~ PA1 回路为辅助水平基准线；垂直基准线可选择图 2-47a 的主电路，也可以选用 WC（u）或 WC（n）下方垂直引出线。如图 2-49 所示。

4）画底稿线。根据由总体到局部、先电路后表格和文字的原则，首先画出图 2-47a 图中的上下主电路、b 图回路图左右两侧及其标识框两侧、c 图回路图左右两侧及其标识框两侧、d 图及明细表左右两侧各底稿线，如图 2-50 所示；然后画各电路的水平底稿线及两表格的上下分行线，如图 2-51 所示；再分别画出各电气图形符号（注意：同类电气元器件的图形符号大小要一致，相同或相似电路及回路中的同类元器件要左右或上下对齐），分别画出各标识框（要与所标识的电路对齐），画出两表格（包括图 2-47d 触点表中的触点号 1 ~ 12）等。

5）检查无漏无误后描深图样图线，书写文字、数字。先描深圆、半圆、矩形、斜线段等，再描深直线段；同类几何图形、图线要同批一起完成；用制图字体书写文字数字时，按图样→标识框→表格→技术说明→标题栏顺序书写，字号大小要适中并基本一致。

6）再次检查校核，确认无误后填写标题栏等。

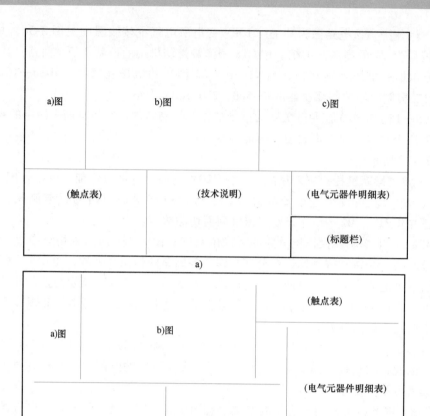

图 2-48　图 2-47 图面布局划分

a）第一方案　b）第二方案

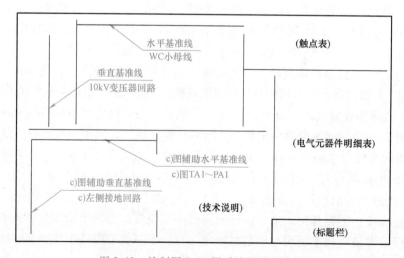

图 2-49　绘制图 2-47 图时选用的基准线

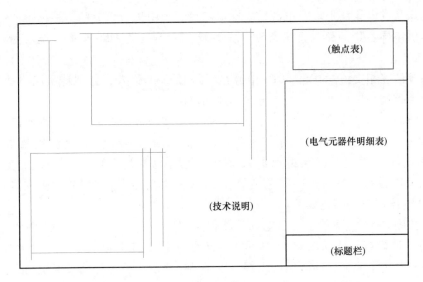

图 2-50　绘制图 2-47 的底稿线（一）

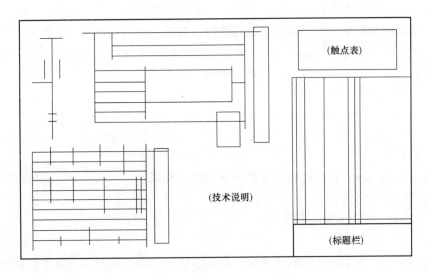

图 2-51　绘制图 2-47 的底稿线（二）

五、数控机床电路图的绘制

数控机床电路图有多种，最为常用的是两种：电路原理图和接线图。下面简要讲述其中的电路原理图。

电路原理图是数控机床电路图中最主要的图样，它体现了设计人员的设计意图和思路，是整个电气设计理论的体现。通过电路原理图，可以分析、验证整个数控机床运行逻辑的正确与否，并可以帮助维修人员判断故障。

电路原理图中表达的电路，按其功能可分为主电路和控制电路。

在机床电路中，凡是断开、接通能量转换元件（又叫执行元件，如电动机等）的电路为主电路（用中粗实线表示）。由于它担负能量传输任务，因此又称作动力电路。

数控机床的主电路通常由开关、电源变压器、机床控制变压器、断路器、熔断器等组成。通过主电路提供给数控机床各部分电源，以满足不同负载的要求。

数控机床从供电线路上取得电源后，在电路控制柜中进行再分配，根据不同的负载性质和要求，提供不同容量的交、直流电源。图 2-52 所示为三菱 M50 数控系统及伺服驱动的主电路图。

供电系统的三相交流 380V、50Hz 电源经断路器 QA1 引入，分别转换成驱动部分电源、冷却泵电源、控制变压器电源、直流电源和照明电源。

控制电路的作用是接受下达的操作指令，把指令转换成能控制执行元件所需的信号。

图 2-52 中主要电气元器件文字符号为：QA-低压断路器；QAC-交流接触器；TC-控制变压器；BB-过热载释放器（热继电器）；M-电动机；TB-整流器、AC/DC 交直流变换器；FA-熔断器；SF-控制开关；PGR-红色指示灯；KA-中间继电器；RC-浪涌吸收器。

图 2-52 的绘图方法简述如下：

首先，按图 2-52 电路图、主要电气元器件文字符号及功能说明表（图中略）、技术说明（图中略）进行布局，如图 2-53 所示。对于绘制机床控制电路图，一般是在图面的中左、中、中右及中下部分，即图面的大部分用于画电路图，右上方为技术说明，右侧中下部分列出主要电气设备元器件明细表，右下角为标题栏、会签表。现在考虑到图 2-52 为水平方向宽、上下部分较窄，因此，把技术说明布置在电路图的下方为宜。

然后，确定绘图的水平基准线和垂直基准线。现选择主电路 1L1-2L1 为水平基准线，驱动部分的 U11-U12-U13 为垂直基准线。这里要注意，一是这两根基准线必须水平、垂直；二是基准线的位置必须准确。因为在这两根基准线的位置确定以后，其他各图、表的图线不仅要以它们为基准画出，而且各部分的位置、图表大小都将确定（见图 2-54）。

第三，按先画电路后写说明、先上后下、先左后右、先圆和斜线后直线、先图形后文字等顺序进行。相同电路和相同的图形符号要上下或左右一致，间隔均匀。上下注释框要同被注释的电路相对应。

要轻轻地画出底稿线，经过自己或者同学相互检验确认正确后，再分别描深图线、书写文字，最后填写标题栏等。

图 2-52 的绘图方法如图 2-53、图 2-54 所示。

六、电子电路图的绘制

电子电路图是用于描述电子装置或电子设备的电气原理、结构及安装方式的图形。一个复杂电子设备的电子电路图通常包括：系统框图、电路原理图、逻辑功能图、印制板组装图等。

1. 电子设备框图　电子设备框图是将完整的电子系统分成若干个基本组成部分，每一部分均用文字或规定的符号框表示，并根据电信号流程用箭头符号连接起来的图形。框图是将电子电路图"化整为零"的主要手段，根据框图可以较快地对系统的总体结构和重要组成部分有所了解。

图 2-55 是由以 MCS-51 系列单片机为核心组成的某测控系统逻辑框图。该系统由 8031 单片机、温度传感器、湿度传感器、外部扩展 EPROM2732、I/O 扩展芯片 8155H、ADC0809 及键盘、打印机等组成。该图中，各主要组成部件的方框以集成电路芯片的方式给出，次要组成部件则以文字符号注解。带箭头号的空心粗线表示一组并行的数据线或地址线，箭头方向表示导线传输信号的流向。由于系统内的控制线通常是单根的，所以仍以单根细实线表示。

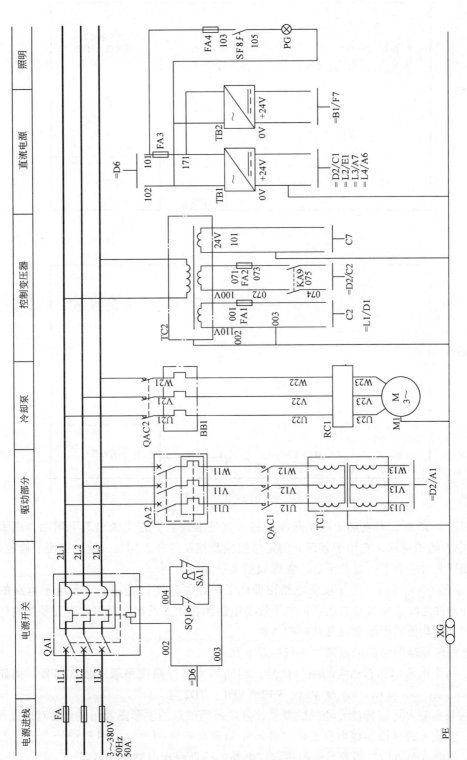

图 2-52 三菱 M 50 数控系统及伺服驱动的主电路图

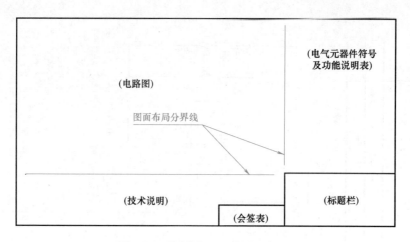

图 2-53　绘制图 2-52 的图面布局

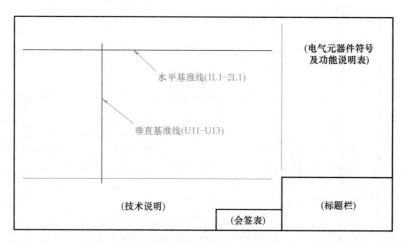

图 2-54　绘制图 2-52 的基准线选择

　　绘制图 2-55 时，可在确定水平基准线和垂直基准线后，首先画出若干辅助作图线，如图 2-56 中的细线所示，它用于各部分的定位限位及相互对齐、均匀一致，也便于修改调整，其他图线则按自上而下、自左至右、先图线后文字逐步绘制。

　　2. 电子设备电路图　电子设备电路图即电子电路原理图，是用于表示电子电路的工作原理及元器件之间连接关系的图形。电子设备电路图在很多情况下可以作为完整的电气技术文件使用，而其他的图形则没有这样的功能。

　　电子电路原理图绘制的原则主要包括以下几点。

　　（1）每个图形都标有相应的项目代号，相同的元器件则按照顺序依次编号，例如，电阻 R_1、R_2、R_3、电容 C_1、C_2 及 VT1、VT2、VD1、VD2 等。

　　（2）根据需要可以标注元器件的型号、参数或测试点的波形图及测试点的对地电压等。

　　（3）集成电路常以实线方框表示，并标注引脚号或使用规定的图形符号表示。若有特殊需要，在电路图空白处需要另外提供集成电路的外形图和引脚顺序号等。

　　（4）原理电路图中的集成门电路、触发器用其逻辑图符号表示。

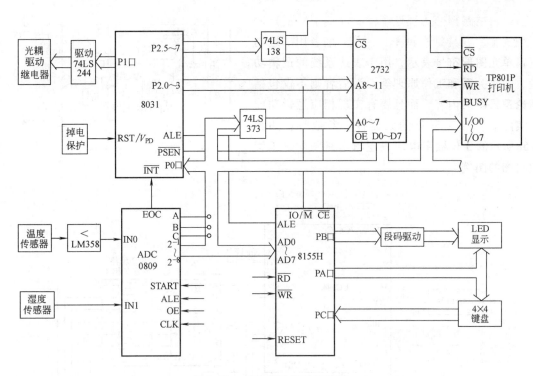

图 2-55　单片机控制系统框图

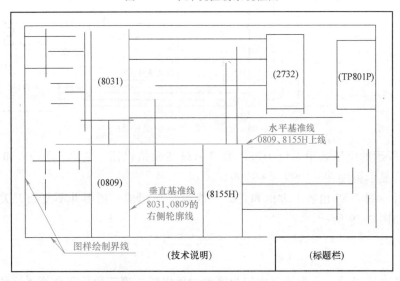

图 2-56　绘制图 2-55 时的基准线及部分辅助作图线

　　图 2-57 为晶体管接近开关电路图的示例。该图并不复杂，绘图时可以将上方和左侧两线分别作为水平基准线和垂直基准线，逐步画出各电路。不过要注意相同元器件的图形符号要大小、形状相同，各图形符号大小适当，排列要疏密均匀。做练习时使用电工绘图模板较为简便。

　　3. 逻辑电路图　逻辑电路图主要用于数字电子电路和数字系统图中，它并不需要考虑器件的内部电路，只是用逻辑单元符号表达电路和器件的逻辑功能。

逻辑电路图分为理论逻辑图（纯逻辑图）和工程逻辑图（详细逻辑图）两类。**前者用二进制逻辑单元图形符号表示，用于表达系统的逻辑功能、连接关系和工作原理等；而后者则不仅包括理论逻辑图的内容，而且要有实现相应逻辑功能的实际器件和工程化的元器件、参数等。**如图2-58所示的3位数字电压表逻辑电路图就是工程逻辑图的图例。

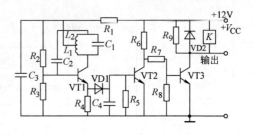

图 2-57 晶体管接近开关电路图

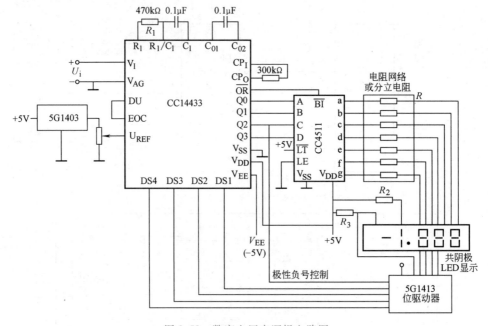

图 2-58 数字电压表逻辑电路图

图2-58所示的电压表用4位十进制数显示被测模拟电压，它有1.999V和199.9mV两档电压量程，显示范围在 −1999 ~ +1999。

从图样看，图2-58由若干方框和直线（线段）所组成，图形并不复杂，关键是整体布局，其画法如图2-59所示。

图面布局时，要按图样各组成部分的繁简情况及其与其他图形相互之间的连接关系，突出主次，确定各图样的位置和大小。

在确定基准线以后，由于该图样较为简单，可以用一副三角板平移推平行线分别轻轻画出各水平线和竖直线的底稿线。

图2-59b中的几根辅助作图线，是分别用来限定上方中、右两元件大小和为使电阻大小整齐划一的。图中各电阻图形符号在描深时，应用电工模板画出较为方便。

4. 印制电路板图 印制电路板（PCB）设计是电路板开发的最终阶段。印制电路板是以绝缘板为基础材料，以铜箔为连接导线，用一层以上导电的图形及预先设计的孔（有元器件引线孔、机械安装孔等）实现相应元器件之间的电气连接，经特定工艺加工将导线印制在绝缘板上而成的。

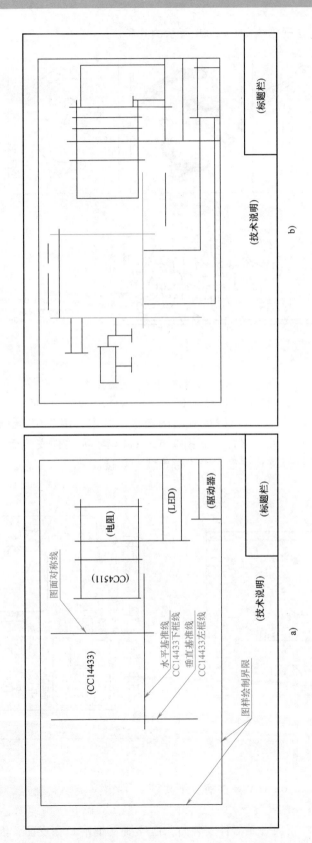

图 2-59 图 2-58 的绘制

a) 图面布局及确定基准线 b) 画辅助作图线

印制导线的表示方法通常有如图2-60所示的几种。

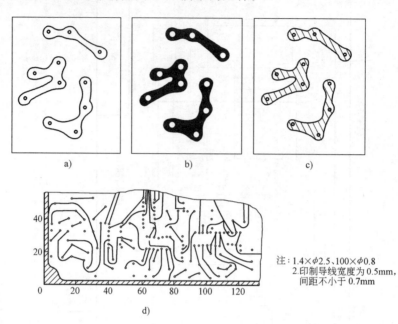

图 2-60 印制导线的表示方法
a）双轮廓线 b）双轮廓线涂色 c）双轮廓线加剖面线 d）单线

注：1. 4×φ2.5、100×φ0.8
　　2. 印制导线宽度为0.5mm，
　　　 间距不小于0.7mm

图2-61和图2-62分别为印制电路板装配图图例。其中，图2-61既画出了印制板布线图，又在实际安装位置画出了元器件。而图2-62只画出了元器件安装面（即印制板正面）上各元器件的电气图形符号及其位置，用于指导装配焊接。

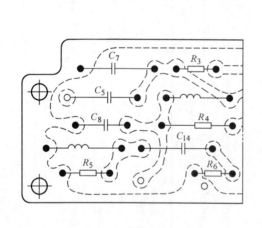

图 2-61 印制电路板装配图图例一

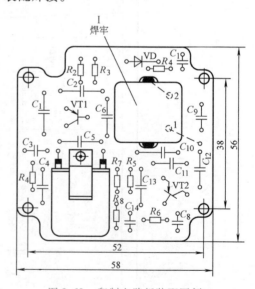

图 2-62 印制电路板装配图图例二

在绘制图2-61和图2-62时，要注意以下要领：① 电路板要由确定的尺寸按比例画出；② 同类元器件和相同直径的孔要大小一致、排列整齐；③ 圆孔、电阻等图形符号可用电工模板画出；④ 图2-61的正面是元器件安装面，而导线（铜箔）在反面，因此，用双轮廓线表示的导线用虚线表示。**虚线的曲线段宜用曲线板绘出，曲线要画得均匀一致，弯曲圆滑**；
⑤ 用以固定印制电路板的安装孔要画出十字形中心线，并标注出相应尺寸，**其余元器件引线孔等不画中心线。**

思 考 题

2-1 什么是电气电路图？它有哪些主要特点？

2-2 电路图表达的主要内容和要素有哪些？

2-3 什么是电气元器件的集中表示法和分开表示法？它们分别有什么优缺点，各应用于什么场合？

2-4 什么是电路图中电气元器件的"正常状态"？

2-5 什么是"电气符号"？它主要包括哪些内容？

2-6 应用电气图形符号要注意哪些问题？

2-7 绘制电路图的一般步骤有哪些？

2-8 简要说明电路图布局的原则、顺序和要点。

2-9 电路及元器件的布局应遵守哪些原则？

2-10 什么是电气主接线图和二次回路图？它们之间有什么关系和区别？

2-11 简要说明绘制一次电路图的要点及步骤。

2-12 按绘图表达的方法不同，二次回路图有哪三类？它们各有什么特点和用途？

2-13 简要说明绘制二次回路图的要点及步骤。

2-14 简要说明绘制数控机床电气控制电路图的要点及步骤。

2-15 什么是电子电路图？它通常包括哪些图？

习 题

2-1 用 A2 图纸绘制图 2-33。

2-2 用 A2 图纸绘制图 2-36 和图 2-37（提示：① 将两图电路相连，即将图 2-36 中变压器 T1、T2 的低压引出线分别接连图 2-37 上方 380/220V 的 Ⅰ、Ⅱ 段电源；② 两图的"技术说明"统一合并）。

2-3 用 A2 图纸绘制图 2-47（含明细栏）。

2-4 用 A3 图纸绘制图 2-52。

2-5 用 A4 图纸绘制图 2-58。

2-6 用 A4 图纸绘制图 2-63。

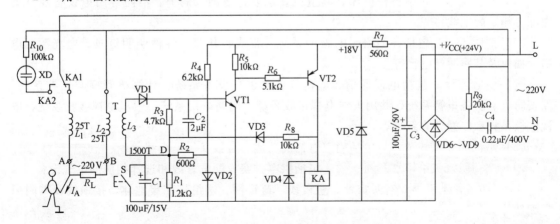

图 2-63 习题 2-6 附图（触电保护器原理电路图）

第三章

建筑电气制图

各种电气项目大都是依附于各类建筑的，建筑电气制图与前述电气电路图的绘图原理、表达范围、内容和方式有很大区别。本章首先讲述建筑电气工程图的基本常识，然后由投影基础知识讲解有关机械制图知识，进而重点讲解建筑电气安装图的表示方法及其绘制。

第一节　建筑电气工程图

随着我国经济快速发展，技术不断创新，人民生活水平改善，计算机技术和通信技术的日新月异及其在建筑领域的广泛应用，建筑电气工程的范畴越来越宽泛，对建筑电气的现代化、自动化、智能化、弱电化要求越来越高，由此对从事设计、施工安装以及运行维修的电气工程技术人员的绘图、识图能力提出了更高的要求。

一、电气工程

电气工程，一般是指某一建筑工程（如工厂、院校、宾馆饭店、仓库、居民小区、商住楼、高层建筑、广场及其他设施）的供配电、用电工程。

电气工程的主要项目有如下几种。

（1）变配电工程　由变配电所、变压器及一整套变配电电气设备、防雷接地装置等组成。

（2）发电工程　除了主发电机组及其配套的辅助设备外，还包括自备发电站及其附属设备设施。

（3）外线工程　包括架空线路、电缆线路等室外的电源供配电线路。

（4）内线工程　有室内、车间内的动力、照明线路及其他电气线路。

（5）动力工程　包括各种机床、起重机、水泵、空调、锅炉、消防等用电设备及其动力配电箱、配电线路等。

（6）照明工程　包括各类照明的配电系统、管线、开关，各种照明灯具、电光源、电扇、插座及其照明配电箱等。

（7）弱电工程　包括电话通信、电传等各种电信设备系统，计算机管理与监控系统，保安防火、防盗报警系统，共用天线电视接收系统，闭路电视系统，卫星电视接收系统，电视监控系统和广播音响系统等。

（8）电梯的配置和选型　包括确定电梯的功能、台数及供电管线等。

（9）空调系统与给排水系统工程　包括供电方案、配电管线和选择相应的电气设备。

（10）防雷接地工程　有避雷针、避雷线、避雷网、避雷带和接地体、接地线及其附属零配件等。

（11）其他　如锅炉房、洗手间、室内外装饰广告及景观照明、洗衣房、电气炊具等。

诚然，并不是每个电气工程都包括以上项目，但现代高层建筑、高级商住楼、写字楼几乎涵盖了以上全部项目。关于"高层建筑"的划分通常有下述 3 种。

1972 年 8 月，在美国伯利恒市召开的国际高层建筑会议上，提出高层建筑的分类和定义是：第一类高层建筑为 9~16 层（最高到 50m）；第二类高层建筑为 17~25 层（最高到 75m）；第三类高层建筑为 26~40 层（最高到 100m）；超高层建筑为 40 层以上（高度 100m 以上）。

在我国，按照《高层民用建筑设计防火规范》（GB 50045—95）的规定，凡 10 层及 10 层以上的居住建筑（包括首层设置商业服务网点的住宅楼）及建筑高度超过 24m 的非单层公共建筑，均属高层建筑。其中，高度超过 100m 的为超高层建筑。

按国家标准《住宅设计规范》（GB 50096—2011）规定，对住宅层数的划分是：低层住宅为 1 层至 3 层，多层住宅为 4 层至 6 层，中高层住宅为 7 层到 9 层，高层住宅为 10 层以上。普通高层住宅层数为 10~18 层，属二类建筑；19~28 层为一类高层建筑。超高层建筑为 40 层以上、高度 100m 以上的建筑。

二、电气工程图

表达电气工程的电气图，即电气工程图。电气工程图是电气工程施工、安装、竣工验收和运行、维护检修的主要依据。

按电气工程项目的不同，电气工程图一般由以下几类图样所组成。

（1）首页　首页相当于整个电气工程项目的总的概要说明。它主要包括该电气工程项目的图样目录、图例、设备明细表及设计说明、施工说明等。图样目录按类别顺序列出。图例只需要标明该项目中所用的特殊图形符号，凡国家标准所统一规定的不用标出。设备明细表列出该项目主要电气设备元器件的文字代号、名称、型号、规格、数量等，供读图及订货时参考。根据情况，有的还要列出主要电气材料明细表，它也可以与"电气设备明细表"合并列为"主要电气设备及材料明细表"。设计或施工说明主要表述该项目设计或施工的依据、基本指导思想与原则，用以补充图样中没有阐明的项目特点、分期建设、安装方法、工艺要求、特殊设备的使用方法及使用与维护注意事项等。

（2）电气系统图　用以表达整个电气工程或其中某一局部工程的供配电方案、方式，一般指一次电路图或主接线图。如图 2-33 和图 2-36 所示。

（3）电气原理图及接线图　是表示某一系统或设备的工作原理和相互连接，用以说明电路工作原理、安装、接线、调试及维修的图样。它属于二次电路图。如图 2-43~图 2-45 所示。

（4）平面图及立面图　用于表示各种电气设备和线路的平面、立面布置，是进行电气布置、安装的依据。如图 3-74 和图 3-75 所示。

（5）大样图　是用以详细表示某一设备或某一部分结构、安装要求的图样。

（6）订货图　订货图用于重要设备（如发电机、变压器、高压开关柜、低压配电屏、继电保护屏及箱式变电站等）向制造厂的订货。通常要详细画出并说明该设备的型号规格、使用环境、与其他有关设备的相互安装位置等，并必须附上与其有关的图样，如变配电所的电气主接线图、高压开关柜安装图、低压配电屏安装图、变压器安装图等。

三、建筑电气安装图

"建筑电气工程"是指与建筑物相关联的新建、扩建或改建的电气工程，它涉及土建、暖通、设备、管道、装饰、空调制冷、给排水等若干专业。

建筑电气工程图一般包括电气总平面图、电气系统图、某单元电气平立面布置图、控制原理图、电气安装接线图、大样图、电缆清册、设备材料清册及图例等。

建筑电气安装图是建筑电气工程图的一种，它是表示电气装置、设备、线路在建筑物中的安装位置、连接关系及安装方法的图样。

1. 建筑电气安装图的用途

（1）是建筑电气装置施工安装和竣工验收的依据。例如，各电气装置、设备、线路的安装位置、接线、安装方法及相应设备的编号、容量、型号规格、数量等，都是电气施工安装和验收时必不可少的技术资料。

（2）是电气设备订货及运行、维护管理的重要技术文件。

2. 建筑电气安装图的分类

（1）**按表示方法分** 一是用正投影法表示，即按实物的形状、大小和位置，用正投影法绘制的图，如图 3-74 及图 3-75 所示；另一种是用简图形式表示，即不考虑实物的形状和大小，只考虑其安装位置，只将图形符号画在对应于实物的实际安装位置而绘制的图，如图 3-53 及图 3-54 所示。建筑电气安装图多数用简图表示。

（2）**按表达内容分** 一是平面图，二是断面图、立面图。建筑电气安装图大多用平面图表示，只有当用平面图表达不清时，才按需要画出断面图、立面图，如图 3-75 所示。

（3）**按功能分** 建筑电气安装图按功能可分为如下几种。

1）供电总平面图：图中标出建筑物名称及电力、照明容量；定出架空线路的导线、走向、杆位、路灯；电缆线路的敷设方法；标出变、配电所的位置、编号和容量等。如图 3-1 及图 3-64 所示。其中图 3-1 为某柴油机厂供电的总平面图。该厂由地区变电所引入两回 10kV 电缆线路至总配电所 HDS，再由总配电所经电缆引出线（电缆沟暗敷）分别供电到 1～7STS 车间变电所。由于幅面限制，图中路灯线等未予详细画出，而且只标注了部分主要车间的设备容量（kW 数）。

2）高、低压供配电系统图：即高、低压电气主接线图，供设计计算、订货、安装及运行时使用，如图 2-36 和图 2-37 所示。

3）变、配电所平面图：包括变、配电所高低压开关柜（屏）、变压器等设备的平、立（剖）面排列布置，母线布置及主要电气设备材料明细表等，如图 3-74 及图 3-75 所示。

4）动力平面及系统图：包括配电干线、滑触线、接地干线的平面布置；导线型号、规格、敷设方式；配电箱、启动器、开关等的位置；引至用电设备的支线（用箭头示意）。系统图应表示接线方式及注明设备编号、容量、型号、规格及负载（用户）名称。如图 3-53 及图 3-69 所示。

5）照明平面及系统图：包括照明干线、配电箱、灯具、开关、插座的平面布置，并注明用户名称和照度；由照明配电箱引至各个灯具和开关的支线。系统图应注明配电箱、开关、导线的连接方式、设备编号、容量、型号、规格及负载名称。如图 3-54 及图 3-70 所示。

6）空调系统与给排水系统电气安装图：包括供电方案、配电管线和各电气设备的安装位置等。

7）自动控制图：包括自动控制和自动调节的框图或原理图，控制室平面图（简单自控系统在设计说明书中用文字说明即可），标明控制环节的组成、技术要求、电源选择、控制设备和仪表的型号规格等。

8）电信设备安装平面图：如各种电话、电传及国际互联网通信网络，信号设备平面图等。

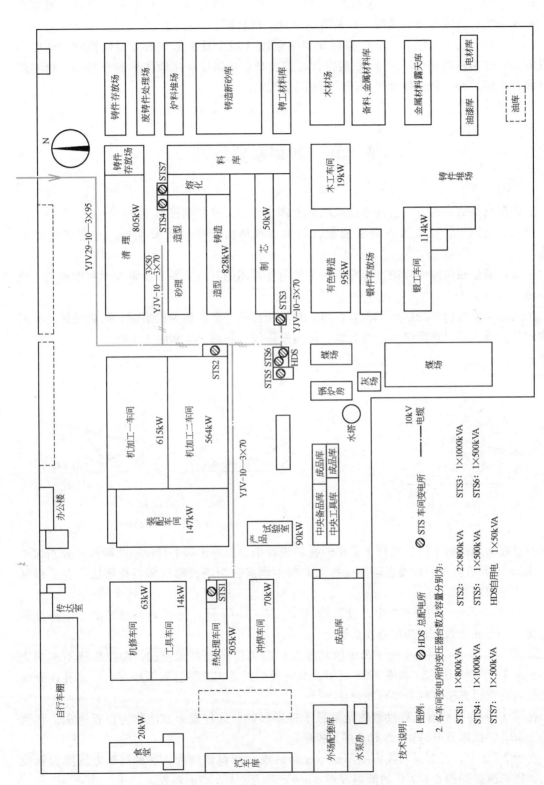

图 3-1　某柴油机厂供电总平面图

技术说明：
1. 图例：
   - ◎ HDS 总配电所
   - ◎ STS 车间变电所
   - ────── 10kV 电缆

2. 各车间变电所的变压器台数及容量分别为：

STS1: 1×800kVA	STS2: 2×800kVA	STS3: 1×1000kVA
STS4: 1×1000kVA	STS5: 1×500kVA	STS6: 1×500kVA
STS7: 1×500kVA	HDS自用电 1×50kVA	

9）高层建筑弱电系统图：包括火灾自动报警及自动消防系统、保安防盗系统、通信系统、电视系统、计算机管理系统及广播音响系统等的各图。

10）建筑物防雷接地平面图：包括顶视平面图（对于复杂形状的大型建筑物，还应绘制立面图，注出标高和主要尺寸）；避雷针、避雷带、接地线和接地体平面布置图，材料规格，相对位置尺寸；防雷接地平面图。如图 3-49 所示。

11）主要电气设备及材料明细表（或主要电气设备及材料清册）。

第二节　投影基础知识

一、投影概念

物体在光源的照射下，会在地面或墙体上产生影子，这就是投射现象。

投影法是把投射现象加以科学抽象、归纳、概括而产生的投影理论，并用于绘图的方法。

投影作图是根据投影理论，研究空间主体与各视图的对应关系、投影规律并作图的原理和方法。

用投影法所得物体的图形，称为投影。投影所在的平面，称为投影面。抽象设想光源照射物体的光线，用以获得物体投影的线，称为投影线。如图 3-2 和图 3-3 所示。

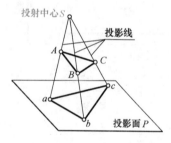

图 3-2　中心投影法

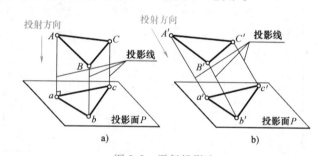

图 3-3　平行投影法

a）正投影法　b）斜投影法

按照投影原理的不同，工程上常用的投影法有中心投影法和平行投影法两种，分别如图 3-2、图 3-3 所示。而平行投影法按投影方向的不同又分为正投影法和斜投影法。在工程制图中广泛采用正投影法。

1. 中心投影法　在图 3-2 中，投影线 SAa、SBb、SCc 是汇交于同一点 S 的。这种投影线汇交于一点的投影法称为中心投影法。

2. 平行投影法　假设将图 3-2 中的光源 S 移向离投影面 P 无穷远，则投影线不再相交而是相互平行，如图 3-3a 和图 3-3b 所示，其各投影线是相互平行而不相交的。这种投影线相互平行的投影方法，称为平行投影法。

在图 3-3a 中，所有平行投影线是垂直于投影面的，这种投影方法称为正投影法，它所得到 $\triangle ABC$ 的投影 $\triangle abc$ 称为 $\triangle ABC$ 的正投影。

在图 3-3b 中，所有平行投影线都是与投影面成一倾斜角度的，这种投影方法称为斜投影法，则它所得到的 $\triangle A'B'C'$ 的倾斜投影 $\triangle a'b'c'$ 称为 $\triangle A'B'C'$ 的斜投影。

正投影法之所以在工程制图中获得广泛应用，主要的是它具有真实性：当物体上的直线或平面与投影面平行时，其正投影表示了直线（线段）的实长或平面（有界）的实形，因此，正投影在各投影面上能正确表达空间物体的形状和大小，如图 3-24 及图 3-26 所示。而且，正投影法直观、简易、实用。

二、投影体系与视图

空间物体是立体的，但人们所画的图是平面图形。那怎样才能比较真实、正确地用平面图形表达空间的立体物体呢？

图 3-4 表达了一个立体机件用正投影法在空间上下、左右、前后 6 个投影面上的正投影原理和各个投影。由于是平面图形，因此假想把 6 个投影面展开摊平成同一平面，由此便可以得到如图 3-5 所示的各基本视图。

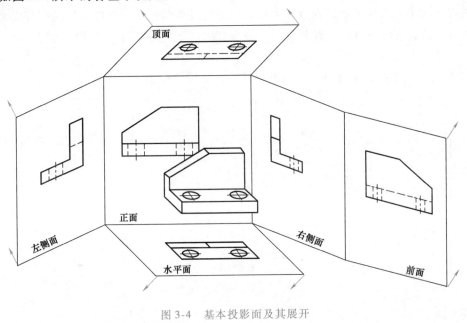

图 3-4　基本投影面及其展开

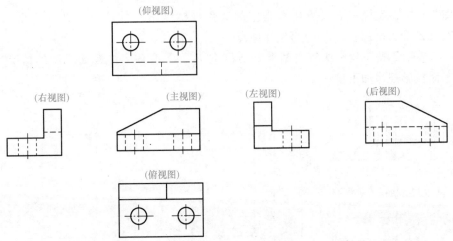

图 3-5　基本视图的配置

视图，是按视线方向物体在投影面上投影所得到的图形，它主要表达物体的外部形状。在 6 个视图中，用得最多的是主视图、俯视图和左视图。因为对于一般物体而言，这 3

个视图（对于某些形体简单或特殊的机件，甚至只要其中的俯视图、主视图或其中一个）就能清楚表达物体的形状和大小，或必要时加以文字说明即可。因此，主视图、俯视图和左视图相对而言是最基本的视图，称为三视图。

由图3-4和图3-5可见，主视图表达了物体的高度和长度，俯视图表达了物体的长度和宽度，而左视图表达的是高度和宽度。在建筑电气安装图中，用俯视图作为平面图，表达建筑电气的平面布置情况，用主视图（必要时辅以剖面图、剖视图等）作为立面图，表达建筑电气的立面布置情况，分别如图3-74和图3-75所示。

三、点、直线、平面的投影

首先需要说明的是，制图中所说的"直线"、"平面"，实际上是几何中有限长的直线段和有限有界的平面。为了由易到难、由浅入深地理解和掌握机械制图及建筑电气安装图的绘制和识读，首先要掌握点、直线和平面的投影规律。下面主要讲三视图的运用。

1. 点的投影

（1）点的三面投影及规律　三面投影体系及其展开如图3-6所示。

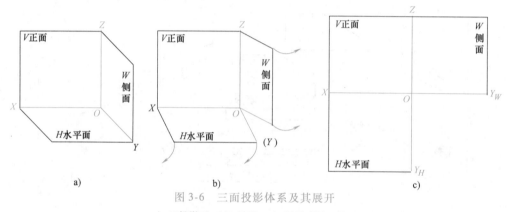

图3-6　三面投影体系及其展开

a）三投影面　b）展开　c）展开成同一平面

在图3-6中，设想三面投影体系为空间直角坐标体系，则H、V、W 3个面为坐标面，OX、OY、OZ轴为坐标轴，点O为坐标原点。

图3-7表示了按正投影法将空间点A分别向H、V、W 3个坐标面投影的情况，由此可见点的三面投影规律如下所述。

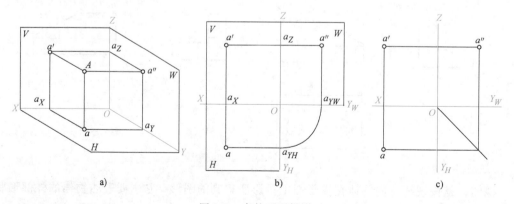

图3-7　点的三面投影

1）A 点的水平投影 a 与正面投影 a'在同一垂直线上，且该垂直线垂直于 OX 轴。

2）A 点的正面投影 a'与侧面投影 a"在同一水平线上，且该水平线垂直于 OZ 轴。

3）A 点的水平投影 a 与侧面投影 a"到正投影面的距离（图 3-7a 中的 aa_X 与 a_YO）相等。

（2）空间两点的相对位置及重影点　如图 3-8 所示，点 A 和 B 为空间两点，则两点分别对三投影面的投影表达了该两点之间前后、左右、上下的相对位置关系。由图 3-8 可见，B 点在 A 点的前面、下面、右面。这里要注意，所谓"前"、"后"、"左"、"右"是以该点与绘（识）图者视线的远近和左右来判断的：靠近绘（识）图者为"前"，反之为"后"，"左"、"右"同样如此。

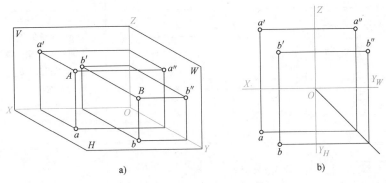

图 3-8　空间两点的相对位置

a）三投影面上投影　b）展开平面投影

图 3-9 中的空间两点 A 与 B 都位于垂直于水平投影面的同一垂直投影线上，于是 A、B 两点在水平投影面上的投影 a、b 重合为同一点，则 A、B 点为水平投影面 H 面上的重影点，图中用"a（b）"表示。这种空间位于垂直于某一投影面的同一投影线上的两点或若干点，称为重影点。重影点在该投影面上的投影重合为一点。

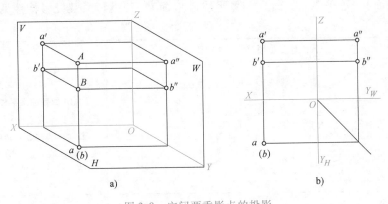

图 3-9　空间两重影点的投影

a）三投影面上投影　b）展开平面投影

2. 直线的投影　直线与投影面的相对位置关系有 3 种：投影面的垂直线、投影面的平行线和一般位置线（与三投影面都相倾斜），前 2 种是直线的特殊位置。

（1）投影面垂直线的投影　按照该垂直线垂直于不同的 3 个投影面，分别称为铅垂线（垂直于 H 面）、正垂线（垂直于 V 面）和侧垂线（垂直于 W 面）。其投影特性见表 3-1。

表 3-1　投影面垂直线的投影

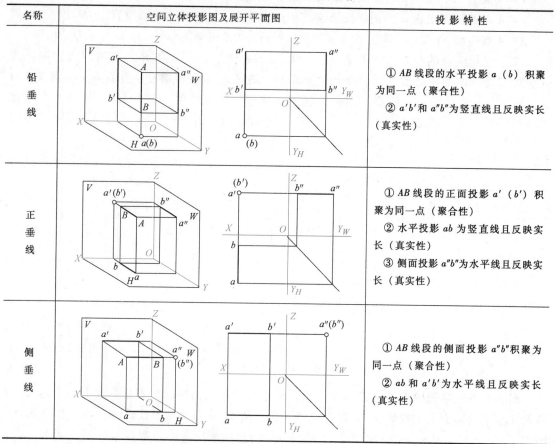

名称	空间立体投影图及展开平面图	投 影 特 性
铅垂线		① AB 线段的水平投影 a（b）积聚为同一点（聚合性） ② a'b' 和 a"b" 为竖直线且反映实长（真实性）
正垂线		① AB 线段的正面投影 a'（b'）积聚为同一点（聚合性） ② 水平投影 ab 为竖直线且反映实长（真实性） ③ 侧面投影 a"b" 为水平线且反映实长（真实性）
侧垂线		① AB 线段的侧面投影 a"b" 积聚为同一点（聚合性） ② ab 和 a'b' 为水平线且反映实长（真实性）

（2）投影面平行线的投影　根据该平行线与平行于不同三投影面的相互关系，分别称为水平线（H 面）、正平线（V 面）和侧平线（W 面），其投影图及投影特性见表 3-2。

表 3-2　投影面平行线的投影

名称	空间立体投影图及展开平面图	投 影 特 性
水平线		① AB 线段的水平投影 ab 为斜线且反映实长（真实性） ② 正面投影 a'b' 和侧面投影 a"b" 为水平线且小于 AB（类似性）
正平线		① AB 线段的正面投影 a'b' 为斜线且反映实长（真实性） ② 水平投影 ab 为水平线且小于 AB（类似性） ③ 侧面投影 a"b" 为竖直线且小于 AB（类似性）

（续）

名称	空间立体投影图及展开平面图	投影特性
侧平线	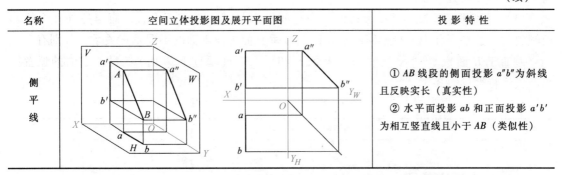	① AB 线段的侧面投影 a″b″ 为斜线且反映实长（真实性） ② 水平面投影 ab 和正面投影 a′b′ 为相互竖直线且小于 AB（类似性）

（3）一般位置直线的投影　一般位置直线，指与3个投影面都倾斜的直线。由图3-10可见，一般位置直线在3个投影面上的投影都为斜线，而且都小于该直线的实际长度。

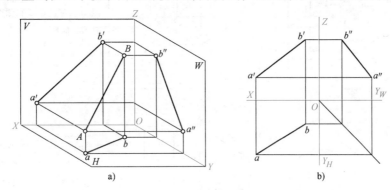

图 3-10　一般位置直线的投影

a）三投影面上投影　b）展开平面投影

3. 平面的投影　除了当平面垂直于投影面时其投影才聚合成直线外，平面的投影一般仍为平面。在图3-11a中，平面 *ABC* 倾斜于水平投影面 *H*，其投影 *abc* 仍为平面；但 *DEF* 垂直于 *H* 面，则其投影 *def* 聚合成直线 *df*。

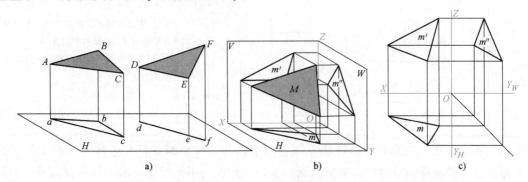

图 3-11　平面的投影

a）一般平面及垂直平面的投影　b）三投影面上投影　c）展开平面投影

作平面的投影时，先作出同一面上各顶点的投影，再作相应各顶点的连线，便可得到平面投影，如图3-11 b、c 所示。

按照空间平面与投影面的相对位置关系，可分为垂直面、水平面和一般位置平面3种，前 2 种为特殊位置平面。

（1）垂直平面的投影及投影特性　当空间平面与某一投影面垂直，而与另外 2 个投影面倾斜时，这平面称为该投影面的垂直面。按垂直面与投影面的不同垂直关系，分别有铅垂面（垂直于 H 面）、正垂面（垂直于 V 面）和侧垂面（垂直于 W 面）3 种。它们的位置关系及投影特性见表 3-3。

表 3-3　垂直平面的投影关系及特性

名称	投影关系图		投影特性
铅垂面			① 水平投影 a 积聚为斜线，并反映 A 平面与 V、W 面的夹角 β、γ ② 正面投影 a' 和侧面投影 a'' 为 A 平面的类似形
正垂面			① 正面投影 b' 积聚为斜线，并反映 B 平面与 H、W 面的夹角 α、γ ② 水平投影 b 和侧面投影 b'' 为 B 平面的类似形
侧垂面			① 侧面投影 c'' 积聚为斜线，并反映 C 平面与 V、H 面的夹角 β、α ② 水平投影 c 和正面投影 c' 为 C 平面的类似形

（2）平行平面的投影及投影特性　当空间平面与某投影面平行且必然与另两个投影面垂直时，这个平面称为该投影面的平行面。按该平行面与不同投影面的平行位置关系，分为水平面（与 H 面平行，而与 V、W 面垂直）、正平面（与 V 面平行，与 H、W 面垂直）和侧平面（与 W 面平行，与 H、V 面垂直）3 种。它们的位置关系和投影特性见表 3-4。

（3）一般位置平面的投影　一般位置平面是指与 3 个投影面都倾斜的平面。其投影方法是将顶点分别向 3 个投影面投影，然后分别将各相应顶点的投影连接而得。由图 3-12 可见，其 3 个投影都是小于实际平面图形的类似形。

表 3-4　平行平面的投影关系及特性

名称	投　影　关　系　图		投　影　特　性
水平面			① 水平投影 p 反映 P 平面的实形 ② 正面投影 p' 和侧面投影 p″积聚为水平线
正平面			① 正面投影 q' 反映 Q 平面的实形 ② 水平投影 q 积聚为水平线 ③ 侧面投影 q″积聚为竖直线
侧平面			① 侧面投影 r″反映 R 平面的实形 ② 水平投影 r 和正面投影 r′积聚为竖直线

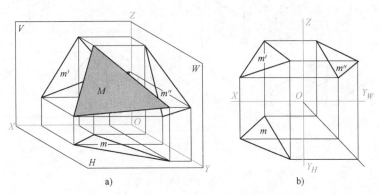

图 3-12　一般位置平面的投影

a）3 个投影面上的投影　b）展开平面的投影

4. 圆的投影　作图中常遇到圆的投影。按圆与投影面的位置关系，可分为 3 种情况：垂直于投影面的圆，平行于投影面的圆，与 3 个投影面都倾斜的一般位置的圆。

（1）垂直于投影面的圆的投影　如图 3-13 所示，当圆与投影面相垂直时，它在所垂直的投影面上的投影聚合成斜线，而在另 2 个投影面上的投影都为椭圆。

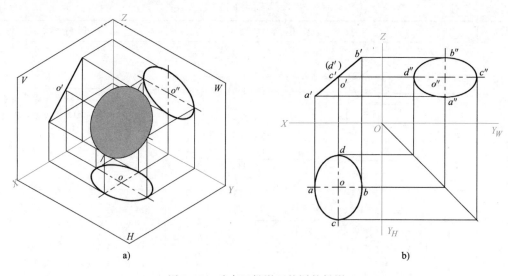

图 3-13 垂直于投影面的圆的投影

a）3 个投影面上的投影 b）展开平面的投影

（2）平行于投影面的圆的投影 图 3-14 中表示圆与水平投影面平行时圆在 3 个投影面上的投影。在其平行的投影面上为实际形状圆，且大小与原来的圆相等；在另 2 个投影面上聚合成直线。

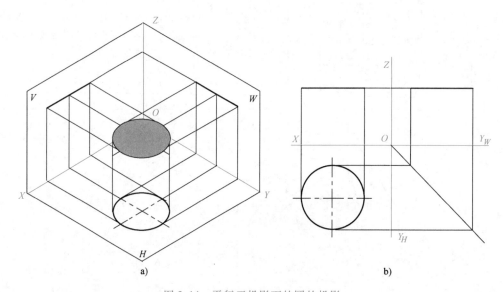

图 3-14 平行于投影面的圆的投影

a）3 个投影面上的投影 b）展开平面的投影

（3）一般位置圆的投影 很明显，当圆与 3 个投影面都倾斜时，其 3 个投影均为椭圆。

四、基本几何体的投影及尺寸标注

基本几何体，简称基本体，按形状不同可分为平面立体和曲面立体两类。平面立体的每个面都成平面，如棱柱、棱锥；曲面立体的面是曲面或其中既有曲面又有平面，如圆柱、圆锥和圆球等。

（一）立体三视图的形成及对应关系

图 3-15a 所示，将立体放在三投影面体系中，并将其主要平面平行或垂直于投影面，则用正投影法可分别在 H、V、W 面上得到俯视图、主视图和左视图。显而易见，V 面与 H 面上长度的投影相等，V 面和 W 面上高度的投影相等，W 面与 H 面上宽度的投影相等，于是，可以把这种两两投影相等的对应关系通俗地归纳为：长对正，高齐平，宽相等。

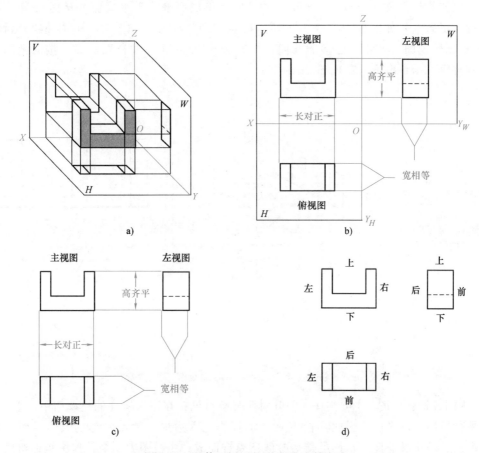

图 3-15　立体三视图的形成及对应关系
a）立体在 3 个投影面体系中　b）投影面展开后投影的对应关系
c）移去 3 个投影面后的投影及对应关系　d）位置对应关系

在图 3-15b 中，将立体上沿 X、Y、Z 轴方向度量的尺寸分别定为长、宽、高。展开摊平后，X、Z 轴不变，但 Y 轴分解为 Y_H 和 Y_W，故立体上的宽在俯视图上是竖向度量，而在左视图上是横向度量的。

图 3-15d 说明了立体的方位与三视图的位置对应关系：每一个视图都表达了上下、左右、前后 6 个方位中的 4 个方位。这里要特别注意：俯视图中的下方与左视图的右方是表达立体的"前"方，而俯视图中的上方与左视图的左方是表达立体的"后"方。

（二）基本体的三视图与尺寸标注

1. 平面立体的三视图

（1）棱柱　棱柱按侧面棱线数的多少划分，有三棱柱、四棱柱、五棱柱、六棱柱等；

按棱柱底面的形状分,有正棱柱和不规则棱柱两类(这里分析的是正棱柱)。但无论何种棱柱,它们都是由棱线、上下底面、侧平面和顶点所组成的,其投影方法就是前述点、直线、平面投影的组合。今以正六棱柱为例。

1) 正六棱柱的三视图:图3-16a所示,正六棱柱是由6根侧棱线、上下2个正六边形底面和6个侧面、12个顶点所组成的。

画三视图的步骤及方法如下:把正六棱柱的上下底面平行于水平面(H面),2个前后侧面平行于正面(V面),如图3-16b所示;确定作图基准线(图3-16c中中轴线及对称线位置);画出俯视图(按正六边形的几何作图方法),确定主、左视图的高;按三视图的投影规律和对应关系画出主、左视图。

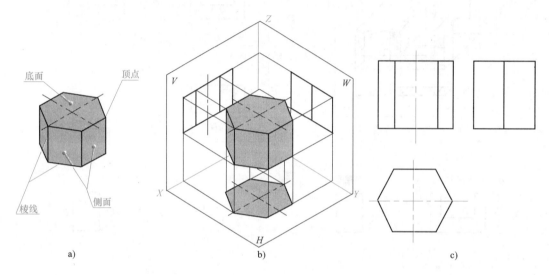

图3-16　正六棱柱的三视图
a)正六棱柱　b)置于三面投影体系的投影　c)三视图

2) 视图分析:从图3-16c与图3-16b对照分析可见:在正六棱柱的三视图中,上、下2个底面平行投影于水平面,因此其在H面上的投影正六边形是表示实形的大小,而正六边形的6个顶点是6根垂直于H面的侧边棱线所聚合而成;主视图由3个并连的矩形组成,由于正六棱柱前后两侧面平行于V面,因此中间的矩形表达了正六棱柱前侧面(及不可见的后侧面)的实形及真实大小,而左、右两个矩形是另4个侧面的类似形;左视图上两个并连的矩形都是4个侧面的类似形,其左、右两条竖线则是前、后2个侧面(垂直于W面)聚合的投影。

按照投影关系,读者可自行分析图3-16c中"长对正,高齐平,宽相等"的对应关系。

(2) 棱锥　下面以图3-17所示的四棱锥为例。

1) 四棱锥的三视图:图示四棱锥的底面为矩形,它有4个等腰三角形的侧面、4条等长的棱线、5个顶点,其中4条棱线相交于锥顶点S。

作三视图时,将其底面平行于H面,前、后2个侧面垂直于W面,左、右两个侧面垂直于V面,如图3-17b所示,则可得此四棱锥的三视图如图3-17c所示。

2) 视图分析:该四棱锥的底面平行于H面,因此其投影(矩形)在H面(俯视图)上的投影表达了它底面的实形大小,而此投影(矩形)的对角线就是四条棱锥,对角线的

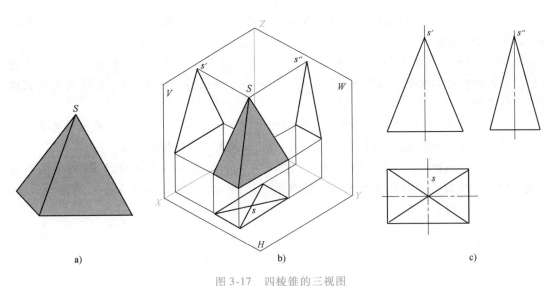

图 3-17　四棱锥的三视图

a）四棱锥　b）置于三面投影体系的投影　c）三视图

交点就是锥顶点 S；由于前、后侧面垂直于 W 面，因此它们在 W 面上的投影聚合成两条直线，并相交于 S 点，如图 3-17c 所示，但由于左、右两个侧面与 W 面倾斜，因此它所组成的等腰三角形只是左、右两侧面的类似形；同理，V 面上投影的等腰三角形是前、后侧面的类似形，其两条腰分别是左、右两个侧面聚合的投影。

同样，图 3-17c 中三视图有"长对正，高齐平，宽相等"的对应关系。

2. 曲面立体的三视图　今以圆柱、圆锥、圆球为例讲解常见曲面立体的三视图。

（1）**圆柱**　图 3-18a 所示，圆柱由上下两个底圆和圆柱面所围成。圆柱面上的任何一根直线称为圆柱的素线（如图中的 AB），圆柱面是由素线绕着与它平行的轴线 OO_1，沿底圆旋转的轨迹所形成的。

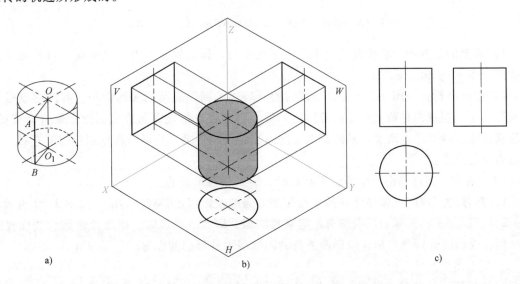

图 3-18　圆柱的三视图

a）圆柱及其形成　b）置于三面投影体系的投影　c）三视图

1）圆柱的三视图：将圆柱的轴线垂直于水平面，则上、下底面均平行于水平面，其三视图如图 3-18c 所示。

2）视图分析：在图 3-18c 中，由于圆柱上、下底面平行于 H 面，因此俯视图的圆表达了上、下底面的实形大小（其中下底圆不可见，它与上底圆的投影重合），而圆周是由圆柱面聚合而成的。

主、左视图为两个完全相等的矩形，它们的上、下两条边分别由上、下底圆投影聚合而成，而左、右两条边则分别是圆柱面左、右、前、后两侧素线实形的投影。

（2）圆锥　圆锥由一个底圆和圆锥面所围成，圆锥面是由一条与轴线 SO 相交的直线 SA 绕轴线沿底圆旋转的轨迹所形成的。圆锥面上任何一条过锥顶的直线称为圆锥的素线，如图 3-19a 中的 SA。

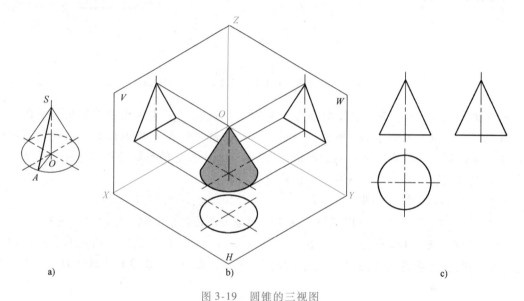

图 3-19　圆锥的三视图

a）圆锥及其形成　b）置于三面投影体系的投影　c）三视图

1）圆锥的三视图：将圆锥的底面与水平面平行，即其轴线垂直于水平面，可得圆锥的三视图，如图 3-19b、c 所示。

2）视图分析：在图 3-19c 中，俯视图的圆表达了圆锥底圆的实形大小，其圆心是锥顶的投影。主、左视图是两个相等的等腰三角形，它的底边都是由圆锥底圆投影聚合而成的，长度就是底圆的直径；高度就是圆锥的实际高度；而两等腰三角形的腰分别是圆锥左右、前后两素线的投影。

（3）圆球　圆球是由一个圆绕着其直径旋转的轨迹形成的。

1）圆球的三视图：很显然，圆球在任何方向的投影都是等直径的圆。如图 3-20 所示。

2）视图分析：圆球的三视图都是等直径的圆，即水平投影圆、正面投影圆和侧面投影圆，但各投影圆分别是与相应投影面平行的圆球最大外形圆的投影。

3. 基本体的尺寸标注

（1）平面立体的尺寸标注　常见平面立体的尺寸标注如图 3-21 所示。

平面立体的最基本尺寸是长、宽、高 3 个方向的尺寸，其中要注意该立体的各平面形状

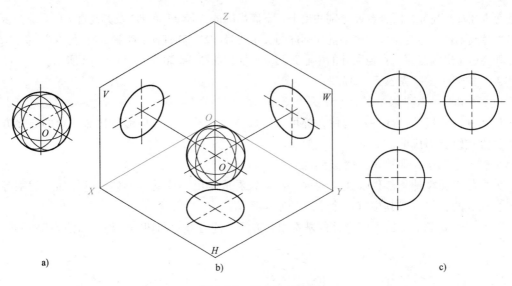

图 3-20　圆球的三视图

a）圆球及其形成　b）置于三面投影体系的投影　c）三视图

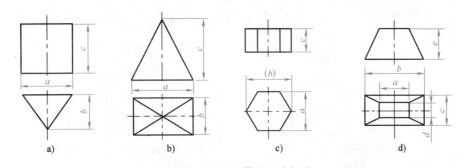

图 3-21　平面立体的尺寸标注

a）三棱柱　b）四棱锥　c）六棱柱　d）四棱锥台

是否规则，不要注重复尺寸。

棱柱体要确定长、宽、高三个方向的尺寸，但正六棱柱只要有对边宽和高两个尺寸就可以了，因为一旦对边宽确定以后，正六边形的长度即棱边最大距离也就确定了，如图 3-21c中的"（b）"就是重复尺寸。棱锥台则要分别标注出上、下两底的长和宽，以及锥高共 5 个尺寸以后才能确定，如图 3-21d 所示。

（2）曲面立体的尺寸标注　以图 3-22 所示回转体为例：圆柱只需注出直径和高度；圆锥标

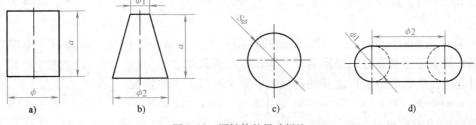

图 3-22　回转体的尺寸标注

a）圆柱　b）圆锥台　c）圆球　d）圆环

注底面直径及其高度；圆锥台要分别注出上、下底面圆的直径 $\phi 1$ 和 $\phi 2$ 及其高度 a；圆球只要标注出直径或半径，但要在尺寸数字前加圆球的文字符号"S"和直径、半径的符号"ϕ"或"R"；圆环则要标注出圆截面的直径和环的中心距两个尺寸，如图 3-22d 中的 $\phi 1$ 和 $\phi 2$ 所示。

五、组合体的视图及尺寸标注

（一）组合体及其表面的连接关系

任何复杂的机件、部件和构件，都可以看成是由若干基本几何形体按照一定的连接方式和切割方式组合而成的。

由若干个基本几何形体组合成的立体称为组合体。

大多数机械零件、部件及建筑构件，都可以看成是由一些基本形体经过叠加、切割等方式组合而成的，但一般其中有一个主要的基本形体。

1. 组合体的组合方式 组合体的基本组合方式一般有叠加和切割两种，如图 3-23 所示。

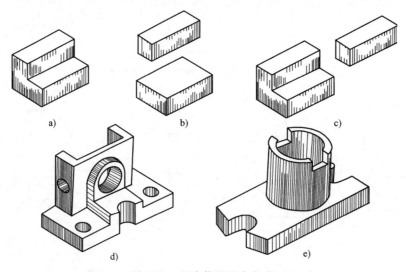

图 3-23 组合体的组合方式

a）简单组合体 b）叠加形式 c）切割形式 d）、e）叠加与切割的综合形式

叠加是指几个基本形体按照一定的空间位置关系组合而成一个形体，如图 3-23a 中的形体，可以看成是图 3-23b 中两个四棱柱的叠加。这种由若干基本形体叠加而成的组合体，称为叠加型组合体。

图 3-23c 则是在大的四棱柱中"切割"去一个小四棱柱，同样可以形成为如图 3-23a 所示的组合体。这种在一个基本形体上切除一个或几个基本形体后剩下的形体，称为切割型组合体。

复杂的零件、部件和构件，往往是运用叠加和切割形成的综合组合体，如图 3-23d、e所示。

2. 组合体表面的连接关系 既然组合体是由若干个基本形体按一定空间关系组合而成的，那么基本形体相互之间必定有若干表面的连接关系。

组合体各组成部分表面之间的连接关系通常有以下 4 种情况。

（1）两表面互相平齐，相互之间无分界线，如图 3-24 所示。

（2）两表面互相不平齐，相互之间有分界线，如图 3-25 所示。

（3）两表面相切，相切处无分界线，如图 3-26 所示。

（4）两表面相交，相交处有分界线，如图 3-27 所示。

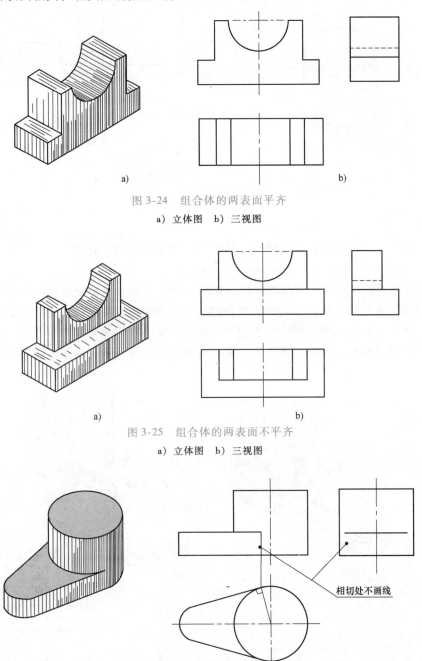

图 3-24　组合体的两表面平齐

a）立体图　b）三视图

图 3-25　组合体的两表面不平齐

a）立体图　b）三视图

相切处不画线

图 3-26　组合体的两表面相切

a）立体图　b）三视图

（二）形体分析法

为了便于理解和掌握画图、识图及标注尺寸的知识，可以假想把一个比较复杂的组合体，分解成若干个基本几何形体，然后分析各个组成部分的空间形状、相互位置关系及表面

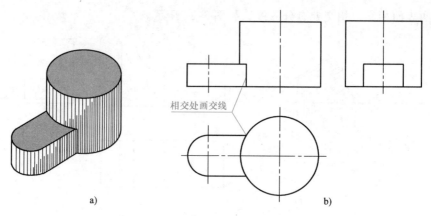

图 3-27 组合体的两表面相交

a）立体图　b）三视图

连接关系，再由此综合想象判断出该组合体的整个形状和结构。这种把组合体假设分解成若干基本几何形体进行分析的方法，称为形体分析法。

图 3-28a 所示的组合体，可假想分解为如图 3-28b 所示的三部分组成。其中，连接板为平放，切口圆筒为竖放，用于加固的肋板斜放；切口圆筒与连接板的表面之间既有相交，又有相切，肋板与连接板和切口圆筒的表面之间都是相交。在假想分解并分析后，要想象综合形成该组合体的空间形状及其各部分的位置关系和表面连接关系，为画三视图打下基础。

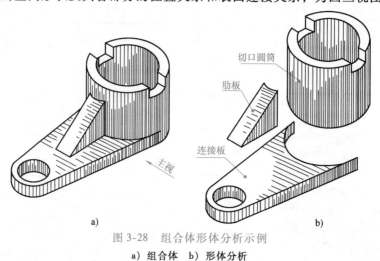

图 3-28 组合体形体分析示例

a）组合体　b）形体分析

（三）组合体三视图的画法及其尺寸标注

1. 组合体三视图的画法 首先要对组合体进行形体分析，然后在形体分析的基础上确定主视图、画出三视图。

为了对表达对象直观了解、画图简便、识图容易，一般要把所表达对象（如机械零、部件）的空间与其实际工作位置相一致，而且要把它的主要组成基本形体的主要面（平面或曲面）与投影面垂直或平行。其中主视图是最能表达所画形体结构、形状特征、工作位置和尺寸的，要特别注意正确合理地选择和确定主视图。

现以图 3-28 所示组合体为例分析并作图如下。

在形体分析后，首先要确定主视图。今将组合体放置如图 3-28a 所示，主视方向如图中箭头所示，即连接板平放，且其长度方向的对称线与正立面平行，则切口圆筒的轴线与水平面垂直，与正立面平行，而三角形肋板的前、后面与水平面垂直、与正立面平行，其斜面与正立面垂直。

在确定主视图以后，俯视图和左视图的投影方向也就随之确定了。**画三视图**的步骤如图 **3-29** 所示。

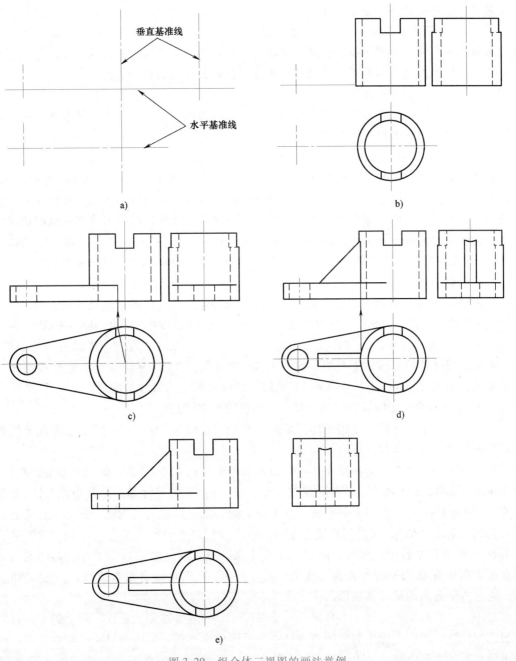

图 3-29　组合体三视图的画法举例

a）画作图基准线　b）画切口圆筒　c）画连接板　d）画肋板　e）检查修改并加深

2. 组合体三视图的尺寸标注

（1）尺寸标注要求正确、完整、清晰和合理

1）尺寸要正确：任何绘图所表达对象的尺寸都是以图中所标注的尺寸数字为依据的，而与选用比例无关。

2）尺寸要完整：所标注的尺寸要完整，不多又不少，满足工程要求。其中包括确定表达形体各组成部分形状和大小的定形尺寸，确定各组成部分之间相对位置的定位尺寸，确定形体总长、总宽和总高的总体尺寸。

3）尺寸要清晰：尺寸要尽量标注在表达形体形状特征最明显的视图上；同一形体的尺寸应尽量集中标注，以便于查找；尺寸应尽量标注在两视图之间；凡直径尺寸应尽量标注在投影不是圆的视图上，但圆弧的半径尺寸应注在投影为圆弧的视图上。

尺寸数字不得被任何图线所相交或穿过、重叠，不得已时应把图线断开以避让尺寸数字。例如，在建筑电气安装图中往往会遇到剖面线等图线与尺寸数字相交叉重叠，这时必须把图线断开以能清晰看出尺寸数字。

4）尺寸要合理：尺寸的合理，就是指标注的尺寸要符合设计、制造、安装等要求。一般不能注重复尺寸，尤其是在机械制图中，因加工工艺要求是不能标注重复尺寸的。例如，图 3-30d 中，标注了尺寸 27、R5 和 φ20，就不能再注总长 42，否则 42 就是重复尺寸。但在建筑电气安装图中，由于图样或图纸幅面较大，加之对尺寸误差的要求没有机械制造尺寸要求高，为读图方便起见，是允许标注重复尺寸的。例如，图 3-75 中的 "10000" 是 "4500"、"5500" 的重复尺寸，图 3-74 中 "5400" 是 $3 \times 800 + 3 \times 1000$ 六个尺寸的重复尺寸。

尺寸合理的另一含义是在机械制图中同一方向的尺寸一般不允许标注 "串联" 尺寸，而要 "并联" 标注，否则会产生工艺加工中的累积误差，而造成不符合尺寸要求的误差。但在电气安装图中则是允许标注串联尺寸的，如图 3-75 中的 "4200 – 1200 – 600 – 4000" 等。

（2）尺寸基准　标注尺寸的起始点，即为尺寸基准。尺寸基准一般选为底面、端面、对称平面或回转体的轴线、中心线。如图 3-30d 中的尺寸 15、19 和 4 是以连接板底面为尺寸基准的，而尺寸 φ20、φ15、5 和 27 是以切口圆筒轴线为尺寸基准的。

（3）组合体的尺寸标注方法和步骤　下面以图 3-30 为例。

首先，进行形体分析。把组合体分解为三部分，如图 3-30a、b、c 所示，由此分析各组成部分的形状尺寸和位置关系。

其次，确定尺寸基准。在图 3-30d 中的 A 为长度方向 22、27 及 5 的尺寸基准，B、C 分别是宽度（φ20、φ15 及 4）和高度方向（15、19、4）等的尺寸基准。其中，"A" 是垂直于 H、V 面而平行于 W 面的对称平面，在 V 面上聚合成切口圆筒的轴线，因此，它既是长度方向的尺寸基准（面），又是切口圆筒 φ20、φ15 和切口 5 的尺寸基准（线）；"B" 是垂直于 H 面和 W 面而平行于 V 面的，因此在 W 面上聚合投影成了线；"C" 是组合体的底面，它垂直于 V 面和 W 面而平行于 H 面，因此 "C" 在 V、W 面上聚合投影成线，但在 H 面上是面，它是高度方向的尺寸基准面。

然后，在三视图上分别标注各组成部分的尺寸。一般可按先主后次、从上到下、自左至右的顺序标注。图中先标注切口圆筒的尺寸，再标注连接板、肋板的尺寸。其中，主、俯视图中的总长尺寸是由直径 φ20、27 和 R5 确定的，不能再标注总长 42（即 R10 + 27 + R5），否则就是标注了不合理的重复尺寸；同理，俯、左视图中不能标宽度（20），因为主视图中

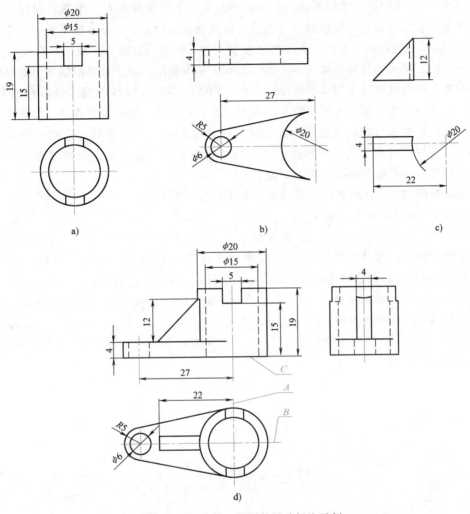

图 3-30 组合体三视图的尺寸标注示例

a）切口圆筒 b）连接板 c）肋板 d）三视图及尺寸标注

已经标注的圆筒直径 φ20 就是宽度尺寸了。

六、图样的常用画法

对于较为复杂的组合体机件，往往用三视图还不能完全表达清楚，可能是由于其结构复杂，用三视图表达不完整；或不可见轮廓的虚线增多，或因需要标注的尺寸数量多而影响了视图的清晰程度。因此，在制图中针对不同的表达对象，要运用相应的画法。

下面讲述图样的常用画法：视图法、剖视图法、断面图法、局部放大图法和简化画法及这些基本画法的综合运用。这些画法在机械制图中得到广泛应用，在建筑电气安装图中也因不同的表达对象和图样要求而得到应用。

（一）视图法

视图法分为基本视图、向视图、局部视图和斜视图 4 种。

1. 基本视图 物体向基本投影面投射所得的视图，称为基本视图。

由于三视图可能不能完整清晰地表达复杂物体的外部形状特征，国家制图标准 GB/T

17451—1998《技术制图 图样画法 视图》中规定，表示物体可有 6 个基本投影方向，相应的 6 个基本投影面分别与各投影方向垂直，由此使物体得到 6 个基本视图，如图 3-4 和图 3-5 所示。除了三视图的主视图、俯视图和左视图外，还有后视图、仰视图和右视图。

在绘图中，绝大部分的物体并不需要画出 6 个基本视图，而是只要根据物体的结构特点和复杂程度，选择其中适当的基本视图。为此，GB/T 17451—1998 对视图选择有如下规定：表示物体信息量最多的那个视图作为主视图，通常是物体的工作位置或加工位置或安装位置；当需要其他视图（包括剖视图和断面图）时，应按下述原则选取：①在明确表示物体的前提下，使视图（包括剖视图和断面图）的数量为最少；②尽量避免使用虚线表达物体的轮廓及棱线；③避免不必要的细节重复。

当基本视图按图 3-5 配置时，各视图一律不用标注图名。

由图 3-4 及图 3-5 可见，物体是放在投影面与观察者（或绘图者）之间进行投影的。这种投影法称为第一角投影法。我国国家标准规定，我国采用第一角投影法。但有的国家采用的是第三角投影法，即是将投影面置于物体和观察者（绘图者）之间，即相当于观察者（绘图者）是透过投影面来观察物体的（当然，假设投影面是透明的），这样，它与第一角投影法中 6 个基本视图的配置就有所不同了。除前视图（主视图）和后视图保持不变外，其余视图与第一角投影法中的视图（左右、仰俯）互换了位置配置。按第一角投影法画出的图 3-5，如用第三角投影法便成为图 3-31 了。读者可将图 3-4、图 3-5 与图 3-31 进行对照，以加深理解。

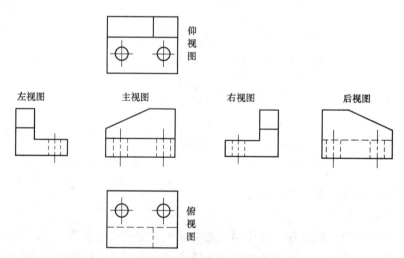

图 3-31 按第三角投影法图 3-4 中物体的基本视图配置

2. 向视图 向视图是指可以根据需要把投影自由配置的视图。

根据 GB/T 17451—1998 和 GB/T 4458.1—2002 规定，向视图只允许从以下两种表达方式中选择一种。

（1）在向视图的上方标注"X"（"X"为大写拉丁字母），在相应视图的附近用箭头指明投射方向，并标注相同的字母，如图 3-32 所示。

（2）在视图下方（或上方）标注图名。标注图名的各视图的位置，应根据需要和可能，按相应的规则布置，如图 3-33 所示。

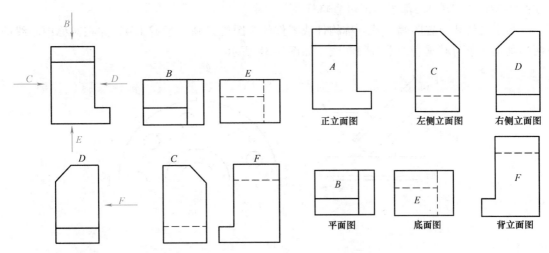

图 3-32　向视图的表达方式之一　　　　图 3-33　向视图的表达方式之二

在工程制图中，通常用图 3-32 所示的表达方式。

3. 局部视图　局部视图是将物体的某一部分向基本投影面投射所得的视图。

当物体的某一局部形状在已有基本视图中表达不清楚，而又没有必要再画一张完整的基本视图来表达时，为了减少基本视图的数量，突出重点，简化画图，就可以选用局部视图来表达。如图 3-34a 中的 "*B*"、"*C*"。

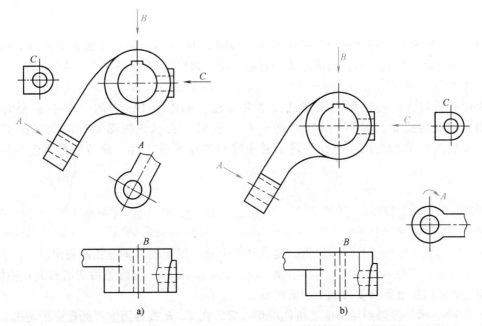

图 3-34　压紧杆的局部视图和斜视图

a）局部视图和斜视图　b）斜视 *A* 的旋转配置

局部视图可按基本视图的配置形式配置（图 3-34a 中的 "*B*"、"*C*"），也可按向视图的配置形式配置并标注（图 3-34a 中的 "*A*"）。

当局部视图按基本视图的配置形式配置，且中间并没有其他图形隔开时，可省略标注，如图 3-34b 中 "B" 局部视图即可省略标注。

为了简便和节省图幅，凡对称构件或零件的视图可只画一半或 1/4，并在对称中心线的两端画出两条与其垂直的平行细实线。如图 3-35 所示。

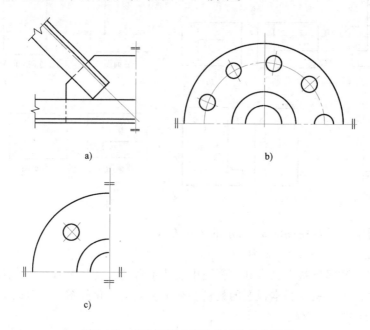

a)　　　　　　　　　　　b)

c)

图 3-35　对称构件或零件的简化画法图例

局部视图的断裂边界线应用波浪线表示，如图 3-34 所示。但当所表示的局部结构是完整的而且外轮廓又是封闭的，则波浪线可省略不画，如图 3-34 中的 "C" 局部视图。

4. 斜视图　斜视图是物体向不平行于基本投影面的平面投射所得的视图。

斜视图通常按向视图的配置形式配置并标注，如图 3-34a 中的 "A"；必要时，允许将斜视图旋转配置，如图 3-34b 中的 "A"，这时，表示该视图名称的大写拉丁字母应靠近旋转符号的箭头端，也允许将旋转角度标注在字母之后。旋转符号高度与字高 h 相同。

（二）剖视图法

国家标准 GB/T 17452—1998 对剖视图的定义是：假想用剖切面剖开物体，将处在观察者和剖切面之间的部分移去，而将其余部分向投影面投射所得的图形。剖视图可简称为剖视，应按正投影法绘制。按习惯称谓，建筑制图中的 "剖面图" 即是指剖视图。

1. 剖切面　剖切面是剖切被表达物体的假想平面或曲面。当假想用剖切面剖开物体时，剖切面与物体的接触部分就构成了剖面区域。

图 3-36 表示了假想剖切平面把机件剖切以后，在 V、H 投影面上得到投影的情况。

剖切面的位置要选择在能表达物体内部结构的对称面处，并且平行于基本投影面。

剖切面有单一剖切面和几个相互平行的剖切面之分。当用几个相互平行的剖切面时，各剖切平面的转折处必须为直角，并且要使表达的内形相互不遮挡，如图 3-74、3-75 所示。

由于画剖视图时是假想剖切、移开，因此，除了剖视图以外，其他视图仍应按投影规律

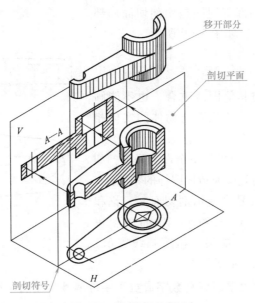

图 3-36 剖视图的概念

画得完整，即只要是看得见的线、面的投影都要画出来。如图 3-37a 中的俯视图。

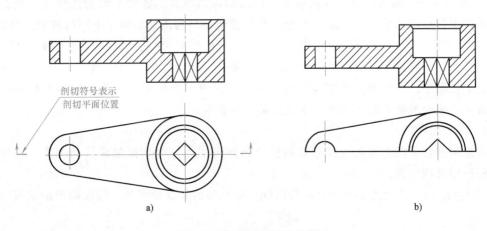

图 3-37 剖视图的画法举例
a）正确 b）错误

2. 剖视图的分类 剖视图是假想用剖切面剖开物体，将处在观测者和剖切面之间的部分移开，而将其余部分向投影面投射所得到的图形。剖视图可分为全剖视图、半剖视图和局部剖视图 3 种。

（1）全剖视图 用剖切面完全地剖开物体所得的剖视图，称为全剖视图，如图 3-37 所示。

（2）半剖视图 当物体具有对称平面时，向垂直于对称平面

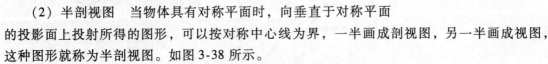

图 3-38 半剖视图示例

的投影面上投射所得的图形，可以按对称中心线为界，一半画成剖视图，另一半画成视图，这种图形就称为半剖视图。如图 3-38 所示。

（3）局部剖视图　局部剖视图是用剖切面局部地剖开物体所得的剖视图，如图3-39所示。

局部剖视图中，一般用波浪线（边上也可以用双折线、双点画线）作为剖开部分和未剖开部分的分界线。但波浪线不可与其他图线重合，也不能画在其他图线的延长线上。波浪线要与物体的实体相连，不能穿过孔、洞、槽等。

在同一局部剖视图上，可以剖1个以上局部，如图3-39所示，但不可剖得过多而造成图样的零乱。

3. 剖切符号　剖切符号是指示剖切面起、讫和转折位置（用线宽1～1.5b、长约5～10mm的粗短画线表示）及投射方向（用箭头或粗短画线表示）的符号。如图3-37及图3-74所示。

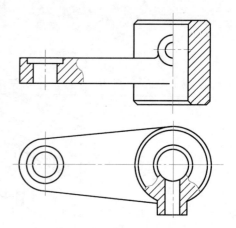

图3-39　中心线作为局部剖视
与视图的分界线

剖切符号可用阿拉伯数字、罗马数字或拉丁字母编号。在剖切符号的起、讫和转折处要标注相同的大写字母，然后在相应的剖视图上方（也可下方）采用相同大写字母注写，以表示该视图的名称，如图3-74及图3-75中所示的"Ⅰ-Ⅰ"、"Ⅱ-Ⅱ"。

4. 剖面符号　剖面符号用以表示剖面区域物体的材料。各种不同物体使用不同的材料时，其剖面符号也不相同。附录E列出的常用建筑材料的图例，就是不同材料的剖面符号。

剖面符号一般用与主要轮廓线或剖面区域的对称线成45°的细实线（剖面线）表示。在同一图样中，不同剖面区域的剖面线的角度和间距（稀密）应有所区别。

在剖视图中，根据物体的结构特点，可以选择单一剖切面，或几个互相平行的剖切平面，或几个相交的剖切面（交线要垂直于某一投影面）。

（三）断面图法

假想用剖切面把物体某一部分截断仅画出该剖切面与物体接触部分的视图，称为断面图。断面图简称断面。

图3-40a的左图及图3-40b为假想用剖切面把轴的某处截断开，而仅画出剖切面与轴接

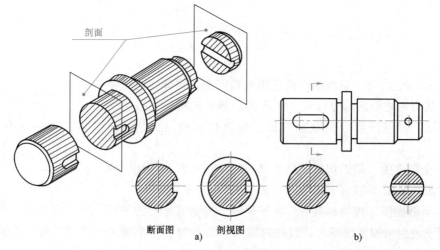

断面图　　剖视图

a)　　　　　　　　　　b)

图3-40　断面图与剖视图的区别

触部分的图形。

由图 3-40 可见，断面图只画出物体被剖切处的断面形状，而剖视图除了画出剖切处断面形状以外，还要画出断面投射方向可见部分的轮廓。

断面图可分为移出断面图和重合断面图。

1. 移出断面图 移出断面图的图形画在视图之外，其断面轮廓线用粗实线绘制，配置在剖切线的延长线上或其他适当的位置，如图 3-40 及图 3-41 所示。为了读图方便，移出断面图要尽可能画在剖切平面的延长线上。

2. 重合断面图 重合断面图的图形画在视图之内，其断面轮廓线用实线绘出，通常在机械制图中用细实线，如图 3-42a 所示；建筑类制图中则用粗实线，如图 3-42b 所示。

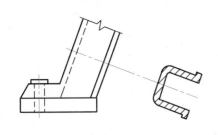

图 3-41 移出断面图

a)   b)

图 3-42 重合断面图
a）机械制图示例（吊钩） b）建筑类制图示例（立柱顶部）

3. 剖视图和断面图的标注

（1）一般应标注剖视图或移出断面图的名称"*X-X*"（*X* 为大写拉丁字母或阿拉伯数字、罗马数字）。在相应的视图上用剖切符号表示剖切位置和投射方向，并标志相同的字母，如图 3-43 所示。但当剖视图与基本视图的配置位置一致时，也可以省略掉名称的标志，如图 3-37 所示。

图 3-74 和图 3-75 中Ⅰ-Ⅰ、Ⅱ-Ⅱ剖视图就是用的这种标志方法。

（2）剖切符号、剖切线和字母的组合标志，如图 3-44a 所示。当剖切线省略不画时，则如图 3-44b 所示。

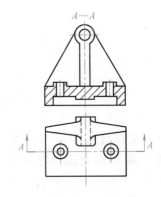

图 3-43 剖视图的标志

（四）局部放大图法

当机件或建筑构件的某一部分太小，按它所属图样的比例在视图中表达不清时，就要对该部分用局部放大表示。这种将图样中部分结构用大于原图形比例所绘出的图形，称为局部放大图。如图 3-45 所示。

图 3-45 为典型机件之一轴的视图。由于轴是用整根圆材（钢或铜等）切削加工成若干圆柱形的组合，因此，主要视图只要画出一个（各直径用不同尺寸表示），其余局部结构（如键槽、油槽、孔、倒角等）的形状和尺寸则要用局部放大图画出。

绘制局部放大图时，要注意下述几点。

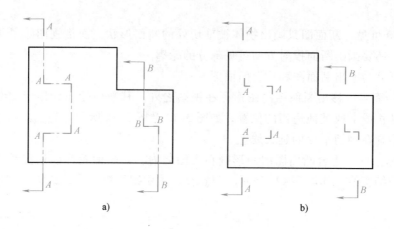

图 3-44   剖切符号、剖切线与字母的组合标志

a）组合标志   b）省略画法

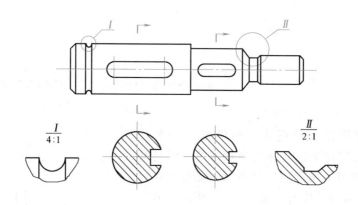

图 3-45   局部放大图图例之一

（1）局部放大图要画在被放大部分附近，而且其投影方向必须同原图中的投影方向一致。局部放大图与整体联系的部分要用波浪线画出。如图 3-45a 中的"Ⅰ"、"Ⅱ"。

（2）用细实线（圆或不规则图形）在原图上圈出局部放大的范围。当在同一机件和结构上需要有几个局部放大的部分时，则要用细实线引出，并分别对应注明拉丁字母或罗马字母，同时在各局部放大图的正上方用分式标注：分母为比例，分子为局部放大处的标注字母。如图 3-45 中的"Ⅰ"和"Ⅱ"。

（3）局部放大图与被放大结构原来采用的表达方法无关，它可以根据需要画成剖视图、断面图、视图等，如图 3-45 的"Ⅰ"和"Ⅱ"。

（4）另取投影方向的局部视图可画成局部放大图，如图 3-46 所示。

（五）简化画法

为达到在完整、清晰、合理表达物体的前提下，尽可能使绘图简便的目的，在各种制图中广泛采用简化画法。

1. 相同结构的简化画法　当机件或构件上具有多个相同的结构要素（如槽、孔、齿等）并且是按一定规律分布时，那么只要画出其中一个或几个完整的结构，其他的则用细实线连接，或只画出它们的中心线，然后在图中注明它们的总数，如图 3-47 所示。

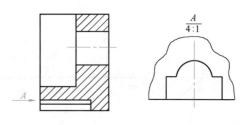

图 3-46　局部放大图图例之三

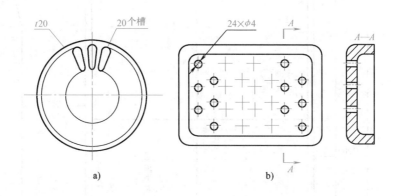

图 3-47　相同结构要素的简化画法

2. 较长物体的简化画法　较长的物体（如轴、连杆、型材、杆等）沿长度方向的形状一致，或是按一定规律变化时，则可假想"折断"而缩短绘制，如图 3-48 所示。但采用折断画法以后，尺寸仍必须按原有实际尺寸标注。

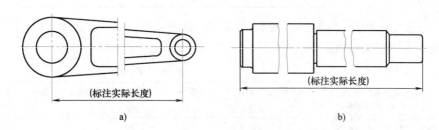

图 3-48　折断画法示例

a）连杆　b）轴

3. 剖面符号的简化画法

（1）尺寸小的钢材、型材或局部建材的断面，在剖视图中可以不画出剖面符号，而用涂黑标注，或用点画线表示。这在建筑电气制图中应用尤为广泛，如图 3-51 和图 3-81 所示。

在图 3-49 中，用符号"∟"表示了接地体采用的 ∟50×50 角钢，用粗单点画线分别表示接地干线（−40×4 镀锌扁钢）和屋顶避雷带（−25×4 扁钢）。

（2）在移出断面图中，一般要画出剖面符号，在不至于因此引起误解时，允许不画剖面符号，但其剖切位置和断面图的标注必须遵守相应规定，如图 3-50 所示。

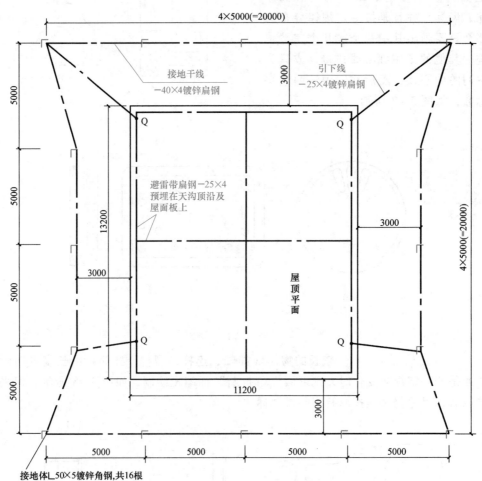

接地干线
—40×4镀锌扁钢

引下线
—25×4镀锌扁钢

避雷带扁钢—25×4
预埋在天沟顶沿及
屋面板上

屋
顶
平
面

4×5000(=20000)

接地体L50×5镀锌角钢,共16根

说 明

1. 室外接地网埋深h≥0.7m,
   接地体采用L50×5镀锌角
   钢,每根长2.5m,共16根。室
   外采用接地线—40×4镀锌
   扁钢,所有接头均为焊接。
   安装见国标D—563。
2. 屋顶避雷带采用—25×4镀
   锌扁钢,暗敷在天沟边沿
   顶上和屋面隔热预制板上。
   避雷带引下线Q采用—25
   ×4镀锌扁钢,敷设在外墙
   粉层内。
3. 本接地装置采用综合接地
   网,其接地电阻应小于1Ω。

设 备 材 料 表

序号	名称	规格	单位	数量	国标图号	备注
1	镀锌扁钢	—25×4	m	400		
2	镀锌扁钢	—40×4	m	150		
3	镀锌角钢	L50×5	m	50	D—563—3	16×2.5m以上
4	临时接地接线柱	M10×30螺栓	付	10	D—563—11	配M10元宝螺母

4. 本图材料表中包括了室内外所有避雷及接地
   装置的材料数量。
5. 所有焊接处应刷两道防腐漆。
6. 竣工后实测接地电阻达不到要求时,加接地体。

图 3-49 某 10kV 降压变电所防雷接地平面图 (1:100)

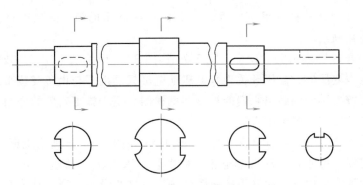

图 3-50　移出断面图剖面符号的省略画法

4. 对称结构的简化画法

（1）对称结构的视图可只画一半或 1/4，但必须在对称中心线（或轴线）的两端画出两条与其垂直的细实线，如图 3-51a、b、c、d 所示。

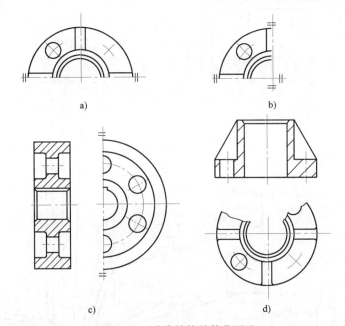

a)　　　　　　　　　　　　b)

c)　　　　　　　　　　　　d)

图 3-51　对称结构的简化画法

（2）对称结构的局部视图，可用移出等方式表达，如图 3-52 所示。

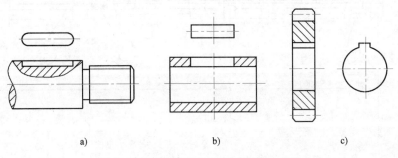

a)　　　　　　　　　　b)　　　　　　　　　　c)

图 3-52　对称结构局部视图的简化画法

5. 建筑电气安装图中的常用简化画法 除图 3-49 所示的简化画法以外，建筑电气安装图还常用以下简化画法。

（1）只用外形轮廓表示电气设备 图 3-74 和图 3-75 所示的某工厂 10kV 变电所平、立面布置图中，电力变压器、高压开关柜和低压配电屏只画出了与设备安装布置有关的外形轮廓，而并无必要按投影详细画出它们的视图和剖视图。至于施工安装的详细尺寸及要求，将分别在它们各自的安装大样图中表达。

（2）只用电气图形符号表示电气设备 图 3-53 和图 3-54 分别用机床的外形轮廓（按比例画出，无需标注尺寸）和动力配电箱、照明灯具及开关、插座的电气图形符号，分别表达了它们的大致安装位置，而并不按视图画法表达这些设备，至于具体安装的位置及尺寸等则可由机械和电气施工安装人员会同土建人员视现场情况而定。

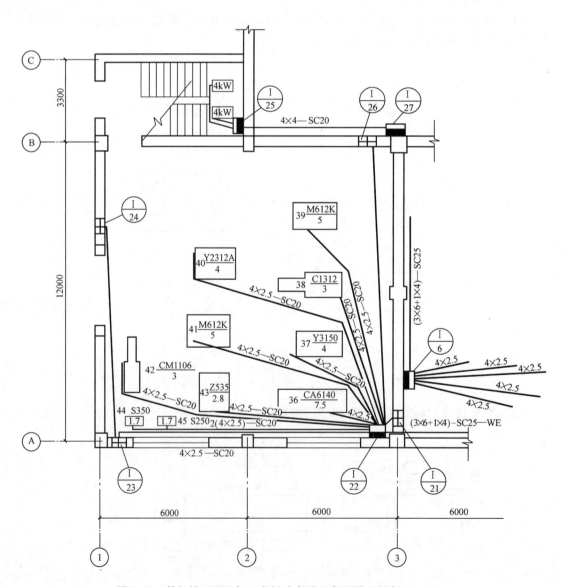

图 3-53　某机械工厂机加工车间动力平面布置图（局部）1:100

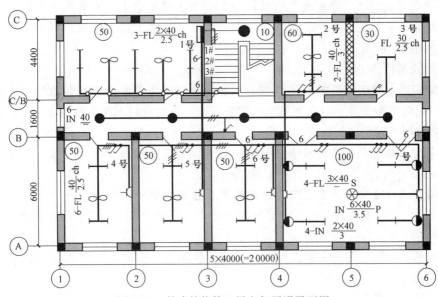

图 3-54 某建筑物第 5 层电气照明平面图

以上这些画法，既能满足工程技术的要求，又达到了使画图尽可能简化的目的。

第三节 建筑电气安装图

一、建筑电气安装图的主要特点

建筑电气安装图既有建筑图、电气图的特点，但与它们又有区别，其主要特点如下所述。

1. 要突出以电气为主 建筑电气，既有建筑又有电气，电气是为建筑配套的，但在建筑电气安装图中，是以电气为主，建筑为辅。为了在图中做到主次分明，电气图形符号常画成中、粗实线，并详细标注出文字符号及型号规格，而对建筑物（包括其轮廓线）则用细实线绘制，而且只画出其与电气安装有关的轮廓线、剖面线，只要标注出它与电气安装有关的主要尺寸。凡与表达电气的内容发生冲突时，建筑物的图线应避让。

2. 绘图表达方式不同 建筑图必须用正投影法按一定比例画出，而建筑电气安装图往往不考虑按比例表达电气装置实物的实际形状和大小，只考虑其大致形状和位置，有的是只用电气图形符号表示而绘制的简图。如图 3-53 和图 3-54 所示。有的需要详细表示电气设备安装的，则用详图、局部放大图画出，如电力变压器、高压开关柜、低压配电屏安装图。

3. 接线方式不同 电气接线图所表示的是电气设备端子之间的接线，如图 2-45 所示，而建筑电气安装图则主要表示电气设备的相互位置，其间的连接线一般只表示设备之间的连接。如图 3-54 和图 3-75 所示。

4. 连接线的使用不同 在表示连接关系时，电气接线图可以采用连续线、中断线，可以采用单线或多线表示，但在建筑电气安装图中，只采用连续线且一般都用单线表示（导线的实际根数按图 2-2 等绘图规定方法注明），如图 3-53、54 所示。

二、建筑电气安装图的表示方法

建筑电气安装图有其自身的特点，因而在表示方法上与建筑图或电气图既有联系，又有区别。

1. 图形符号及图例　建筑电气安装图中的动力、照明和电信布置图形符号及常用建筑图例，均用"国标"规定统一表示，凡用"非标"标注的，必须在图样中另行注明。部分图形符号及图例见附录 A、D、E。

2. 图线及其应用

（1）粗实线　用于建筑图的平面图、立面图、剖视图和断面图的轮廓线、图框线；电气安装图中的电气图线等。但在建筑电气安装图中，为突出以电气图线为主，上述建筑图中的各种轮廓线图线只用细实线表示。

（2）中实线　用于电气安装施工图中的电气设备轮廓线及干线、支线、电缆线、架空线等电气线路。

（3）细实线　电气安装施工图中的建筑平、立面图的轮廓线等用细实线，以便突出用粗、中实线画出的电气线路及设备；另外用于尺寸线、尺寸界线和指引线及表格、标题栏等的分行分列图线。

（4）粗单点画线　用于在平面图中的大型构件轴线，车间行车导轨的中轴线，接地平面图中的接地线、接地干线等。

（5）细单点画线　用于轴线、中心线、围框线及电气安装图中定位轴线的引出线等。

（6）粗虚线　用于地下管道。

（7）细虚线　用于不可见轮廓线，暂不施工的二期工程或近期拟扩展部分的轮廓线。

（8）折断线　用于为简略不重要部分而被假想断开删去部分的边界线。

3. 尺寸标注　总图中的坐标、标高、距离宜以米（m）为单位，并应至少取至小数点后两位，不足时以"0"补齐。建筑电气安装图上标注的尺寸通常采用毫米（mm）为单位。凡是采用 mm 为单位的，图样中不必再标注单位；凡是采用 m 或 cm 为单位的，必须在图样中另外注明。

如果同一张图纸上的几幅图样都采用同一单位，那只要在标题栏"单位"项中统一注明；若各图样单位不尽相同，则必须在每一个图样的下方分别标注尺寸单位。

在建筑电气安装图中，还常用尺寸简化标志，主要有如下几种。

（1）杆件或管线长度的简化标志　杆件或管线的长度，在单线图（桁架简图、钢筋简图、管线简图）上，可直接将尺寸数字沿杆件或管线的一侧注写，如图 3-55 所示。

（2）连续排列的等长尺寸的简化标志　连续排列的等长尺寸，可用"个数×等长尺寸＝总长"的形式标志，如图 3-56、图 3-54 所示。

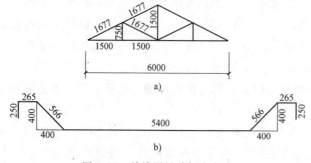

图 3-55　单线图尺寸标志方法

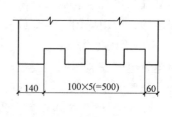

图 3-56　等长尺寸简化标志方法

（3）相同构造要素的简化标志　当构配件内的构造因素（如孔、槽等）相同时，可仅标注其中一个要素的尺寸，如图 3-57 所示。

（4）对称构配件的简化画法　对称构配件可采用省略画法，这时其尺寸线应略超过对称符号，仅在尺寸线的一端画尺寸起止符号，但尺寸数字应按完整尺寸注写，而且尺寸数字的注写位置宜与对称符号对齐，如图3-58所示。

（5）相似构配件的简化画法　两个相似构配件，如个别尺寸数字不同，则可在同一图样中将其中一个构配件的不同尺寸数字注写在括号里，该构配件的名称也应注写在相应的括号内，如图3-59所示。

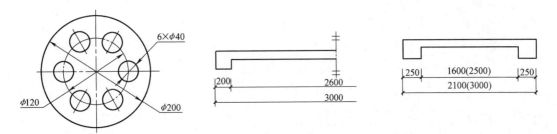

图3-57　相同要素尺寸标志方法　图3-58　对称构配件尺寸标志方法　图3-59　相似构配件尺寸标志方法

4. 比例　建筑电气安装图常用的比例有1:50、1:100、1:200，大样图的比例可以用1:20、1:10或1:5等。总平面布置图和外线工程图则常用1:500、1:1000，甚至1:2000等较小的比例。

5. 图名　建筑电气安装图的同一张图纸上往往有几幅图样，这时必须在每一图样的下方标注图名，其格式如图3-60a所示。"比例"书写在图名的右侧，字号比图名字号小1号或2号。必要时可将单位注写在比例的下方，并用分式的形式表示，也可用图3-60c所示方法表示，其中"M"是"比例"的代号。

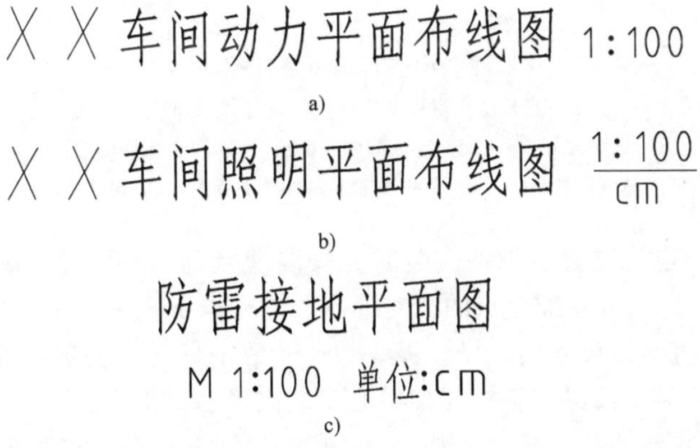

$$\times\times\text{车间动力平面布线图} \quad 1:100$$

a)

$$\times\times\text{车间照明平面布线图} \quad \frac{1:100}{cm}$$

b)

防雷接地平面图

M 1:100 单位:cm

c)

图3-60　图名、比例、单位的标志格式举例

6. 安装标高　建筑物各部分的高度常用标高表示。标高有绝对标高、相对标高和敷设（安装）标高三种。

（1）绝对标高　我国把青岛附近黄海某点的平均海平面定为绝对标高的零点，即"黄海零点"。全国所有各地标高都以它为基准标注。但在东南沿海省市，也有用上海吴淞口某点的平均海平面定为绝对标高的零点即"吴淞零点"的，两者有所差别。除了专业测量用的图样外，绝对标高很少应用。吴淞零点比黄海零点低1.6297米。

（2）相对标高　为简便起见，建筑电气图上通常都用相对标高，即把室内首层地坪面高度设定为相对标高的零点，记作"±0.000"，高于它的为正值（但一般不用注"＋"号），表示高于地坪面多少；低于它的为负值（必须注明"－"号），表示低于地坪面多少。

标高的符号及用法见图 3-61，其中小三角形为直角等腰三角形，用细实线绘制，高约 3～5mm；下面横线为某处高度的界线；标高数字注在小三角形外侧。按国标规定，标高单位为 m，精确到 mm，即小数点后面第 3 位，但总平面图中标注到小数点后面第 2 位即可。如标志位置不够，可用如图 3-61e 所示形式绘制。

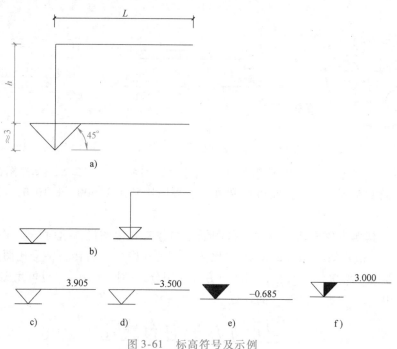

图 3-61　标高符号及示例

L—取适当长度注写标高数字　h—根据需要取适当长度

a）标高符号　b）标高符号的两种画法　c）高于地坪面的标志
d）低于地坪面的标志　e）总平面图上室外整平标高　f）敷设标高的标志

（3）敷设标高　电气装置、设备安装时比安装地点高出的高度，称为敷设标高。即敷设标高是以安装地点地面为基准零点的相对标高。它有以下三种表示方法。

1）直接标注：直接用尺寸线、尺寸界线和尺寸数字标注出安装尺寸的敷设高度，如图 3-75 所示变压器高压侧母线绝缘瓷瓶支架中心安装高度"2500"。

2）电力设备和线路的分式标注：如图 3-54 右上角 3 号房间灯具安装高度的标注格式"$FL\dfrac{30}{2.5}ch$"，所注"2.5"即表示该链吊式安装的荧光灯离地面高度为 2.5m。

3）用带图形符号的相对标高标注：如图 3-61f 所示。

7. 方位　建筑电气安装图中的有些图，如总平面布置图、外线工程图等，要表示出建筑物、构筑物、装置、设备的位置和朝向及线路的来去走向，一般按"上北下南、左西右东"来表示，但在很多情况下都是用方位标记（即指北针方向）来表示其朝向的，如图 3-62a所示，其箭头方向表示正北方向，"北"通常用字母"N"表示。图 3-62b 中细实线圆的直径宜为 24mm，指北针头部应注"北"或"N"字样，尾部宽度约为圆直径的 1/8。

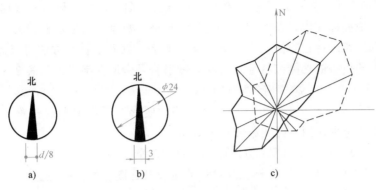

图 3-62　方位标记及风向频率标记

a)、b) 方位标记　c) 风向频率标记

8. 风向频率标记　在建筑总平面图上，一般还要根据当地实际风向情况绘制风向频率标记，它用风玫瑰图表示，如图 3-62c 所示。

风玫瑰图是根据当地多年平均统计的各个方向吹风次数的百分数按一定比例绘制的。风吹方向是指从外面吹向中心，用细实线表示全年风向频率，虚线表示夏季（6~8 月）风向频率。由图 3-62c 可见，该地全年以东北、西北、西南风居多，夏季则主要是东北风。

从风玫瑰图上可以看出该地区的常年主导风向和夏季主导风向，这对建筑的总体规划、建筑构造方式、朝向及安装施工安排都具有重要意义。

9. 建筑物定位轴线　动力、照明、电信工程的布置通常都是在建筑平面图上进行的，在建筑平面图上一般都标有定位轴线，以作为定位、施工放线的依据和便于识别设备安装的位置。

凡由承重墙、柱、梁和屋架等主要承重构件的位置所画的轴线，称为定位轴线。

定位轴线应用细单点画线绘制。

定位轴线一般应编号，编号应注写在轴线端部的细实线圆内。圆的直径为 8~10mm。定位轴线圆的圆心，应在定位轴线的延长线上或延长线的折线上。定位轴线编号的基本原则是：在水平方向，从左到右用阿拉伯数字顺序表示；在垂直方向，采用拉丁字母（其中 I、O、Z 因容易与 1、0、2 混淆而不用）由下向上编注。数字和字母分别用细单点画线引出，注写在末端的细实线圆圈中，如图 3-63 所示。

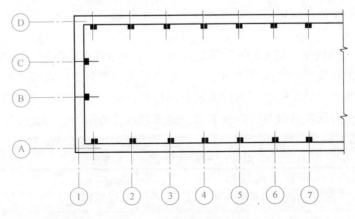

图 3-63　建筑物定位轴线示例

10. 电力设备和线路的标注方法 在建筑电气安装图上，电力设备和线路通常不标注其项目代号，但一般要标注出设备的编号、型号、规格、数量、安装和敷设方式等。

电力设备和线路的标注方法见表3-10，电信设备和线路的标注方法可以此仿照。

为了区别有些设备的功能和特征，可在其图形符号旁增注字母，见表2-3及表3-7。

11. 图上位置、图线、建筑构件等的表示方法

（1）图上位置的表示方法 电气设备和线路的图形符号在图上的位置，可以根据建筑图的位置确定方法分别采用下述4种方法来表示。

1）采用定位轴线标注。如Ⓑ-③、Ⓓ-⑤、Ⓔ-②等。

2）采用尺寸标注。即在图上标注尺寸以确定设备在图上的安装位置。

3）采用坐标注法。坐标标注网分测量坐标网和建筑坐标网两种。测量坐标网画成交叉"＋"字线（细实线），坐标代号用"X"（南北向）、"Y"（东西向）表示；建筑坐标网画成网格通线，坐标代号用"A"（纵向）、"B"（横向）表示。A、B轴分别相当于测量坐标网中的X、Y轴。坐标值为负数时，应注"－"号，为正数时，"＋"号可省略。由此建筑物或设备的位置可用（X、Y）或（A、B）确定。如图3-64中变电所东南角$\dfrac{A+290.670}{B+336.130}$。

4）采用标高注法。需要在同一幅图上表示不同层次（如楼层）平面图上的符号位置时，可采用标高定位法。如图3-75中的"6.600"、"11.400"分别表示了该变电所1、2层楼楼顶的相对高度。

（2）图线 在建筑电气安装图上主要有建筑平面图图线和电气平面图图线两类。为了主次分明，图形清晰，突出电气布置，在同一建筑电气安装图图样上的电气图线应比建筑图线宽1~2个等级，如建筑物的外形轮廓线用细实线，电气图线则应用中实线或粗实线。但应注意同类图线的宽度应一致；各类不同图线的宽度要与整个图面相协调，不要太宽或太细。

（3）建筑构件等的表示方法 为了清晰地表示电气设备和线路的布置，在建筑电气安装图上往往需要画出某些建筑物、构筑物、地形地貌等的图形和位置，如墙体及材料，门窗、楼梯、房间布置，必要的采暖通风和给排水管道，建筑物轴线及道路、河流、林地、山丘等，但这些图形的图线不得影响电气图线的表达，也不得与电气图线相混淆或重叠。凡是与电气布置无关的图形的图线及尺寸，就不要在电气安装图上画出；即使是有关的图形，一般也只画出其外形轮廓，或仅用一条图线简略地表示管线。

12. 其他

（1）剖视图与剖面图 按 GB/T 50001—2010（《房屋建筑制图统一标准》）的定义，剖面图除了应画出剖切面剖切到部分的图形外，还应画出沿投射方向看到的部分，被剖切面剖切到部分的轮廓线用粗实线绘制，剖切面没有剖切到、但是沿投射方向可以看到的部分，用中实线绘制；断面图只需用粗实线画出剖切面剖切到部分的图形。由此可知，建筑制图中的"剖面图"即机械制图中所称的"剖视图"。为区别起见，列出表3-5对照。

表 3-5 建筑制图与机械制图视图名称对照表

机械制图	主视图	左视图、右视图	后视图	俯视方向的全剖视图	剖视图	断面图
建筑制图	正立面图	侧立面图	背立面图	平面图	剖面图	断面图

（2）建筑总平面图及建筑材料图例　常用图例见附录 D、E。

（3）电气设备常用简化形式表示　一是仅用电气图形符号表示其大致位置，如图 3-53 和图 3-54 所示；另一种是只画出外形，即使被剖切平面剖到时也是如此，如图 3-74 和图 3-75 中的电力变压器、高压开关柜和低压配电屏所示。

三、建筑电气总平面布置图

建筑电气总平面布置图，简称建筑电气总平面图、电气总平面图，是将拟建电气工程附近一定范围（或工厂全厂）内的建筑物、构筑场及其自然状况，用水平投影方法和相应的图例画出的图样。

1. 电气总平面图的用途

（1）表达新建、拟建电气工程的总体布局及原有建筑物、构筑物的名称、外形、编号、坐标、道路形状、比例等，如新建、拟建电气工程（如发电厂、变配电所、输电线路、路灯等）的具体位置、高程，周围原有建筑物和构筑物、通道系统，管线、电缆及其走向及绿化、原始地形地貌等。指北针或风玫瑰图宜绘制在图样的右上角。

（2）由总平面图进行电气工程建筑的定位、施工放线、挖填土方和进行施工，并由此作为绘制水、电、暖等管线和绿化美化总平面图、施工总平面图的依据。

2. 电气总平面图的主要表达内容　图 3-64 和图 3-1 分别为某工厂 35kV 总降压变电所总平面布置图和某柴油机厂供电总平面图。由图可见，电气总平面图上主要表达内容有以下几项。

（1）表明新建、拟建电气工程的具体位置、标高及道路、管线、电缆系统等的总体布置。

（2）表明原有或其他建筑物、构筑物、道路等的位置，作为新建、拟建电气工程的依据。

（3）表明标高。如建筑物的首层地面标高、室外场地地坪标高，道路中心线的标高等。

（4）表明各负荷的用电量（kW 数）。用以确定电力负荷中心，作为选择变配电所所址的依据之一，并直观地了解各负荷的大小。

（5）表明总平面范围内的整体朝向。用指北针或风玫瑰图表示。

（6）其他。如绿化和水、暖管线等。

当一张总平面图尚不能完整表达时，可画成几张总平面图，或分别画出必要的道路、管线图、剖面图等。

这里要说明的是，图 3-64 和图 3-1 所表达的内容并不完整，但为简化起见，就该两电气工程的设计而言，已能基本满足要求了。

3. 总平面图的表达　根据上述总平面图所要表达的内容，除以上"二"所述各表示方法外，在绘图时还要注意以下几点。

（1）熟悉建筑图、电气图和建筑材料的图形、图例符号（见附录 A、D、E）。

（2）熟悉坐标注法　总图的坐标注法按"上北下南"方向绘制，向左或向右偏移不宜超过 45°。总图中应绘制指北针或风玫瑰图以标明方向。在较大区域的平面图上采用坐标网格定位，坐标网格以细实线表示，如图 3-65 所示。

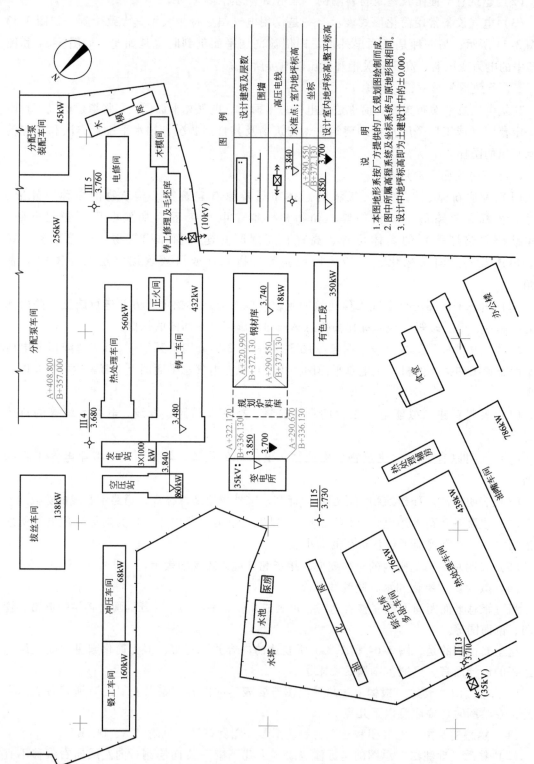

图 3-64　某工厂 35kV 总降压变电所总平面布置图 1:1000

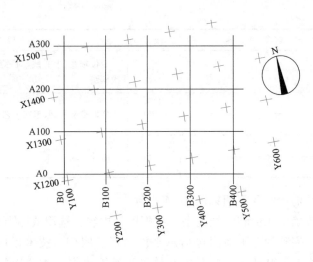

图 3-65　坐标网格

（3）图线　按 GB/T 50786—2012 建筑电气制图标准，图中的图线宽度 b，应根据图样的复杂程度和比例及图样的功能，按表 3-6 规定的线型选用。

表 3-6　建筑电气制图图线、线型、线宽及用途（GB/T 50786—2012）

图线名称		线　型	线宽	一　般　用　途
实线	粗		b	本专业设备之间电气通路连接线,本专业设备可见轮廓线、图形符号轮廓线
	中粗		$0.7b$	本专业设备可见轮廓线、图形符号轮廓线、方框线、建筑物可见轮廓
	中		$0.5b$	
	细		$0.25b$	非本专业设备可见轮廓线、建筑物可见轮廓;尺寸、标高、角度等标注线及引出线
虚线	粗		b	本专业设备之间电气通路不可见连接线;线路改造中原有线路
	中粗		$0.7b$	
			$0.7b$	本专业设备不可见轮廓线、地下电缆沟、排管区、隧道、屏蔽线、连锁线
	中		$0.5b$	
	细		$0.25b$	非本专业设备不可见轮廓线及地下管沟、建筑物不可见轮廓线等
波浪线	粗		b	本专业软管、软护套保护的电气通路连接线、蛇形敷设线缆
	中粗		$0.7b$	

（续）

图线名称	线 型	线宽	一 般 用 途
单点长画线	—— · —— · ——	0.25b	定位轴线、中心线、对称线；结构、功能、单元相同围框线
双点长画线	—— ·· —— ·· ——	0.25b	辅助围框线、假想或工艺设备轮廓线
折断线	—————∿—————	0.25b	断开界线

4. 总平面布置图的绘制 下面以图 3-64 为例。

（1）按图示内容确定比例和图纸大小。根据图示内容，选用 A2 图纸。

（2）图面布局。完整的总平面图包括总平面图形、图例、技术说明、坐标网格、方位标记及标题栏、会签表。很显然，本图中的总平面图形占据了主要篇幅，只要它确定了位置，其他都可以确定了。因此，在图面布局时，关键是要合理确定总平面图形的位置和所占图幅大小。而总平面图形的位置及所占图幅是与坐标网格直接有关的，图中采用的是建筑坐标网，代号用 "A"、"B" 表示。

（3）确定基准线。可如图 3-66 所示选择坐标网格作为绘图的水平基准线和垂直基准线。

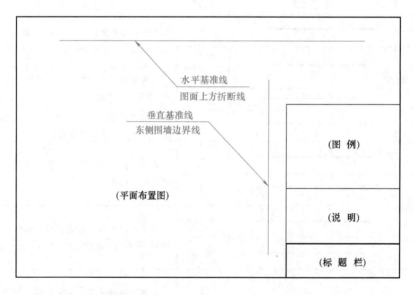

图 3-66　图 3-64 的图面布局及基准线的确定

（4）画底稿线。根据先主后次、从左至右、自上而下、先图形后文字的原则，按图中各车间（或其他建筑）、围墙等的大小先后画出底稿线。凡平齐的图线（如上方拔丝车间、分配泵车间和分配泵装配车间等的水平方向图线），可先轻轻画出一根辅助作图线后再分别画出各自的底稿线。

（5）检查无漏无误后描深图形。总平面图的图线线型及应用见表 3-6。

（6）画图例，书写、标注文字，填写标题栏等。

四、电气平面图

见图 3-54、图 3-72 及图 3-74。

电气平面图表示出该电气工程建筑物轮廓线、对称轴线号、房间名称、楼层标高、门、窗、墙体、梁柱、平台和绘图比例等，其中承重墙体及梁柱宜涂灰色。

电气平面图应绘制出安装在本楼层的电气设备、敷设在本楼层和连接本楼层电气设备的电线电缆、路由等信息。进出建筑物的电线电缆，其保护管应注明与建筑轴线的定位尺寸、穿越建筑外墙的标高和防水形式。

电气平面图应标注电气设备、电线电缆敷设路由的安装位置、参照代号等，并应采用应用于平面图的图形符号绘制。

当电气平面图布置是不同楼层时，应分别绘制各自楼层的电气平面图；若其中有的楼层电气设备布置是相同的，则只需要绘制其中一个楼层的电气平面图，并加以说明。

强电和弱电应分别绘制电气平面图。

当局部部位需要另外绘制电气详图或者电气大样图时，应在局部部位处标注出各编号，并且在电气详图或者电气大样图的下方标注出其编号及比例。

五、动力和照明工程图

动力和照明工程是现代电气工程中最为基本的内容，因此，其设计图也是电气图中最基本的图样之一。

表示建筑物动力或照明工程配电系统、布置及安装接线的图，称为动力或照明工程图。

1.动力和照明工程图的组成 动力和照明工程图一般由系统图、平面布置图、配电箱（柜）安装接线图等组成。

（1）动力和照明系统图 动力和照明系统图是表示动力和照明系统的电气主接线图。它集中反映了动力和照明系统的电源、接线、安装容量、计算负荷、配电方式及各负荷项目，导线和电缆的型号规格、敷设方式、穿管管径和开关及保护设备（如低压断路器、熔断器、漏电保护器等）的型号规格等。

一般车间、住宅的动力和照明系统图比较简单，例如，图 3-54 的供电系统图如图 3-67 所示。

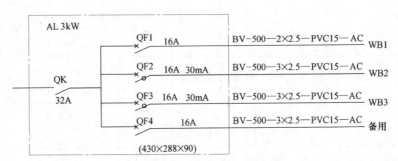

图 3-67 图 3-54 的供电系统图

高层综合楼等高层建筑的动力和照明系统图则要复杂些。例如，图 3-68、图 3-69 及图 3-70 所示。

（2）动力和照明平面布置图 表示建筑物内外动力、照明设备和线路平面布置的电气工程图，称为动力和照明平面布置图。

LMY—100×10

主电源，由厂区变电所引来，2×VV22—(3×185+1×95)

备用电源 VV22—(3×185+1×95)

编　号	AA5		AA4				AA3		AA2	AA1
型　号	GGD2-38—0502D		GGD2-39C—0513D				GGD2-38B—0502D		GG12-01—0801D	GGD2-15—0108D
主电路接线方案 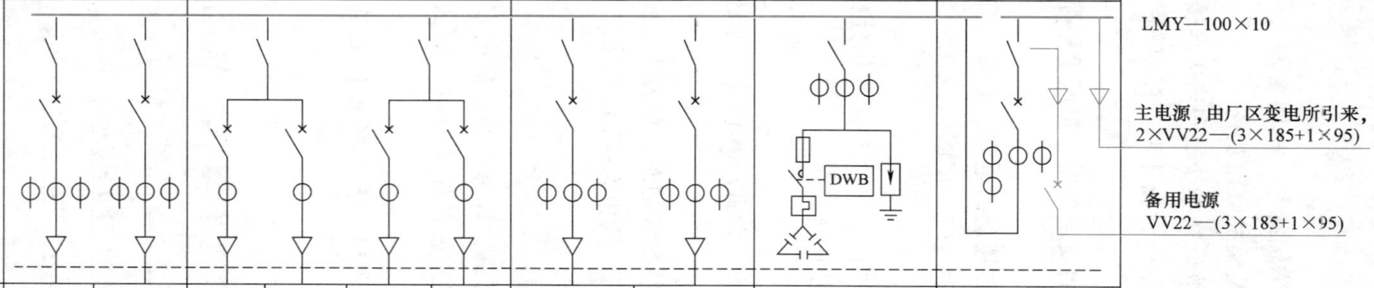	(接线图)		(接线图)				(接线图)		(接线图)	(接线图)
设备(回路)编号	备用	WLM1	WPM3	WLM2	备用	WPM4	WPM2	WPM1		
用途	备用	照明干线	水泵房	消防中心	备用	电梯	动力干线	空调机房	无功补偿	引入线总屏
容量/kW		188	77			18.5	156	195	180kvar	634.5
刀开关HD13BX—	600/31	600/31	400/31	400/31	400/31	400/31	600/31	600/31	400/31	HSBX—1000/31
低压断路器DWX15—	400/3	400/3					400/3	400/3	400/3	1000/3
低压断路器DZX10—			200	100	200	100				400
脱扣器额定电流/A	400	300	140	60	200	60	250	300		600　200
接触器									CJ16—32×10	
热继电器									JR16—60/32×10	
电流互感器LMZ—0.66—	300/5	300/5	200/5	50/5	200/5	100/5	300/5	300/5	400/5×3	800/5
熔断器									aM3—32×30	
避雷器									FYS—0.22×3	
电容器									BCMJ0.4—16—3×10	
管线电缆 VV—0.6kV		4×185+1×95	3×95+1×50	5×6		5×10	3×120+2×70	3×120+2×70	1000	1000
屏宽/mm	800		800				800		1000	1000

图 3-68　某综合楼低压配电室配电系统图

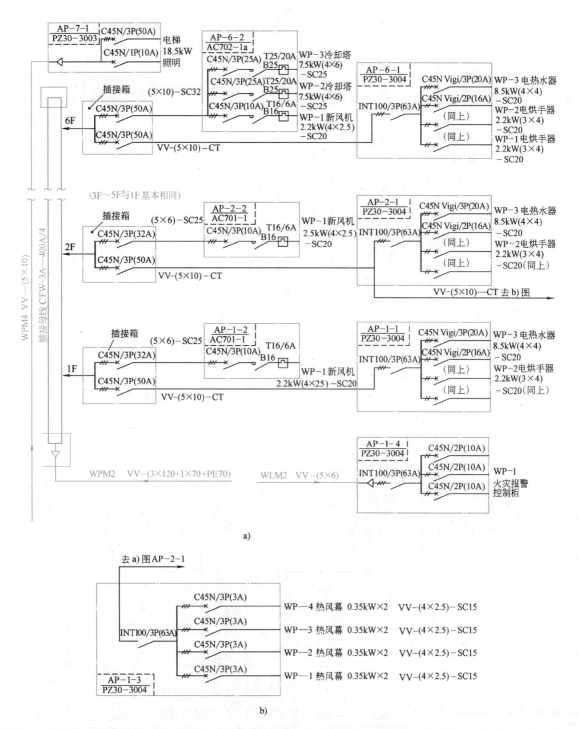

图 3-69 某综合楼动力配电系统图（部分）

　　动力和照明平面布置图主要表示动力和照明设备及其线路，如电动机、电光源及灯具、控制开头、配电箱、导线等的接线、安装位置等，也包括电风扇、插座和其他日用电器。如图 3-53 和图 3-54 所示。

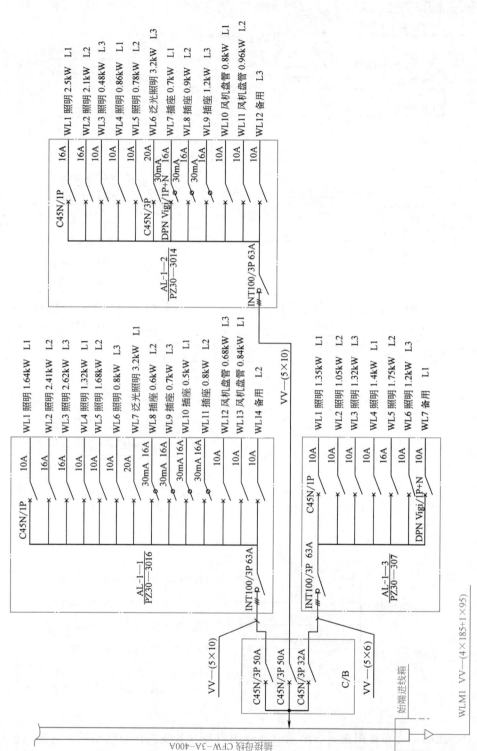

图 3-70　某综合楼 1 层照明配电系统图（部分）

在图 3-53 和图 3-54 中，建筑物（图中车间、办公室）的尺寸是按正投影画法并按比例画出的，但主要只表示其轮廓，而用电设备及其相配套的各种电气设备（如配电箱、机床、灯具、电扇、开关插座和导线等），并不按正投影法及比例画出，因为不仅麻烦而且没有必要，它们只要用示意图和电气图形符号、文字符号标注就可以了，具体安装位置按有关安装规范现场确定。

　　建筑物不同标高的楼层平面要分别画出每层的动力、照明平面布置图。其中，如有若干层（如高层住宅、商住楼）的动力、照明平面布置是相同的，则应在标准层的图样上注明。

　　动力和照明平面布置图的画法一般并不复杂，但要弄清图中电气图形符号和文字符号的标注。动力和照明线路在平面布置图上采用图线与文字符号相结合的方法，表示线路的走向、导线的型号、规格、根数、长度及线路配线方式、线路用途等。见表 3-7 ~ 表 3-12。

表 3-7　电气图样中的电气线路线型符号（GB/T 50786—2012）

序号	线 型 符 号		说　明
	形式 1	形式 2	
1	—— S ——	—— S ——	信号线路
2	—— C ——	—— C ——	控制线路
3	—— EL ——	—— EL ——	应急照明线路
4	—— PE ——	—— PE ——	保护接地线
5	—— E ——	—— E ——	接地线
6	—— LP ——	—— LP ——	接闪线、接闪带、接闪网
7	—— TP ——	—— TP ——	电话线路
8	—— TD ——	—— TD ——	数据线路
9	—— TV ——	—— TV ——	有线电视线路
10	—— BC ——	—— BC ——	广播线路
11	—— V ——	—— V ——	视频线路
12	—— GCS ——	—— GCS ——	综合布线系统线路

（续）

序号	线 型 符 号		说　明
	形式1	形式2	
13	F	— F —	消防电话线路
14	D	— D —	50V 以下的电源线路
15	DC	—DC—	直流电源线路
16			光缆，一般符号

1）线缆敷设方式的标注，见表3-8。

表3-8　线缆敷设方式的标注

序号	名　称	文字符号	序号	名　称	文字符号
1	穿低压导体输送用焊接钢管（钢导管）敷设	SC	8	电缆梯架敷设	CL
2	穿普通碳素钢电线套管敷设	MT	9	金属槽盒敷设	MR
3	穿可挠金属电线保护套管敷设	CP	10	塑料槽盒敷设	PR
4	穿硬塑料导管敷设	PC	11	钢索敷设	M
5	穿阻燃半硬塑料导管敷设	FPC	12	直埋敷设	DB
6	穿塑料波纹电线管敷设	KPC	13	电缆沟敷设	TC
7	电缆托盘敷设	CT	14	电缆排管敷设	CE

2）线缆敷设部位的标注，见表3-9。

表3-9　线缆敷设部位的标注

序号	名　称	文字符号	序号	名　称	文字符号
1	沿或跨梁（屋架）敷设	AB	7	暗敷设在顶板内	CC
2	沿或跨柱敷设	AC	8	暗敷设在梁内	BC
3	沿吊顶或顶板面敷设	CE	9	暗敷设在柱内	CLC
4	吊顶内敷设	SCE	10	暗敷设在墙内	WC
5	沿墙面敷设	WS	11	暗敷设在地板或地面下	FC
6	沿屋面敷设	RS			

3）电力设备和线路的标注，见表3-10。

表3-10　电力设备和线路的标注

序号	标注方式	说　明
1	$\dfrac{a}{b}$	用电设备标注 a—参照代号 b—额定容量（kW 或 kVA）
2	$-a+b/c$ 注1	系统图电气箱（柜、屏）标注 a—参照代号 b—位置信息 c—型号

（续）

序号	标 注 方 式	说　明
3	– a　　注 1	平面图电气箱（柜、屏）标注 　a—参照代号
4	a – b/c – d	照明、安全、控制变压器标注 　a—参照代号 　b/c——一次电压/二次电压 　d—额定容量
5	$a-b\dfrac{c\times d\times L}{e}f$　　注 2	灯具标注 　a—数量　b—型号 　c—每盏灯具的光源数量 　d—光源安装容量　e—安装高度（m） 　"—"表示吸顶安装 　L—光源种类 　f—安装方式
6	$\dfrac{a\times b}{c}$	电缆梯架、托盘和槽盒标注 　a—高度（mm）　b—高度（mm） 　c—安装高度（m）
7	a/b/c	光缆标注 　a—型号　b—光纤芯数　c—长度
8	ab – c(d × e + f × g)i – jh　　注 3	线缆的标注 　a—参照代号　b—型号　c—电缆根数 　d—相导体根数　e—相导体截面（mm^2） 　f—N、PE 导体根数　g—N、PE 导体截面（mm^2） 　i—敷设方式和管径（mm）　j—敷设部位 　h—安装高度（m）
9	a – b(c × 2 × d)e – f	电话线缆的标注 　a—参照代号　　b—型号　　c—导体对数 　d—导体直径（mm） 　e—敷设方式和管径（mm） 　f—敷设部位
10	$\dfrac{a-b-c-d}{e-f}$	电缆与其他设施交叉点 　a—保护管根数　b—保护管直径（mm） 　c—管长（m）　d—地面标高（m） 　e—保护管埋设深度（m）　f—交叉点坐标
11	(1)　▽ ±0.000 (2)　▼ ±0.000	安装或敷设标高（m） 　(1)用于室内平面、剖面图上 　(2)用于总平面图上的室外地面
12	(1)　⎯⎯⎯///⎯⎯⎯ (2)　⎯⎯⎯/³⎯⎯⎯ (3)　⎯⎯⎯/ⁿ⎯⎯⎯	导线根数，当用单线表示一组导线时，若需要示出导线数，可用加小短斜线或画一条短斜线加数字表示。 　例:(1)表示 3 根 　　(2)表示 3 根 　　(3)表示 n 根

（续）

序号	标 注 方 式	说 明
13	（1） $\underline{3×16}$ × $\underline{3×10}$ （2） $\underline{}$ × $\underline{\phi 2\frac{1}{2}''}$	导线型号规格或敷设方式的改变 （1）$3×16\text{mm}^2$ 导线改为 $3×10\text{mm}^2$ （2）无穿管敷设改为导线穿管敷设
14	V	电压损失%
15	$=======$ 220V	直流电压 220V
16	m ~ fu 3/N ~ 380V,50Hz	交流电 m—相数 f—频率 u—电压 例：示出交流，三相带中性线 380V,50Hz

注：1. 前缀 "—" 在不会引起混淆时可省略。

2. 灯具的标注见表 3-12。

3. 当电源线缆 N 和 PE 分开标注时，应先标注 N 后标注 PE（线缆规格中的电压值在不会引起混淆时可省略）。

4）线路标注的一般格式：线路标注用得较多的格式为：$a-d-(e×f)-g-h$。其中，a—线路编号或功能的符号；d—导线型号；e—导线根数；f—导线截面积（mm^2）；g—导线敷设方式的符号，见表 3-8；h—导线敷设部位的符号，见表 3-9。

在（$e×f$）中，如有不同导线根数及截面，则应分开表示。其中，相线和中性线截面前不标注文字符号，但保护线 PE 及保护中性线 PEN 要另外加注文字符号，如：$2\text{-BLV}-500-(3×35+1×25+\text{PE25})-\text{SC50}-\text{WE}$，表示意义为：第 2 号线路；导线为额定电压 500V 的铝芯塑料（聚氯乙烯）绝缘导线；共有 5 根导线，其中 3 根相线每根截面为 35mm^2，中性线截面为 25mm^2，保护线截面也为 25mm^2；穿内径为 50mm 的焊接钢管沿墙明敷。

配电支线的标注格式为 $d-(e×f)-g-h$，各代号意义同前。

5）照明器具的表示方法：照明器具采用图形符号与文字标注相结合的方法表示。灯具标注的一般格式见表 3-10 中第 5 项；照明用电光源种类的文字代号见表 3-11；灯具安装方式的标注见表 3-12。

表 3-11　电光源种类的文字代号

序号	电光源类型	代号		序号	电光源类型	代号	
		新标准	旧标准			新标准	旧标准
1	氖灯	Ne		7	电发光灯	EL	
2	氙灯	Xe	X	8	弧光灯	ARC	
3	钠灯	Na	N	9	荧光灯	FL	Y
4	汞灯	Hg	G	10	红外线灯	IR	
5	碘钨灯	I	L	11	紫外线灯	UV	
6	白炽灯	IN	B	12	发光二极管	LED	

表 3-12　灯具安装方式的标注

序号	名 称	文 字 符 号
1	线吊式	SW
2	链吊式	CS(旧符号 ch)
3	管吊式	DS(旧符号 P)

（续）

序号	名　　　称	文 字 符 号
4	壁装式	W
5	吸顶式（或直附式）	C
6	嵌入式（嵌入不可进人的顶棚）	R
7	吊顶内安装（嵌入可进人的顶棚）	CR
8	墙壁内安装	WR
9	支架上安装	S
10	柱上安装	CL
11	座装	HM

（3）配电箱（柜）安装接线图　动力或照明配电箱（柜）是成套的配电装置，装设在车间或其他民用建筑的各楼层，用于动力和照明供配电系统的控制、保护和直接向各用电设备的配电。

动力或照明配电箱种类繁多，其中，既有专用于动力或照明的，也有动力与照明兼用的。除了成套动力、照明配电箱（柜）外，还有各系列的电源插座配电箱。

动力和照明配电箱安装接线图，就是按照预定的接线方案，表示动力和照明配电箱内电气接线、开关及保护设备和导线的型号规格、安装方法的图样。

一般建筑物的动力与照明线路是互相分开的。这主要是因为：一是动力与照明用电的计费费率不同；二是动力负荷的启动、骤变影响照明质量；第三，照明线路的三相负荷不易均衡，且较易发生故障，混在一起将影响动力负荷的正常工作。因此，动力与照明工程图通常都是分别绘制的。但在某些负荷很小的工程中，动力与照明系统是混合在一起的。

2. 动力和照明工程图的绘制　由图3-68～图3-70可见，动力和照明系统图与第二章第三节的一次电路图是相似的，因此其画法与一次电路图相仿。下面以图3-69为例。

首先，熟悉一下图3-69与图3-68的关系。图3-69所示动力配电系统的电源WPM2、WPM4和WLM2分别来自图3-68中编号为AA3、AA4的低压固定式动力配电屏，其中，WPM2为动力干线，采用VV—（$3 \times 120 + 1 \times 70 + PE70$）聚氯乙烯绝缘低压铜芯电缆，三根相线每一相截面为$120mm^2$，中性线N和保护线PE的截面都为$70mm^2$，引入竖井后经1～6层（1F～6F）各插接箱分别供电给各动力负荷（图示的新风机、电热水器、电烘手器、冷却塔等）；WPM4为专供7层电梯动力和照明的配电线，采用VV—（5×10）聚氯乙烯绝缘低压铜芯电缆，其每相相线与中性线、保护线的截面都是$10mm^2$；WLM2则是用于消防中心火灾报警控制柜的电源。图3-69b是因图幅限制而与图3-69a分开画的，其电源引自图3-69a的AP-2-1配电箱。

绘制图3-69的步骤和方法如下：

（1）确定图幅。按图示内容，可选用A3。

（2）图面布局。仅该图的话，可以水平方向布置，将主要图样a图布置在图幅的左方，b图在右上方，右下方为明细表及标题栏。如图3-71a所示。

（3）确定基准线。如图3-71a所示确定水平基准线和垂直基准线。

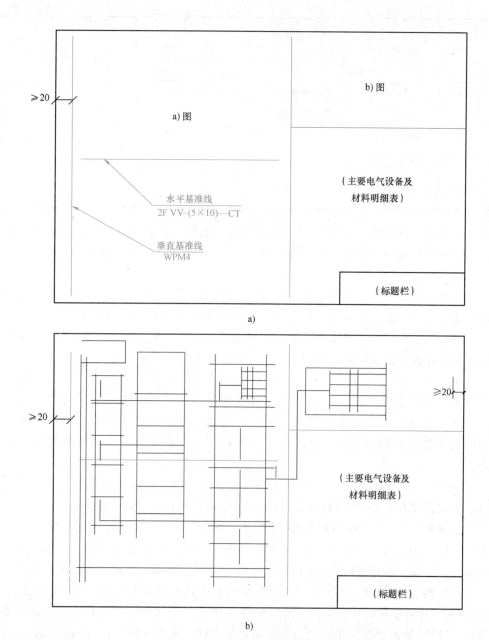

图 3-71　图 3-69 的绘制
a）图面布局及确定基准线　b）部分辅助作图线

（4）画底稿线。由该图的特点，可先用 H 或 HB 铅笔画出若干根既轻又细的辅助作图线，用于图样中相同或相似部分的布局和定位，如图 3-71b 所示，然后再详细画出各局部图线。

与画一次接线图相仿，凡相同或相似的线路的图形符号，要尽可能整齐划一，上下或左右对齐。如图中各插接箱和分电箱（各 AP-1 至 AP-6）是大小一致、分别对齐的。

（5）检查无漏无误后描深图样。

（6）书写、标注文字，填写标题栏等。

五、住宅电气线路安装图

不同层数的住宅建筑，其电气设计在负荷等级、有无单独变电所、电梯、消防等方面是有很大区别的。但是，其共同的是，都有照明、插座、家用电器（如电视机、空调器、冰箱、音响设备、洗衣机、微波炉等）、电话、计算机等设施，都需要敷设相应的电气线路。这里仅以图 3-72 为例讲解住宅电气线路安装图的识读思路及方法。

1. 图 3-72 简读　由照明及插座配电系统图（本书未画出）可知，本住宅楼电源进户线采用 BX − 500 − (3 × 35 + 1 × 25) − SC50，220/380V 架空线引入。至标准层采用 BV − 500 − (5 × 10) − SC32 导线，引入配电箱 XRB03 − G2（B）改，经 DD862，5（20）A 有功电能表，每户分别有规格对应相同的 3 条线路：WB1、WB4 照明，导线 BV − 500 − (2 × 2.5) − PC15，开关为 C45N − 60/2（10A）；WB2、WB5 至客厅及卧室插座，导线 BV − 500 − (2 × 2.5) − PC15，开关为 C45NL − 60/1（16A）；WB3、WB6 至厨房及洗手间插座，导线 BV − 500 − (3 × 2.5) − PC15，开关为 C45NL − 60/1（16A）。

（1）左侧①~④轴房　楼梯间照明配电箱 E［XRB03 − G2（B）改型］为左右两户共用，电源由下方首层经 BV − 500 − (5 × 10) − SC32 引入配电箱后，本房有 WB1、WB2、WB3 三条线路，邻房有 WB4、WB5、WB6 三条线路。

1）WB1 支路：供照明用。其 1 号分线点在洗手间①号灯处，该灯采用玻璃罩吸顶灯，40W，标注的 "$3\dfrac{1 \times 40}{-}$S" 包括了邻房洗手间的 2 盏灯。

洗手间的入口处采用一只暗装单连单控翘板防溅开关，用以控制①号灯，三根导线中有一根为 PE 线。

由 1 号接线点分散出三条分路 WB1 − 1、WB1 − 2、WB1 − 3。

其中 WB1 − 1 分路，首先引至Ⓐ、Ⓑ − ②、④轴卧室，作为照明（单管荧光灯）电源，并由此作为 3 号分线点，又分为两路：一路引至另一卧室荧光灯，另一路引至阳台平灯口吸顶灯。

WB1 − 1 分路的三个房间（含两个卧室及一个阳台）入口处，都有一只单连单控翘板防溅开关控制各灯。其中荧光灯为单管，30W，安装高度为 2.2m，链吊式安装（CS），所标 "$4\dfrac{1 \times 30}{2.2}$CS" 包括了邻房两卧室的灯（邻房的主卧室还有一只，$\dfrac{1 \times 40}{2.2}$CS）。

阳台上采用平灯口吸顶灯，40W，两房共 6 只（包括阳台 4 只，楼梯口及储藏室各 1 只）。

另一分路是 WB1-2 分路，为引至客厅、厨房、Ⓒ、Ⓔ − ①、③轴卧室及阳台的电源。

其中，客厅采用环形荧光吸顶灯③，32W，标注的 "$3\dfrac{1 \times 32}{-}$C" 包括有邻房客厅的 2 盏。从 2 号分线处引向卧室，卧室采用 $\dfrac{1 \times 20}{2.2}$CS；由卧室的 4 号分线处将电源引至阳台和厨房。

第三分路 WB1 − 3，引至洗手间内④轴的暗装两极扁圆两用插座，安装高度 1.6m。

由图 3-72 可知，1 号至 4 号分线点既安装灯具，又分散电源（起到分线盒的作用），这是照明电路中常用的链式安装方法。

2）WB2 支路：是客厅及卧室插座的电源回路。WB2 由配电箱引出后，沿③轴、Ⓒ轴、①轴及楼板引至客厅和卧室的二、三极两用组合插座上。

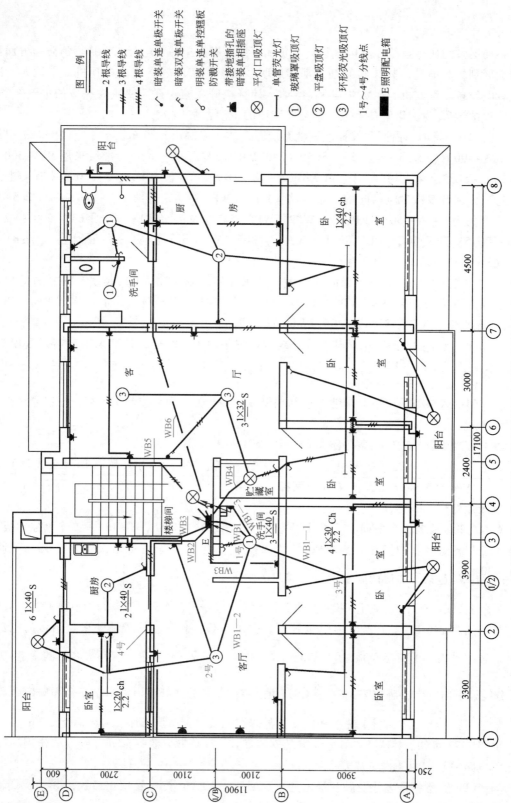

图 3-72 某多层住宅标准层单元电气照明及插座平面布置图

　　插座回路均为三线（其中分别为相线 L、中性线 N 和保护线 PE），全为暗装，厨房、阳台处的安装高度为 1.6m，卧室的是 0.3m。

　　3）WB3 支路：为厨房及阳台插座的电源回路。沿③轴经厨房安装插座后，采用链式接线沿①轴在阳台上装插座。出于安全考虑，按规定厨房和洗手间插座的电源电路是分开的。

　　（2）右侧④～⑧轴房　线路 WB4、WB5、WB6 的布置及照明、插座的安装方式与①～④轴房相似。

　　这里要指出的是：由于设计标准随经济发展水平的提高，图 3-72 比目前住户的电气高标准装饰要求还有差距。主要有：① 进户线规格、照明配电箱的形式及回路数、开关数、导线规格；② 灯具数量及型式；③ 插座数；④ 某些地方的开关要用单连双控、双连单控等；⑤ 还应有有线电视、电话、计算机线路及其相应的插座。但图 3-72 比目前房地产商交付的完整，仍不失为典型的住宅电气线路安装图之一。

　　2. 图 3-72 的绘制　图 3-72 并不复杂，关键在掌握要领。首先，它的建筑部分是按正投影法按比例画出的，但只简单地画出轮廓线，并没有也没有必要详细画出建筑的具体结构和细部，而各电气设备只用电气图形符号表达其安装项目和大致布置位置，至于具体安装位置，则由房地产开发公司的电气技术安装人员按有关技术规范统一确定。虽然这势必造成并不符合业主要求的问题，但这是非精装修住宅长期以来的惯例。其次是与其他电气平面布置图一样，要突出以电气为主，因此建筑物的轮廓线用细实线表示即可，而电气线路要用中实线画出。第三，各墙壁的对称中心线位置要画准确，将它作为各墙壁轮廓线的基准。

　　（1）确定图幅。可选用 A3 水平画出（X 型图纸）。

　　（2）图面布局。左侧画图样，右上方画图例等，右下方为标题栏。如图 3-73a 所示。

　　（3）确定基准线。如前所述，可把该建筑的墙壁对称中心线作为水平和垂直基准线，如图 3-73a 所示。

　　（4）画底稿线。首先可轻轻画出各墙壁的对称中心线，如图 3-73b 所示，然后按墙壁尺寸（厚度）画出所有墙壁轮廓线。各灯只要画出圆心的准确位置（轻轻画出相互垂直的两根交叉线，交点即圆心），不必画出其底稿线，而可留待描深时使用电工模板一次性画出。同理，各插座也可在稍后用电工模板依次画好。

　　（5）检查无漏、无误后描深图样。

　　（6）书写、标注文字，填写标题栏等。

　　六、变配电所布置图

　　1. 变配电所概述　变电所的任务是接受电能、变换电压和分配电能，而配电所只担负接受电能、分配电能的任务。因此，变电所有主变，大中型变电所还有供自用电的所用变压器；配电所是没有主变压器的，仅大中型配电所可能需要设置所用变压器。所以，变电所与配电所的布置就有较大的区别。

　　变配电所的布置还与不同物业、电气主接线形式、负荷大小、变压器台数、高低压开关柜（屏）数和投资条件等因素有关。

　　变配电所的布置，包括高压配电室、高压电容器室、低压配电室、控制室、变压器室、值班室及其他辅助用房的布置。

　　变配电所的形式很多，不同形式的变配电所，其布置的差别是很大的。下面以某工厂的独立变电所为例进行讲解。

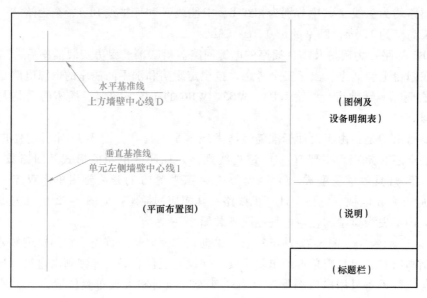

a)

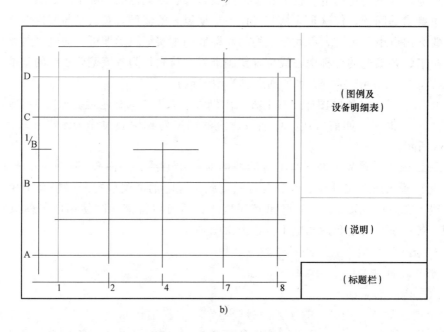

b)

图 3-73　图 3-72 的绘制

a）图面布局及确定基准线　b）部分辅助作图线

2. 工厂独立变电所布置图的图例　图 3-74、图 3-75 分别为某工厂变电所的平面布置图和立面布置图，表 3-13 为图中主要电气设备及材料明细表。

（1）图例识读　识读图 3-74 和图 3-75 时，应结合其电气主接线图（见图 2-36 及图 2-37）一并进行。

1）总体了解概况：首先看两图的标题栏、技术说明及主要电气设备材料明细表，以便对图示整个变电所的概况有所了解。

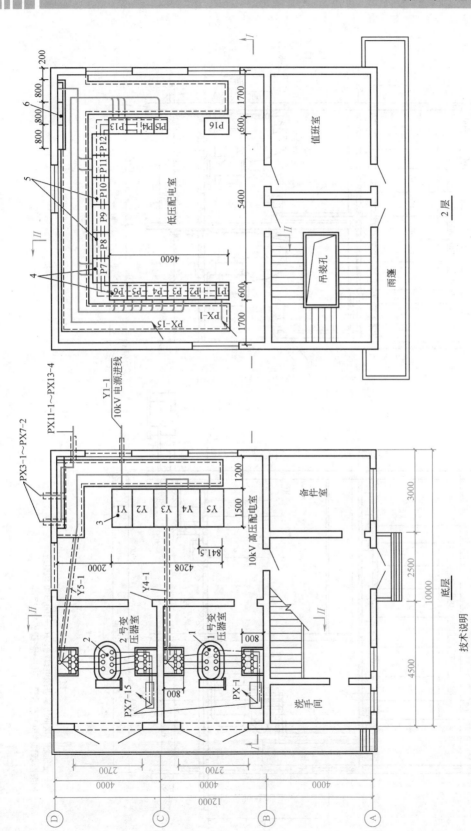

技术说明

1. 本设计中变压器室室按发展容量两台 800 kVA 变压器考虑。

2. 主要设备和材料明细表详见表 3-13。

3. 10kV 的 YJV29-10—3×35 及 3×70 的交联聚乙烯料绝缘电力电缆的户内终端头，可采用干包，也可采用环氧树脂浇注法。

图 3-74 某工厂 10kV 变电所平面布置图

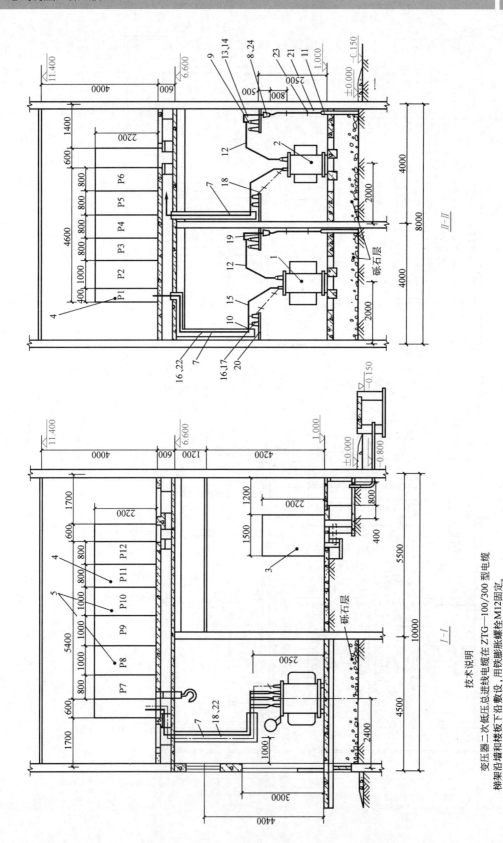

技术说明

变压器二次低压总进线电缆在 ZTG—100/300 型电缆
梯架沿墙和楼板下沿敷设,用铁膨胀螺栓 M12固定。

图 3-75 某工厂 10kV 变电所立面布置图

2）变电所的总体布置：由图3-75可见，该变电所分上下两层：底层为2间变压器室、高压配电室、辅助用房（含备件室和洗手间等），2层为低压配电室和值班室。

3）供配电进出线：本厂由地区变电所经电压为10kV的架空线路树干式单回路供电，进入厂区后由电缆引入该变电所Y1高压开关柜，然后分别经Y4、Y5高压开关柜到1、2号变压器，降压为400/230V后经电缆引向2层低压配电室有关低压配电屏（P1、P15）的母线，再向全厂各车间等负荷配电。

4）高低压配电室：本厂采用JYN2—10型手车式高压开关柜，如图2-36所示。图3-74左图中高压开关柜Y1～Y5分别为电压互感器－避雷器柜、总开关柜、计量柜和1号、2号变压器柜。低压配电屏采用PGL2型，电容补偿屏为PGJ1型，接线如图2-37所示。图3-74右图表示了各屏的排列及安装位置。

5）变压器室：采用500kVA及315kVA电力变压器各1台，户内安装。

6）值班室：在2层与低压配电室毗邻。

由于是独立变电所，因此在底层室内设置有单独的洗手间。

吊装孔是用于2层低压配电屏等设备的吊运的。

图3-75分别表示了Ⅰ-Ⅰ、Ⅱ-Ⅱ剖视。"剖面图"是建筑制图中的习惯称谓，严格来说这里应是剖视图。

（2）图例绘制　应当指出，图3-74和图3-75及表3-13本应布置在同一图纸上的，这里是因为篇幅限制才分开的。下面按绘制在同一张图纸上来讲解。

表3-13　图3-74和图3-75中主要电气设备及材料明细表

编号	名　称	型　号　规　格	单位	数量	备　注
1	电力变压器	S9-500/10，10/0.4kV，Y，yn0	台	1	
2	电力变压器	S9-315/10，10/0.4kV，Y，yn0	台	1	
3	手车式高压开关柜	JYN2-10，10kV	台	5	Y1～Y5
4	低压配电屏	PGL2	台	13	
5	电容自动补偿屏	PGJ1-2，112kvar	台	2	
6	电缆梯形架（一）	ZTAN-150/800	m	20	
7	电缆梯形架（二）	ZTAN-150/400、90DT-150/400	m	15	90°平弯形2个
8	电缆头	10kV	套	4	
9	电缆芯端接头	DT-50　　　d＝10	个	12	
10	电缆芯端接头	DT-400　　　d＝28	个	12	
11	电缆保护管	黑铁管φ100	m	80	
12	铜母线	TMY-30×4	m	16	高压侧
13	高压母线夹具		付	12	
14	高压支柱瓷瓶	ZA-10Y	个	12	
15	铜母线	TMY-60×6	m		低压侧
16	低压母线夹具		付	12	
17	电车线路绝缘子	WX-01	只	12	
18	铜母线	TMY-30×4	m	20	T二次侧引至低压屏

（续）

编号	名 称	型 号 规 格	单 位	数 量	备 注
19	高压母线支架	形式 15	套	2	∟50×5 共 5.2m
20	低压母线支架	形式 15	套	2	∟50×5 共 5.2m
21	高压电力电缆	YJV29-10-3×35 10kV	m	40	
22	低压电力电缆	VV-1-1×500 无铠装	m	120	也可用 VV−3×150+1×50
23	电缆支架	3 型	个	4	∟40×4 共 1m
24	电缆头支架		个	2	∟40×4 共 1m
25	接地线	−25×4 镀锌扁钢	m		
26	临时接地线螺栓	M10×30	个	2	

绘图前，先要把该两图与表 3-13 以及图 2-36 和图 2-37 综合对照识读。在大致读懂的基础上再绘制，将会更好、更快、更有收获。图中，涉及建筑制图的图例，可查附录 D 和附录 E。

1）确定图幅。该图包括 4 幅图样、1 张表格、技术说明（图 3-74 和图 3-75 中的两个技术说明应合并在一起）和标题栏。按照表达内容及图示复杂程度，宜选用 A1 图纸。

2）图面布局。按照视图的对应关系，应将图 3-75 布置在上方，图 3-74 在下方；表格布置在右上方；技术说明可按实际情况安排在表格的下方或图样的下方。

全图按 X 型图纸水平方向布局，如图 3-76a 所示。

3）确定基准线。一般图样只要确定水平基准线和垂直基准线各一根。这里由于图幅较大，为方便起见，可以选用各 2 根基准线（但必须注意要"准"）。无疑，这 4 根基准线应选为 4 幅图样的中心线及轮廓线，用以兼顾图样定位，如图 3-76a 所示。

4）画底稿线。画底稿线时，4 幅图样之间必须保持正投影"长对正，高齐平，宽相等"的关系，4 幅图样各尺寸要按统一比例画出（根据图示尺寸及画幅，本图可选用 1:50 的比例）。这里要注意的是，从图 3-74 和图 3-75 的投影对应关系可见，Ⅰ－Ⅰ剖视与图 3-74 的"底层"是"长对正"的，但Ⅱ－Ⅱ剖视与"2 层"图样在图示长度方向并不"对正"，这是因为Ⅱ－Ⅱ剖面是在宽度方向剖切而得来的。

画底稿线时可只画主要的图线，某些局部的、次要的图形可以在描深时一并进行。

画底稿线的基本步骤是：先总体后局部，先轮廓后内部，先建筑后设备，先图样后表格，从上到下，自左至右。由于图幅限制，图 3-76b 只画出了主要的辅助作图线以作为示范。

5）检查无漏、无误后描深图样，画尺寸界线、尺寸线和表格。描深时，为了突出以电气为主，建筑物轮廓线用细实线，电气设备（如图中的变压器、高压开关柜、低压配电屏等）及电缆、导线用中实线。而且图中的变压器、高低压柜屏只用外形轮廓简化表示。

6）书写、标注文字，填写标题栏。

绘制图 3-76 无疑比较复杂，但读者如能在绘制时边画边理解绘图原则、要点和掌握技巧，则不仅较好地实现了本章的教学目的，而且可以说是较好地融会贯通掌握了前述手工尺规绘图的主要内容和技巧了。

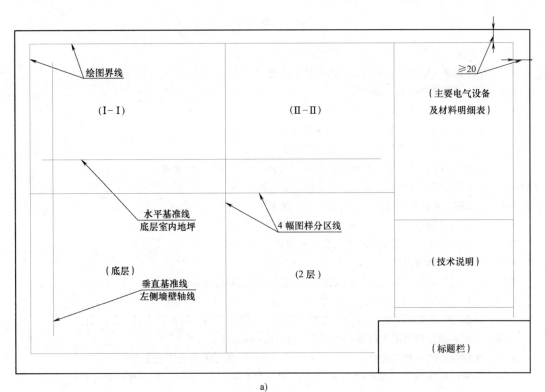

图 3-76 图 3-74 和图 3-75 的绘制

a）图面布局及确定基准线 b）部分辅助作图线

思 考 题

3-1 什么是"电气工程"？电气工程主要包括哪些项目？

3-2 什么是电气工程图？电气工程图有什么用途？

3-3 电气工程图常有哪几类图样？

3-4 什么是建筑电气安装图？它有什么用途？

3-5 按表达方法分，建筑电气安装图分哪几类？

3-6 按表达内容分，建筑电气安装图有哪几类？

3-7 什么叫投影？什么是正投影法？正投影法为什么会得到广泛应用？

3-8 什么叫视图？基本视图是怎么形成的，它有哪几种？

3-9 什么是三视图？三视图之间有什么对应关系？

3-10 空间两点的前、后、左、右、上、下是怎么判定的？

3-11 什么是重影点？重影点有什么投影规律，怎样表示？

3-12 什么是形体分析法？

3-13 什么是剖面图、剖视图？剖视图与剖面图有什么异同点？

3-14 建筑电气安装图有哪些主要特点？

3-15 建筑电气安装图中的安装标高有哪三种表示方法，它们之间有什么联系和区别？

3-16 什么是动力和照明工程图？它们通常包括哪些图样？

3-17 线路标注的一般格式"$a-d-(e \times f)-g-h$"中各文字表示什么含义？

3-18 某导线标注为"$5-BV-500-(3 \times 50+1 \times 25)-SC65-WC$"，表示什么意思？

3-19 说明导线标注为"$2-BLV-500-(3 \times 25+1 \times 16+PE16)-FPC50-WS$"的含义。

3-20 某照明平面图的一个房间标注有"$8-FL\dfrac{2 \times 40}{2.5}CS$"，表示什么意义？

3-21 说明图 3-54 中"$6-IN\dfrac{40}{-}$"、"$IN\dfrac{6 \times 40}{3.5}P$"及"$4-FL\dfrac{3 \times 40}{-}C$"的含义？

3-22 某车间灯具标注为"$48-GC1-A-1\dfrac{1 \times 150 \times IN}{4.0}DS$"，表示什么含义？

3-23 变配电所的布置包括哪些内容？

3-24 绘图时，确定水平基准线和垂直基准线时有什么规则？要注意哪些要点？

3-25 绘图时，为什么要画辅助作图线？画辅助作图线时要注意哪些要点？

习 题

3-1 用 A3 图纸画出图 3-64。

3-2 用 A3 图纸画出图 3-70。

3-3 用 A3 图纸画出图 3-72。

3-4 大型作业：用 A1 图纸画出图 3-74、图 3-75 及表 3-13（包括技术说明）。

第四章

计算机绘图

本章讲述计算机辅助设计（CAD，Computer Aided Design）的基本知识及其在绘制电气工程图形中的应用。在介绍 CAD2012 的基本绘图命令、编辑修改命令、文字及表格的应用、尺寸标注、图案填充等基本知识的基础上，结合典型平面几何图例和电气工程图例的绘制介绍一些常用命令，使读者掌握电气工程图绘制方法，同时提高 CAD 综合运用的能力。

第一节　AutoCAD2012 的基础知识

一、简介

AutoCAD2012 是当今世界上应用最多的计算机辅助设计软件之一，在我国已被广泛应用于建筑、电子、机械等工程领域，大大提高了工作效率。目前，AutoCAD 已经成为一种计算机辅助设计系统的标准，成为工程设计人员之间交流信息的基本工具，因而绝大多数大、中专院校的工科专业开设了 CAD 方面的课程。

同以前的版本比较，AutoCAD2012 有了极大的改进，主要表现在：用户界面自定义，绘图效率，缩放注释，标注和引线，表格，管理图层，可视化等。

AutoCAD2012 的新增功能和增强功能，可以帮助用户更快地创建设计资料、更轻松地共享设计数据，更有效地管理软件。

二、启动与退出 AutoCAD2012

1. 启动　启动 AutoCAD2012 最常用以下两种方法：①桌面快捷方式图标。安装 AutoCAD 时，将在桌面上放置一个 AutoCAD 2012 快捷方式图标（除非用户在安装过程中清除了该选项）。双击 AutoCAD2012 图标　可以启动 AutoCAD；②"开始"菜单。在"开始"菜单上，依次单击"所有程序"（或"程序"）→"Autodesk"→"AutoCAD 2012"程序选项。

启动后系统进入 AutoCAD2012 工作窗口，如图 4-1 所示。

2. 退出　要退出 AutoCAD2012，可以单击标题栏右方的　按钮，若有图形文件未保存，会自动弹出如图 4-2 所示的提示。此时可选择"是"保存文件或"否"不保存文件，同时退出程序；也可以单击"取消"取消关闭程序操作。

注意：AutoCAD 是多文档操作环境，若只需要关闭当前图形文件而不是退出程序，则可选择"菜单浏览器"→"关闭"→"当前图形"选项或按下该文件对应的关闭按钮　（图形文件最大化时位于绘图区域右上角）。

三、AutoCAD2012 用户界面的组成与配置

AutoCAD2012 默认的用户界面（见图 4-3）相比之前的版本有了一些改变，以下将逐一介绍。实际使用时界面的组成与系统配置直接相关，通过设置可以改变窗口中的元素显示。

图 4-1　AutoCAD2012 默认界面

1. 默认用户界面

（1）应用程序菜单　单击应用程序按钮以搜索命令以及访问用于创建、打开和发布文件的工具。

（2）快速访问工具栏　使用快速访问工具栏显示常用工具。可以向快速访问工具栏添加无限多的工具。超出工具栏最大长度范围的工具会以弹出按钮显示。

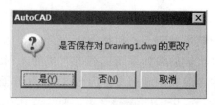

图 4-2　关闭程序时的提示

（3）功能区　功能区提供一个包括创建或修改图形所需的所有工具的小型选项板，替代了早期版本的工具栏。使用右侧的 ▲ ▼ 按钮可以使功能区在"显示完整的功能区"以及"最小化为选项卡"、"最小化为面板标题"、"最小化为面板按钮"几种状态下切换。可通过命令行输入"RIBBONCLOSE"、"RIBBON"，分别进行功能区的关闭和打开操作。

（4）在绘图区域中的光标　在绘图区域中，系统根据您的操作更换光标的外观。如果未在命令操作中，则光标显示为一个十字光标和拾取框光标的组合；如果系统提示您指定点位置，则光标显示为十字光标；当提示您选择对象时，光标显示为一个称为拾取框的小方形；如果系统提示您输入文字，则光标显示为竖线。

（5）视口控件　视口控件显示在每个视口的左上角，提供更改视图、视觉样式和其他设置的便捷方式。单击"-"号可显示选项，用于恢复视口、更改视口配置或控制导航工具的显示；单击"俯视"可以在几个标准和自定义视图之间选择；单击"二维线框"用来选择一种视觉样式。大多数其他视觉样式用于三维可视化。

（6）ViewCube 工具　ViewCube 是一种方便的工具，用来控制三维视图的方向。

（7）导航栏　导航栏是一种用户界面元素，用户可以从中访问通用导航工具和特定于产品的导航工具。

（8）UCS 图标　在绘图区域中显示一个图标，它表示笛卡尔坐标系的 X、Y 轴，该坐标系称为"用户坐标系"，或 UCS。

（9）状态栏 应用程序和图形状态栏提供了有关打开和关闭图形工具的有用信息和按钮。

（10）命令窗口与文本窗口 命令窗口供用户通过键盘输入命令，用于显示命令、系统变量、选项、信息和提示等，位于图形窗口的下方（图4-3）。按"Ctrl+9"组合键可在显示及隐藏命令行窗口之间切换。如图4-4所示，文本窗口与命令窗口相似，用户可以在其中输入命令，查看提示和信息。文本窗口显示当前工作任务的完整的命令历史记录。可以使用文本窗口查看较长的命令输出。用功能键"F2"打开或关闭文本窗口。

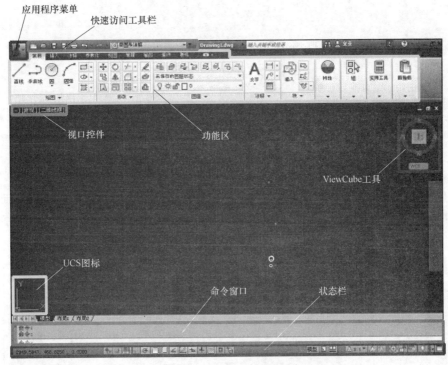

图 4-3　AutoCAD2012 默认的用户界面

2. 其他工具位置

（1）访问经典菜单 经典菜单栏可显示在绘图区域的顶部。默认情况下，经典菜单栏显示在 AutoCAD 的经典工作空间中，在二维草图与注释以及三维建模工作空间中，经典菜单栏在默认情况下处于关闭状态。在快速访问工具栏上，依次单击按钮 ▼ →"显示菜单栏"可显示经典菜单。

（2）工具选项板 工具选项板是"工具选项板"窗口中的选项卡形式区域，它们提供了一种用来组织、共享和放置块、图案填充及其他工具的有效方法。工具选项板还可以包含由第三方开发人员提供的自定义工具。用组合键"ctrl+3"可打开及关闭工具选项板，工具选项板如图4-5所示。

（3）设计中心 通过设计中心，用户可以组织对图形、块、图案填充和其他图形内容的访问；可以将源图形中的任何内容拖动到当前图形中；可以将图形、块和图案填充拖动到工具选项板上。源图形可以位于用户的计算机、网络位置或网站上。另外，如果打开了多个图形，则可以通过设计中心在图形之间复制和粘贴其他内容（如图层定义、布局和文字样

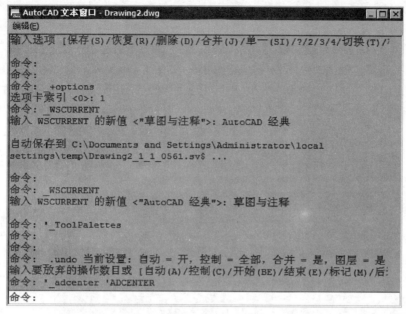

图 4-4 文本窗口   图 4-5 工具选项板

式）来简化绘图过程。"设计中心"窗口左侧的树状图和设计中心选项卡，可以帮助用户查找内容并将内容加载到内容区中，可以在"设计中心"窗口右侧对显示的内容进行操作。

用组合键"ctrl + 2"可打开或关闭设计中心窗口，设计中心窗口如图 4-6 所示。

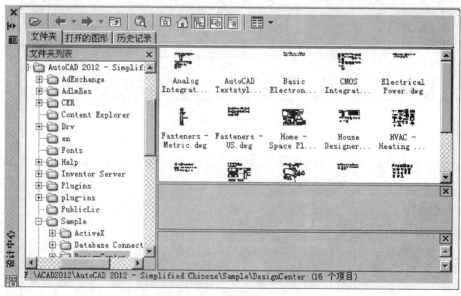

图 4-6 设计中心

3. 自定义工作环境 用户可以根据工作方式来调整应用程序界面和绘图区域。许多设置均可以从快捷菜单和"选项"对话框（见图 4-7）访问。

某些用户界面元素（例如，菜单项和选项板的外观和位置等）可以使用"自定义用户界面"对话框（见图 4-8）指定和保存。

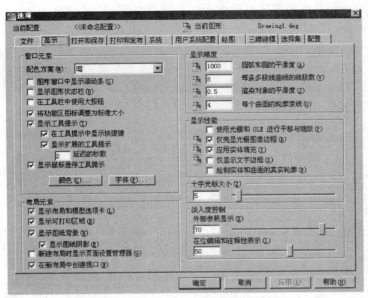

图 4-7 "选项" 对话框

　　工作空间是经过分组组织的菜单、工具栏、选项板和面板的集合，使用户可以在自定义的、面向任务的绘图环境中工作。需要处理不同任务时，通过快速访问工具栏右侧的下拉列表框可以随时切换到另一个工作空间（见图 4-9）。

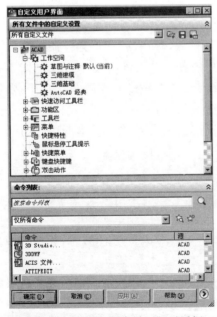

图 4-8 "自定义用户界面" 对话框

图 4-9 "工作空间" 下拉列表框

四、AutoCAD2012 操作基础

　　1. 图形文件的创建　创建新的图形文件通常用以下 3 种方式：①在快速访问工具栏中单击新建图标██；②在命令行输入 NEW 或 QNEW，按 Enter 键；③鼠标单击 "应用程序菜单" → "新建" → "图形"。选用以上任何一种方法，AutoCAD2012 将弹出 "选择样板" 对

话框，如图4-10所示。选择某样板后单击"打开"按钮即可创建一个新的文件，默认为公制样板 acadiso. dwt。

图 4-10 "选择样板" 对话框

2. 打开已有的图形文件 打开已有图形文件可采用以下 3 种方式：①在快速访问工具栏中单击中单击 图标；②在命令行输入 OPEN，按 Enter 键；③鼠标单击 "应用程序菜单"→"打开"→"图形"。

选用以上任何一种方法，AutoCAD2012 将弹出 "选择文件" 对话框，在该对话框中双击其中的一个文件或选择该文件后，单击 "打开" 按钮即可打开图形并开始编辑。当要打开的图形文件非常复杂，而只需要查看或编辑部分内容时，也可通过 "打开" 按钮右方的下拉三角形选择 "以只读方式打开"、"局部打开" 或 "以只读方式局部打开"，以提高工作效率。

3. 图形文件的保存 图形以文件的形式存入磁盘有两种形式：①单击快速访问工具栏的按钮 进行快速保存；②按组合键 "ctrl + shift + s" 进行换名存盘。

执行快速保存命令后，AutoCAD 把当前图形直接以原文件名存入磁盘，不再提示输入文件名，首次保存时也会弹出图形另存为对话框。换名存盘允许用户重新为文件指定要保存的文件夹、文件名称和文件类型，如图4-11所示。

4. AutoCAD2012 的命令输入 在 AutoCAD 中，可以使用的输入设备有 3 种：键盘、鼠标和数字化仪，其中以键盘和鼠标最为常用。

AutoCAD 命令的输入方式通常有选择下拉菜单、单击工具栏图标、键盘输入命令等。

鼠标用于控制 AutoCAD 的光标和屏幕指针。在绘图窗口，AutoCAD 的光标通常为 "十" 字。光标移至菜单选项、工具框或对话框内时，它会变成一个空心箭头，此时将光标指向某一个命令或工具框中某一个命令图标，单击鼠标左键，则会执行相应的命令和动作。

大部分的 AutoCAD 功能都可以通过键盘输入完成，而且键盘是输入文本对象以及在 "命令:" 提示符下输入命令或在对话框中输入参数的唯一方法。

透明命令：透明命令是指在其他命令执行时可以输入的命令，使用时在命令前加一

图 4-11　"图形另存为"对话框

个 "'"号。当使用透明命令时，其提示前面有两个右尖括号 ">>"，表示它是透明使用。许多命令和系统变量都可以透明使用。

　　快速重复命令、取消命令、放弃与重做命令：单击 Enter 键或空格键可迅速重复执行上一次调用的命令；若刚调用一个命令，但并不想要按提示继续执行时，可以单击 Esc 键取消命令；通过单击快速访问工具栏上的 按钮可放弃之前的一次或多次操作；单击 按钮可把之前的一次或多次放弃的操作重做回来。

　　5. AutoCAD2012 点的输入　AutoCAD2012 点的输入常用以下几种方法：①光标移到所需位置，单击左键；②利用 AutoCAD 对象捕捉功能，用户可以捕捉到对象上的一些特殊点，如圆心、端点、中点、交点等；③通过键盘输入点坐标：通过键盘既可以输入点的绝对坐标，也可以输入相对坐标。而且在每一种坐标方式中，又有直角坐标，极坐标之分（见本章第二节相关内容）。

第二节　AutoCAD 常用的绘图命令

一、坐标点的表示方法

1. AutoCAD2012 的坐标系统　AutoCAD 坐标系统有世界坐标系统和用户坐标系统两种。世界坐标系统（WCS）是 AutoCAD 的基本坐标系统；用户坐标系（UCS）是用户根据自己的需要定义的 X、Y 和 Z 轴的方向及坐标的原点。

2. 坐标　坐标主要分为绝对直角坐标、绝对极坐标和相对直角坐标、相对极坐标。绝对坐标以世界坐标系原点为参照，直角坐标用逗号分隔，表示形式为 X，Y；极坐标用尖括号分隔，表示形式为长度＜角度。相对坐标以当前图形中上一个点为参照，其表示形式与绝对坐标相似，但需要在前面添加符号＠以表示其是相对值。相对直角坐标表示形式为

@X，Y；相对极坐标表示形式为@长度＜角度。

注意：AutoCAD2012默认情况下动态输入功能是打开的，此时坐标输入方式为相对坐标，即在输入相对坐标时可省略@符号，回车后可在历史命令行看到系统自动在输入的坐标前添加此符号。若要输入绝对坐标则需添加磅前符"#"，回车后历史命令行显示的是绝对坐标形式而并无此符号。当然也可单击状态栏上的按钮 关闭动态输入功能，按上述点坐标原始形式输入。

练习4-1 通过绘制图4-12，理解AutoCAD2012的坐标输入方法。

操作方法一： 调用画直线命令，输入#20，15回车确定A点；输入10，5回车确定B点；输入10＜-60回车确定C点；输入-8，-10回车确定D点；输入#15＜30回车确定E点；再次回车结束画直线命令，完成线条A、B、C、D、E的绘制。

操作方法二： 单击状态栏上的 关闭动态输入功能，调用画直线命令，输入20，15回车确定A点；输入@10，5回车确定B点；输入@10＜-60回车确定C点；输入@-10，-8回车确定D点；输入15＜30回车确定E点；再次回车结束画直线命令，完成线条A、B、C、D、E的绘制。

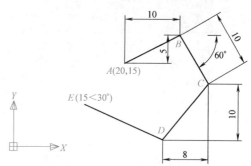

图4-12 练习坐标输入定位点

二、绘制点

1. 设置点样式 点对象在绘制前最好设置其样式和大小，以保证在屏幕上清晰可辨。设置点的样式和大小的步骤为：① 命令行输入ddptype打开"点样式"对话框；②在"点样式"对话框中选择一种点样式；③在"点大小"对话框中，相对于屏幕或以绝对单位指定一个大小；④单击"确定"按钮。

2. 创建点对象 AutoCAD2012中可创建单点、多点、定数等分点和定距等分点。

（1）创建单点和多点 依次单击"功能区常用选项卡"→"绘图面板"→图标 或命令行输入point，然后指定需要创建点的位置即可。

（2）定数等分点 依次单击"功能区常用选项卡"→"绘图面板"→图标 或命令行输入div，选择要定数等分的对象，输入线段数目即可。

（3）定距等分点 依次单击"功能区常用选项卡"→"绘图面板"→图标 或命令行输入me，选择要定距等分的对象，指定线段长度即可。定距等分对象时，放置点的起始位置从离对象选取点较近的端点开始；如果总长度不能被指定线段长度整除，则最后一个点到对象端点的距离将小于指定线段长度。

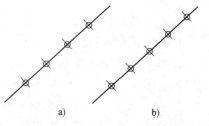

练习4-2 ①将一长度为28的直线分成5等分，如图4-13a所示；②将一长度为28的直线按间隔为5等分，等分后的结果如图4-13b所示。

操作方法： 略。

图4-13 "定数等分"与"定距等分"绘制点

a）定数等分 b）定距等分

三、绘制直线和构造线

1. 绘制直线段　直线是绘图过程中最常用、最简单的一类图形对象，只要指定了起点和终点即可绘制一段直线。

采用以下方法调用画直线命令：①在功能区绘图面板单击按钮／；②在命令行输入LINE 或 L。

调用绘制直线命令，一次可绘制多段直线段。当绘制了两段及以上线段时，在提示"指定下一点或［闭合（C）/放弃（U）]"可继续指定下一点或输入"C"绘制封闭图形、输入"U"放弃上一次确定的点，以回车结束命令。

2. 绘制构造线　构造线是在两个方向上无限延长的二维或三维直线（本书只介绍二维构造线功能）。

采用以下方法调用构造线命令：①在功能区绘图面板单击按钮／；②在命令行输入XLINE 或 XL 。

输入命令后，提示"指定点或［水平（H）/垂直（V）/角度（A）/二等分（B）/偏移（O）]:"各选项功能如下：①默认选项，输入起始点，然后指定多个通过点，即可绘制以起始点为基点的多条构造线；②"水平"选项绘制通过指定点的水平构造线；③"垂直"选项绘制垂直构造线，方法与绘水平构造线相似；④"角度"选项默认绘制与 X 轴正方向（水平向右方向为 X 轴正方向）成指定角度的构造线，其下的"参照"选项功能可绘制与选定直线成给定角度的构造线；⑤"二等分"选项绘制平分角的构造线；⑥"偏移"选项绘制与指定直线平行的构造线。

说明：①构造线一般以作图辅助线形式存在，因而可将其单独放一图层，不需要时可将其所在图层关闭；②工程制图中，通常有"长对正，高平齐，宽相等"的要求，当绘制的图形较大、较复杂时，利用目测很难实现，用户可以绘制一些构造线作为辅助线，利用这些辅助线可以很方便地实现这些要求。

四、绘制多段线

多段线是作为单个对象创建的相互连接的序列线段。可以创建直线段、弧线段或两者的组合线段，并且可以设置其宽度变化。

采用以下方法可调用"多段线"命令：①在功能区绘图面板单击按钮╭╮；②在命令行输入 PLINE （或 PL）命令。

调用命令并指定了两个以上点后，会提示"指定下一点或［圆弧（A）/闭合（C）/半宽（H）/长度（L）/放弃（U）/宽度（W）]:"。各选项功能如下："圆弧"和"长度"两选项在绘制直线段与绘制圆弧段之间切换；"半宽"和"宽度"选项可设置线段起点及终点宽度；"闭合"用于对最末一个点与多段线起点之间实现闭合（当多段线的宽度大于 0 时，若要封闭多段线，则必须使用"闭合"选项。否则，即使起点重合，也会出现缺口）。

练习 4-3　画出工程中常用的实心闭合箭头，如图 4-14 所示。

操作方法：

调用"多段线"命令，单击指定一点，打开"正交"功能，光标水平右移，输入长度 30（绘制出箭杆），输入"W"设定多段线宽（起点宽度 4，终点宽度 0），提示指定下一点时输入 16，绘制出宽度渐变的一段（绘

图 4-14　用"多段线"命令绘图

出箭头)。

五、绘制矩形

在 AutoCAD 中用"矩形"命令绘制出的四边形的各条边并非单一对象,它们构成一个整体。

采用以下方法可调用矩形命令:①在功能区绘图面板单击按钮▢ ;②在命令行输入 RECTANGLE、RECTANG 或 REC。

输入命令后,提示"指定第一个角点或〔倒角(C)/标高(E)/圆角(F)/厚度(T)/宽度(W)〕:",可以绘制普通矩形或通过调用各选项来绘制倒角矩形、圆角矩形、有宽度的矩形等,各种矩形如图 4-15 所示。"标高"和"厚度"选项多用于三维建模。

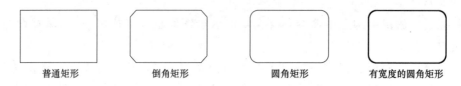

| 普通矩形 | 倒角矩形 | 圆角矩形 | 有宽度的圆角矩形 |

图 4-15　各种不同方法绘制的矩形

练习 4-4　分别用矩形命令和直线命令绘制一长 60、宽 40 的矩形,拾取顶边,看看有何不同。

操作方法:

结果如图 4-16 所示,表明用 RECTANGLE 命令绘出的矩形 4 条边是一个整体对象,而用 LINE 命令绘出的矩形 4 条边各自独立。

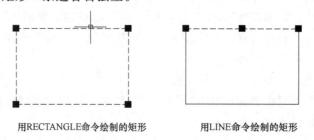

用RECTANGLE命令绘制的矩形　　　　用LINE命令绘制的矩形

图 4-16　用"矩形"和"直线"命令绘制出的矩形的区别

六、绘制正多边形

使用正多边形命令可以绘制出指定边数的正多边形,最少边数为 3,最多边数可为 1024。

采用以下方法可以调用正多边形命令:①在功能区绘图面板单击按钮⬠ ;②在命令行输入 POLYGON 或 POL。

调用命令后,提示:"POLYGON 输入边的数目 <4>:"时,输入要绘制的多边形的边数(系统默认值为 4);当提示"指定正多边形的中心点或〔边(E)〕"时,可以指定多边形中心点的方式来绘制多边形,也可通过"边(E)"选项以先确定一条边来绘制正多边形。当通过指定中心点创建正多边形时,还需指定正多边形是"内接于圆"还是"外切于圆"。

当指定圆的半径相同时,"内接于圆"与"外切于圆"选项所绘制出的正多边形的区别如图 4-17 所示。

七、绘制圆及圆弧

1. 绘制圆　根据已知条件的不同，有 6 种基本绘制圆的方法，如图 4-18 所示。

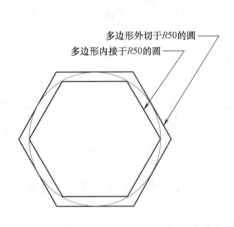

多边形外切于R50的圆
多边形内接于R50的圆

图 4-17　正多边形"内接于圆"与
"外切于圆"的区别

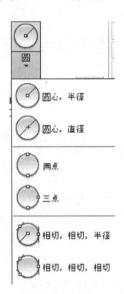

图 4-18　功能区绘图面板圆
按钮及其子项

采用以下方法可以调用画圆命令：①在功能区绘图面板单击圆按钮对应的各子项；②在命令行输入 CIRCLE 或 C。

输入命令后可通过 6 种不同的基本画圆方法绘制所需的圆。如图 4-19 和图 4-20 所示。

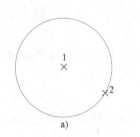
a)

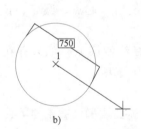
b)

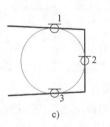
c)

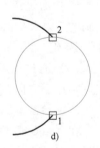
d)

图 4-19　圆的各种绘制方法
a) 圆心、半径　b) 圆心、直径　c) 三点　d) 两点

"相切、相切、半径"：基于指定半径和两个相切对象绘制圆。有时会有多个圆符合指定的条件。选择对象时，拾取点位置不同，可能会有不同的效果。

"相切、相切、相切"：绘制与 3 个已知对象相切的圆。绘制与 3 个对象相切的圆，除用下拉菜单输入命令外，还可以用"命令：CIRCLE"形式输入。选择其中的 3 点绘圆方式，用目标捕捉方式切点指定 3 个相切的对象（有关目标捕捉，将在后续有关章节中介绍）。

练习 4-5　掌握了以上 6 种绘圆的基本方法，能否绘出这样的圆？

如图 4-21 所示，请绘出与圆 A、圆 B 均相切且圆心在直线 L 上的圆（绘制方法见本章第四节镜像命令部分）。

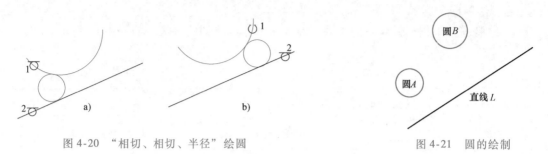

图 4-20　"相切、相切、半径"绘圆　　　　　　　　图 4-21　圆的绘制

2. 绘制圆弧　要绘制圆弧，可以指定圆心、端点、起点、半径、角度、弦长和方向值的各种组合形式。

采用以下方法可以调用画圆弧命令：①在功能区绘图面板单击圆弧按钮对应的各子项；②在命令行输入 ARC。

输入命令后，可以使用多种方法创建圆弧。以下除第一种方法外，其他方法默认都是从起点到端点逆时针绘制圆弧。

（1）通过指定 3 点绘制圆弧　如果存在可以捕捉的圆弧上任意 3 点，调用该选项。

（2）通过指定起点、圆心、端点绘制圆弧　如果存在可以捕捉到的起点和端点及圆心，则使用该选项。

（3）通过指定起点、圆心、角度绘制圆弧　如果存在可以捕捉到的起点和圆心点，并且已知包含角度，请使用"起点、圆心、角度"或"圆心、起点、角度"选项。

（4）通过指定起点、端点、角度绘制圆弧　如果已知两个端点和圆心包含角，可以使用"起点、端点、角度"法。

（5）通过指定起点、圆心、长度绘制圆弧　弧的弦长决定包含角度。如果存在可以捕捉到的起点和中心点，并且已知弦长，请使用"起点、圆心、长度"或"圆心、起点、长度"选项。

（6）通过指定起点、端点、方向/半径绘制圆弧　如果存在起点和端点，请使用"起点、端点、方向"或"起点、端点、半径"选项。

八、绘制椭圆及椭圆弧

在 AutoCAD 中，用以下方法可以调用椭圆或椭圆弧命令：①在功能区绘图面板单击椭圆弧按钮对应的各子项；②在命令行输入 ELLIPSE 或 EL。

输入命令后，提示"指定椭圆的轴端点或 [圆弧（A）/中心点（C）]"，各选项功能如下：①"指定椭圆的轴端点"：默认选项，根据两个端点定义椭圆的第一条轴，第一条轴既可定义椭圆的长轴也可定义短轴。继续提示第二条半轴长度可绘出所需椭圆；②"中心点（C）"：通过指定的中心点来创建椭圆。③"圆弧（A）"：创建一段椭圆弧。该选项功能与单击椭圆弧按钮 ⟳ 完全相同。创建椭圆弧时先绘制一个母体椭圆，然后再确定椭圆弧起点和端点角度。绘制椭圆弧时默认为以逆时针方向从起点到端点。可以指定起点角度和包含角度，包含角度是从起点角度开始，而不是从 0° 开始计算的。若起点和端点角度相同，则将创建完整的椭圆。

九、绘制圆环

圆环是填充环或实体填充圆。在电路图中使用圆环命令绘制触点或节点非常方便。

采用以下方法调用圆环命令：①在功能区绘图面板单击圆环按钮 ◎；②在命令行输入 DONUT 或 DO。

调用命令后，指定它的内外直径和圆心。通过指定不同的中心点，可以继续创建具有相同直径的多个副本。要创建实体填充圆，请将内径值指定为 0。

十、样条曲线

样条曲线用于创建经过或靠近一组拟合点或由控制框的顶点定义的平滑曲线，样条曲线使用拟合点或控制点进行定义。默认情况下，拟合点与样条曲线重合，而控制点定义控制框。控制框提供了一种便捷的方法，用来设置样条曲线的形状。

采用以下方法调用样条曲线命令：①在功能区绘图面板单击样条曲线拟合按钮 ∿ 或样条曲线控制点按钮 ∿；②在命令行输入 SPLINE 或 SPL。

调用命令后，所显示的提示取决于是使用拟合点还是使用控制点来创建样条曲线；使用拟合点方法创建的样条曲线提示"指定第一个点或［方式（M）/阶数（K）/对象（O）］："；使用控制点方法创建的样条曲线提示"指定第一个点或［方式（M）/节点（K）/对象（O）］："。方式选项用于控制是使用拟合点还是使用控制点来创建样条曲线；对象选项将二维或三维的二次或三次样条曲线拟合多段线转换成等效的样条曲线；阶数选项用于控制创建 1 阶 ~10 阶的样条曲线。在拟合点创建样条曲线过程中，还可指定起点及端点切线方向。闭合选项通过定义与第一个点重合的最后一个点来闭合样条曲线。

十一、图案填充

在实际工程设计中，常需要把某种图案填入某一指定区域，这个过程称为"图案填充"。可以使用图案填充表达一个剖切的区域，也可以使用不同的图案填充来表达不同的材料。

1. 创建图案填充　创建图案填充需要设置好图案填充的类型和图案、角度和比例等特性，这些特性都可以在功能区"图案填充创建"选项卡中设置。"图案填充创建"选项卡如图 4-22 所示。

通过以下方法可以在功能区显示"图案填充创建"选项卡：①在功能区绘图面板单击图案填充按钮 ▨；②在命令行输入 HATCH 或 H。

图 4-22　"图案填充创建"选项卡

"图案填充创建"选项卡各部分功能如下：

（1）"边界"面板　"拾取点" ➕ 根据围绕指定点构成封闭区域的现有对象来确定边界；"选择边界对象" ▨ 根据构成封闭区域的选定对象确定边界，使用该项时 HATCH 不自动检测内部对象，必须选择选定边界内的对象，以按照当前孤岛检测样式填充这些对象；"删除边界对象" ▨ 定义边界后可用，可从边界定义中删除任何先前定义的对象；"重新创建边界" 仅在编辑图案填充时可用，用于围绕选定的图案填充或填充对象创建多段线或面域，并使其与图案填充对象相关联（可选）；"显示边界对象" 仅在编辑图案填充时可用，亮显定义关联图案填充、实体填充或渐变图案填充对象的边界，使用显示的夹点可修改图案填充边界；"保留边界对象" 可选择不保留边界、保留多段线边界和保留面域边界；"选择新边界集" 指定对象的有限集（边界集），以便由图案填充的拾取点进行评估。

（2）"图案"面板 显示所有预定义和自定义图案的预览图像。

（3）"特性"面板 "图案填充类型" 指定是创建实体填充、渐变填充、预定义填充图案，还是创建用户定义的填充图案；"图案填充颜色 或渐变色1 "替代实体填充和填充图案的当前颜色，或指定两种渐变色中的第一种；"背景色 或渐变色2 "指定填充图案背景的颜色，或指定第二种渐变色；"透明度" 显示图案填充的当前透明度值，或指定新的透明度值替代当前值；"角度" 指定相对于 UCS 的 X 轴指定图案填充的角度，有效值为 0 到 359；"比例" 放大或缩小预定义或自定义填充图案。"图案填充图层替代" 为图案填充指定的图层替代当前图层；"交叉线" 仅在填充图案类型为"用户定义"时可用，对于用户定义的图案，绘制与原始直线成 90° 的另一组直线，从而构成交叉线。

（4）"原点"面板 移动填充图案以便与指定原点对齐。默认情况下，图案填充原点为当前的 UCS 坐标系原点，可以将指定原点储存为后续填充图案的新默认原点。

（5）"选项"面板 控制几个常用的图案填充选项，包括关联性、注释性、特性匹配、允许间隙、孤岛检测、创建独立的图案填充等。

（6）"关闭"面板 退出 HATCH 并关闭选项卡。也可以按 Enter 键或 Esc 键退出HATCH。

2. 编辑图案填充 修改选定填充图案的特性，例如现有图案填充的类型、比例和角度。这些特性都可以在功能区"图案填充编辑器"选项卡中设置（见图 4-23）。

通过以下方法可以在功能区显示"图案填充编辑器"选项卡：①直接双击要编辑的图案；②在功能区修改面板单击图案填充编辑按钮 ；③在命令行输入 HATCHEDIT。

图 4-23 "图案填充编辑器"选项卡

"图案填充编辑器"选项卡各部分功能与"图案填充创建"选项卡各部分功能相同，不再叙述。

十二、创建并使用块

在使用 AutoCAD 绘图时，常常需要重复使用一些图形。如果每个图形都重新绘制，就会浪费大量的时间和存储空间。块可以是绘制在几个图层上的不同颜色、线型和线宽特性的对象的组合。块既可以包括图形，也可包括文本，块中的文本称为属性。块与属性可以把绘图过程中常用的图形及其文字信息定义成一个整体（创建块），然后插入到图形中需要的地方。下面以图 4-24a 为例介绍属性块的创建及使用方法步骤。

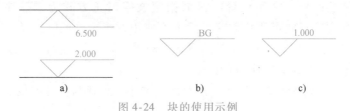

图 4-24　块的使用示例

1. 绘制图形　本例是一标高符号，调用画直线命令，单击指定第一点，输入 5 < − 45 绘制出第一段，输入 5 <45 绘出第二段，结束命令。按空格键重复直线命令，捕捉第一点，在水平方向绘制长 15 的直线段。

2. 定义属性　命令行输入 ATTDEF 调用定义属性命令，弹出图 4-25 所示"属性定义"对话框。各选项功能如下。

图 4-25　"属性定义"对话框

（1）在该对话框中"模式"区域可以设置属性的特性："不可见"勾中指定插入块时不显示或打印属性值；选中"固定"使块的属性值为一固定文本且属性插入后不可修改，除非重新定义；选中"验证"要求在插入属性前校正属性值；选中"预设"使用户自动接受属性的默认值，与"固定"的区别是属性插入后可编辑；选中"锁定位置"锁定块参照中属性的位置，解锁后属性可以相对于使用夹点编辑的块的其他部分移动并且可以调整多行文字属性的大小；选中"多行"指定属性值可以包含多行文字，可以指定属性的边界宽度。

（2）"属性"区域定义属性标记、插入属性块时 AutoCAD 显示的属性提示和属性文本的默认值。

（3）"插入点"区域用于定义属性的插入点。该插入点是属性文本与图形的相对位置点，通常结合文字对正方式通过在图形中拾取适当位置来确定。

（4）"文字设置"区域用于定义属性文本的对正方式、文字样式、字符高度、旋转角度等。

本例需要在"属性"区域"标记"文本框中输入"BG",在"提示"文本框中输入"输入标高数值",在"默认"文本框中输入属性值"1.000";在"插入点"区域勾中"在屏幕上指定"复选框;在"文字设置"区域指定文字对正方式为"正中",文字样式为"工程字"(注:此文字样式需用户创建好后方能使用,读者也可以选择其他文字样式,文字样式设置见本章第七节),其余保持默认设置,单击"确定"按钮,在绘图区域标高图形上方适当位置拾取一点作为文本插入点。

完成属性定义后,如图 4-24b 所示。注意属性文本在创建为块之前显示其标记,创建为块后才显示为属性值。

3. 定义图块 可以使用 BLOCK 命令创建当前图形内部使用的块,弹出"块定义"对话如图 4-26a 所示;也可以通过"WBLOCK"命令将块保存为单独的图形文件,使该图块能被其他文件插入使用。使用该命令弹出"写块"对话框如图 4-26b 所示,在该对话框中要求为图块指定图块文件的保存路径和名称,其余与"块定义"对话框大体相同。

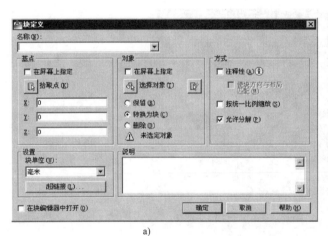
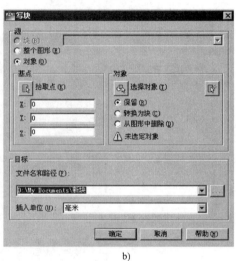

a)   b)

图 4-26 创建块

a)"块定义"对话框 b)"写块"对话框

本例以"块定义"对话框为例加以说明。在"名称"文本框中输入所定义的块名"标高"、在"基点"区域单击"拾取点",对话框暂时消失,返回绘图工作区,捕捉到图形中三角形部分最下点,拾取完毕后会自动返回对话框、在"对象"区域指定图块的组成图形以及创建为块后原对象的处理方法(可保留原对象、将原对象转换为块、将原对象删除)。单击"选择对象"按钮,回到绘图工作区选择图形(本例包括 3 条直线和定义的属性文本共 4 个对象),选取图形完成后,右击鼠标返回对话框。其余保持默认设置,单击"确定"按钮,若块包含属性且原对象处理方式为"转换为块",将弹出"编辑属性"对话框。在该对话框中输入块属性值,单击"确定"按钮,若采用默认值,直接单击"确定"按钮即可。

创建好的属性块如图 4-24c 所示。

4. 插入块 块创建好后,即可根据需要插入到图形中指定位置使用。本例中两直线位置表示图形中需要标注标高符号的两个水平位置。调用插入块命令(INSERT),弹出"插入"对话框如图 4-27。

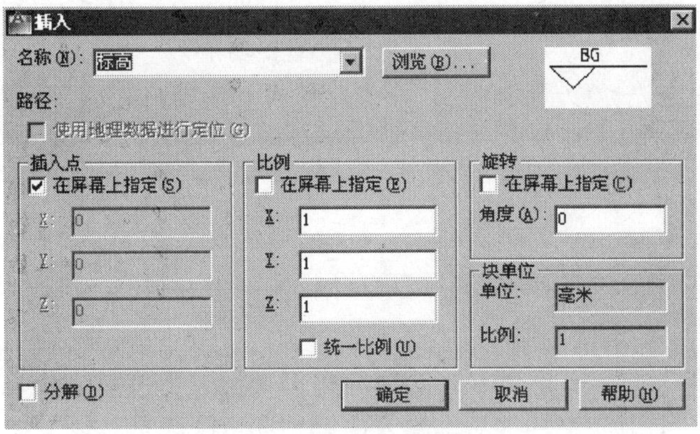

图 4-27　"插入"对话框

　　在名称下拉列表中选择要插入的块名（若要引用保存为外部文件的块，单击后面的"浏览"按钮），指定插入点（通常选择"在屏幕上指定"），指定缩放比例（如果指定负的 X、Y 和 Z 缩放比例因子，则插入块的镜像图像；勾中"统一比例"可以为 X、Y 和 Z 指定单一的比例值），指定旋转角度（指定旋转角度值为正，将使块逆时针旋转后插入图形，角度值为负将使块顺时针旋转后插入图形）。设置完成后单击"确定"按钮，拾取块的插入点即可完成块的插入。若块具有属性，则通常还需要指定属性值。

　　本例中调用 INSERT 命令，选择名为"标高"的块，采用默认的设置（比例为 1、旋转角度为 0，在屏幕上指定插入点），单击"确定"按钮，在下方的直线上适当位置单击一点作为插入点，在提示输入标高值时输入 2.000 即可；重复命令，相同方法完成上方的直线上的块的插入，在提示输入标高值时输入 6.500，插入后以水平直线为镜像线镜像，即可得到图示效果（AutoCAD2012 默认镜像时文字不颠倒）。完成后的图形如图 4-24a 所示。

　　5. 编辑块　对于已经插入到图形中的块实例，若需修改属性可双击块对象或通过命令 EATTEDIT 打开增强属性编辑器来修改属性的值、属性文字的样式、对正方式、高度、角度、颠倒及反向等，还可修改块的图层、颜色、线型、线宽等；通过命令 BEDIT 打开块编辑器，块编辑器包含一个特殊的编写区域，在该区域中，可以像在绘图工作区中一样绘制和编辑几何图形。

第三节　AutoCAD 的辅助绘图工具

　　在工程制图中，常常要求将图形对象关键点的位置、尺寸、零部件位置关系及配合关系等精确地确定出来。AutoCAD 提供了栅格、捕捉、正交、对象捕捉、对象追踪、极轴追踪等精确绘图工具，能辅助用户快速准确地绘制图形。

　　一、"草图设置"对话框

　　"草图设置"对话框指定组织的草图设置以获得绘图帮助，对话框包括"捕捉和栅格"、"极轴追踪"、"对象捕捉"及"动态输入"等选项卡。

　　采用以下方法打开"草图设置"对话框：在状态栏"捕捉"或"栅格"等工具按钮上右击，在快捷菜单中点"设置"，打开"草图设置"对话框如图 4-28 所示。

二、捕捉和栅格

在绘制图形时，用户可以通过移动光标来指定点的位置，但该方法却很难精确指定点的位置，因此，为了精确定位点，必须使用坐标或捕捉功能。

"捕捉"用于设定光标移动的间距，并捕捉栅格点或栅格之间等间距的点。"栅格"是一些标定位置的小点，起坐标纸的作用，可以提供直观的距离和位置参照。

捕捉和栅格的相关参数的设置可通过"草图设置"完成，如图4-28所示。

三、正交

单击状态栏上的"正交"按钮![]可以打开或关闭正交模式（也可用 ORTHO 命令或用功能键"F8"打开与关闭正交模式）。

正交模式用于控制是否以正交方式绘图。在正交模式下可以方便地绘制出与当前 X 轴或 Y 轴平行的线段。打开正交功能后，输入的第一点是任意的，向 X 或 Y 方向移动光标时，输入线段长度，即可绘制出相应方向指定长度的线段。

练习4-6 试用正交功能绘制图4-29。

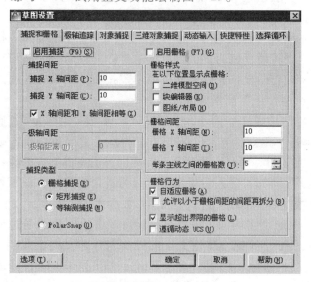

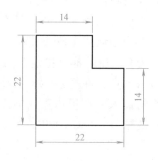

图 4-28 "草图设置"对话框中的
"捕捉和栅格"选项卡

图 4-29 利用"正交"功能绘图

操作步骤如下：

在正交打开的状态下，只需移动光标，输入线段长度值即可。

四、极轴追踪

极轴追踪是按事先给定的角度增量来追踪特征点。如果事先知道要追踪的方向（角度），则可以使用极轴追踪功能。极轴追踪的相关参数设置如图4-30所示。

（1）"启用极轴追踪（F10）"复选框 选中该复选框，表示打开极轴追踪功能。也可单击功能键"F10"或状态栏上的"极轴"按钮打开或关闭该功能。

（2）"极轴角设置" 设置极轴追踪角度增量。"增量角"下拉列表框：既可选取合适的角度增量，也可直接输入角度增量值。"附加角（D）"复选框：选取该复选框，表示采用附加角度增量。可新建附加的角度增量，也可删除以前设置的附加角度增量。

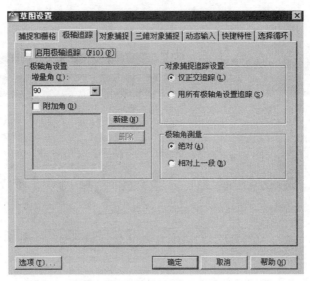

图 4-30　"草图设置"对话框的"极轴追踪"选项卡

（3）"对象捕捉追踪设置"区　可用来设置极轴追踪的模式。"仅正交追踪"：当对象捕捉追踪打开时，仅显示已获得的对象捕捉点的正交（水平/垂直）捕捉追踪路径。"用所有极轴角设置追踪"：使用对象捕捉追踪时，光标将从获取的对象捕捉点起沿所有的极轴对齐角度进行追踪。

（4）"极轴角测量"区　可用来设置测量极轴追踪对齐角度的基准。"绝对"单选项：根据当前用户坐标系（UCS）确定极轴追踪角度；"相对上一段"单选项：根据上一个绘制线段确定极轴追踪角度，最后绘制的线段方向始终为 0° 方向，由此默认逆时针为正角度，顺时针为负角度。

五、对象捕捉与对象追踪

1. 使用对象捕捉功能　在绘图过程中，经常要指定一些已有对象上的点，例如，端点、圆心和两个对象的交点等。AutoCAD 提供了对象捕捉功能，可以迅速、准确地捕捉到这些特殊点，从而精确地绘制图形。

（1）临时捕捉快捷菜单　在命令提示指定点时，按下"shift"或"ctrl"键加鼠标右键，弹出临时捕捉快捷菜单，如图 4-31 所示。

临时捕捉仅对本次捕捉有效。

（2）对象捕捉　在绘图过程中，使用对象捕捉的频率非常高。因此，AutoCAD 提供了自动对象捕捉模式。可在"草图设置"对话框中选中"启用对象捕捉"复选框，也可通过状态栏上的"对象捕捉"按钮及功能键"F3"打开或关闭自动对象捕捉功能。在"草图设置"对话框的"对象捕捉"选项卡下勾选相应复选框，即可自动捕捉到对象上的相应特征点，如图 4-32 所示的端点、圆心、交点及延长线均可实线自动捕捉。

2. 使用对象捕捉追踪功能　对象捕捉追踪必须结合对象捕捉或极轴追踪才能完成。若结合极轴追踪则可设置为仅正交追踪，也可设置为按所有的极轴角设置追踪。自动追踪是非常有用的辅助绘图工具，通过状态栏上的"对象捕捉"按钮及功能键"F11"打开或关闭对象捕捉追踪功能。

图 4-31 临时捕捉
快捷菜单

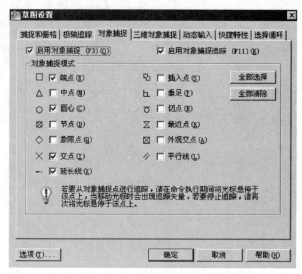

图 4-32 "对象捕捉"选项卡

练习 4-7 利用极轴追踪功能及自动对象追踪功能绘制如图 4-33a 所示几何图形。

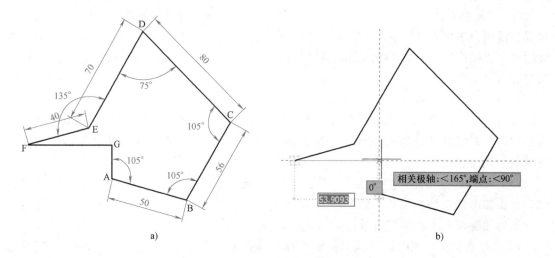

图 4-33 利用极轴追踪和自动捕捉追踪功能画图

主要绘图步骤如下:

（1）在"草图设置"对话框中进行极轴追踪相关参数的设置。图中各条线段间的夹角都是 15°的倍数，因此设置增量角为 15°。由于这些角度都是直线段之间的相对角度关系，因此在"极轴角测量"区选中"相对上一段"。

（2）打开极轴追踪。调用画直线命令，由图 4-33a 中点 A 开始利用极轴追踪逐段绘制，绘制时追踪到相应位置输入线段长度回车即可，直至点 F。

（3）启用自动对象捕捉和对象捕捉追踪。将光标由点 F 水平向右移动，然后将光标移至点 A 后再竖直上移，直到出现图 4-33b 中所示两条追踪线的交点，单击确定点 G 的位置，最后使图形闭合至点 A。

六、控制图形的显示

按一定的比例、观察位置和角度，显示图形的区域称为视图。在 AutoCAD 中，可以通过缩放与平移视图来方便地观察图形。

1. 缩放视图　可以通过放大和缩小操作更改视图的比例，类似于使用相机进行缩放。使用 ZOOM 不会更改图形中对象的绝对大小，它仅更改视图的比例。各选项功能介绍如下。

（1）"全部（A）"：缩放以显示所有可见对象和图形界限。

（2）"中心（C）"：缩放以显示由中心点和比例值（或高度）所定义的视图。高度值较小时增加放大比例，高度值较大时减小放大比例。

（3）"动态（D）"：使用矩形视图框进行平移和缩放。调用该选项后会出现一个蓝色虚线框表示图形区域，一个绿色虚线框表示当前视口范围，一个中心有×的实线框为视图框。移动视图框或调整它的大小，将其中的图像平移或缩放，回车后视图框范围将充满整个视口。

（4）"范围（E）"：缩放以显示所有对象的最大范围。

（5）"上一个（P）"：缩放以显示上一个视图。最多可恢复此前的 10 个视图。

（6）"比例（S）"：以指定的比例因子缩放显示。比例因子有三种形式：输入的值后面跟着 x，根据当前视图指定比例；输入值后面跟着 xp，指定相对于图纸空间单位的比例；输入数值，指定相对于图形界限的比例。

（7）"窗口（W）"：缩放以显示由两个角点定义的矩形窗口框定的区域。

（8）"对象（O）"：缩放以便尽可能大地显示一个或多个选定的对象，并使其位于绘图区域的中心。可以在启动 ZOOM 命令前后选择对象。

（9）"实时"：利用定点设备，在逻辑范围内交互缩放。光标将变为带有加号（+）和减号（-）的放大镜。在窗中按住拾取键并垂直向上移动放大；反之，在窗口中按住拾取键并垂直向下移动则缩小。

2. 平移视图　通过平移视图，可以重新定位图形，以便清楚地观察图形的其他部分。单击导航栏手形图标🖐调用实时平移命令，当前光标变为手的形状，按下鼠标左键，移动光标，则 AutoCAD 的窗口也随之移动，直至达到满意位置为止；也可按住滚轮并拖动到适当位置后松开实现平移视图。

注意：可以使用鼠标滚轮进行快速缩放和平移视图。缩放视图：移动鼠标，使十字光标中心处于想要查看的对象中心，使滚轮向远离身体侧滚动将使查看的对象显示得较大，使滚轮向靠近身体侧滚动将使查看的对象显示得较小；平移视图：下压鼠标滚轮，光标自动变换成手形🖐，平移到适当的位置松开滚轮可完成平移视图的操作。

第四节　AutoCAD 图形的编辑修改

单纯地使用绘图命令和绘图工具只能绘制基本的图形对象，要绘制复杂的图形，还必须借助于图形修改命令。AutoCAD2012 提供了许多图形修改命令：复制、移动、旋转、偏移、镜像、修剪、缩放、拉伸、拉长等。本节介绍如何使用这些图形修改命令快速地构造较为复杂的图形。

一、选择对象

在对图形对象进行编辑修改时，要求选择要编辑的对象。这些对象便构成了选择集。选择集可以包括单个的对象，也可以包含复杂的对象编组。

1. 设置选择模式、拾取框大小及夹点　使用 OPTIONS 命令打开"选项"对话框的"选择集"选项卡，可对"选择集模式"、"拾取框大小"以及"夹点"功能进行设置，如图4-34所示。

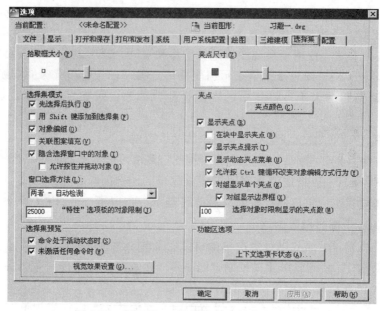

图4-34　"选项"对话框的"选择集"选项卡

2. 选择对象的模式　在默认情况下，可以直接选择对象，此时光标变成一个小方框（即拾取框），利用此方法可逐个拾取所需对象。当需要选取大量对象时，可采用以下方法选择对象。

（1）"窗口（W）"通过一个矩形区域来选择对象。当指定了矩形的两个对角点时，所有部分均位于这个矩形窗口内的对象将被选中，不在该窗口内或者只有部分在该窗口内的对象不被选中。

（2）"窗交（C）"交叉窗口选择对象。也是通过一个矩形区域来选择对象，但与窗口选择方式不同的是：全部位于窗口之内或者与窗口边界相交的对象都将被选中。在定义交叉窗口的矩形窗口时，以虚线方式显示矩形，以区别于窗口选择。

（3）"全部（ALL）"选择解冻图层上的所有对象。

（4）"上一个（L）"选择最近一次创建的可见对象。

（5）"前一个（P）"选择最近创建的选择集。从图形中删除对象，将清除"前一个"选项设置。

除以上介绍的几个选项外，还有其他选项，不一一叙述。

3. 快速选择与对象选择过滤器　当需要选择的对象具有某些共同特性时，通过 QSE-

LECT 打开"快速选择"对话框，如图 4-35a 所示，根据对象的图层、线型、颜色、线宽等特性和类型创建选择集。若要以更为复杂的条件来选择对象，还可以用 FILTER 命令打开"对象选择过滤器"对话框，如图 4-35b 所示，通过设置过滤条件来选择对象。

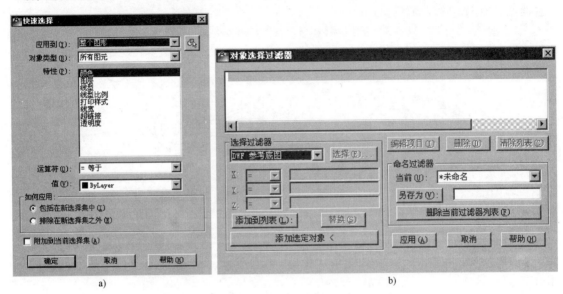

a)　　　　　　　　　　　　　　　b)

图 4-35　选择符合条件的对象

a)"快速选择"对话框　b)"对象选择过滤器"对话框

二、删除、移动、旋转和对齐

1. 删除对象　删除图形中选中的对象。

采用以下方法调用该命令：①在功能区修改面板中单击删除按钮 ；②在命令行输入 ERASE 或 E。

输入命令选择对象后按 Enter 或空格键结束对象选择，同时删除已选择的对象。

2. 移动对象　在指定方向上按指定距离移动对象，对象的位置发生改变，但方向和大小不变。

采用以下方法调用该命令：①在功能区修改面板中单击移动按钮 ；②在命令行输入 MOVE 或 M。

输入命令选择对象后按 Enter 或空格键结束对象选择，指定基点和位移的第二点，确定移动方向和位移量（或调用"位移"选项直接输入坐标确定沿 X、Y、Z 方向的位移量）。

3. 旋转　将对象绕基点旋转指定的角度。

采用以下方法调用该命令：①在功能区修改面板中单击旋转按钮 ；②在命令行输入 ROTATE 或 RO。

输入命令后，选择要旋转的对象并按回车键或空格键，默认通过指定基点（旋转中心点）和旋转角度（逆时针为正，顺时针为负）旋转所选对象。其余选项功能介绍如下："复制"选项，可以保留原对象并且在旋转时得出副本对象；"参照"选项，将以参照方式旋转对象，需要依次指定参照角度和新角度值。旋转角度为新角与参照角的角度差。

练习 4-8　将图 4-36a 中右手柄轴心线旋转到与直线 L 相重合，旋转后如图 4-36b 所示。

操作方法：调用旋转命令，选择整个右手柄作为要旋转的对象，按回车键或空格键确定对象选择完毕。捕捉到图中左右手柄的交点作为旋转基点，输入"R"调用参照选项，捕捉到图中右手柄中心线上的两点以指定参照角（从左到右捕捉中心线上的两点），捕捉到直线 L 右端点以确定旋转到的新角度。

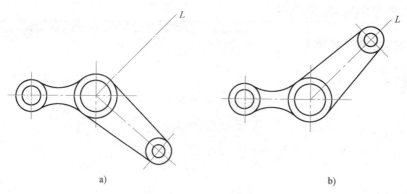

a)   b)

图 4-36   "旋转"命令中"参照"选项的应用

4. 对齐   使当前对象与其他对象对齐。对齐命令是"移动"命令和"旋转"命令的组合。

采用以下方法调用该命令：在命令行输入 ALIGN 或 AL。

输入命令后，提示"选择对象"时请选择要对齐的对象，然后按回车或空格键确定对象选择完毕。若选择的是二维对象，需指定 1 对或 2 对对齐点（源点和目标点），若为三维对象则需指定三对对齐点。在确定了对齐点后，当命令行提示"是否基于对齐点缩放对象？[是（Y）/否（N）]＜否＞："时，若选择"否（N）"选项，则对象改变位置，且对象的第一源点与第一目标点重合，第二源点位于第一目标点与第二目标点的连线上，即对象先平移，后旋转；若选择"是（Y）"选项，则对象除平移和旋转外，还基于对齐点进行缩放。

练习 4-9   如图 4-37a 所示，给定直线 AB⊖。试画出三角形的其余两条边 AC 和 BC。要求线段 BC 的长度是 AC 长度的 2 倍，AC 与 BC。两线间的夹角为 75°。绘图结果如图 4-37b 所示。

操作步骤如下：

（1）画直线 CE、DE，绘制时需要满足条件：线段 $DE = 2CD$，夹角为 75°。操作时可利用极轴追踪来完成图形绘制，设置增量角为 15°，相对上一段进行追踪。

调用"直线"命令，任意单击一点作为 C 点，移动鼠标到任意方向，输入 10（任意值），绘制出线段 CE；追踪到 255°方向（由上一段直线 CE 方向逆时针转过 255°到 ED 位置，即夹角 75°），输入 20（前一段长度的 2 倍），绘出线段 ED，结果如图 4-37c 所示。

（2）调用"对齐"命令，将直线 CE 和 DE 与已知直线 AB 对齐。

调用"对齐"命令，提示"选择对象"时，选择直线 CE 和 DE 两个直线对象并回车，提示"指定第一个源点"时，捕捉到点 C；提示"指定第一个目标点"时，捕捉到点 A；提示"指定第二个源点"时，捕捉到 D 点，提示"指定第二个目标点"时，捕捉到点 B，如

⊖ 按制图标准，空间点代号字母为斜体；在计算机绘图应用时通常以正体出现。特此说明。

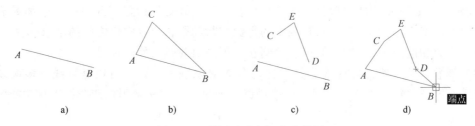

图 4-37 利用"对齐"命令绘图

图 4-37d 所示；提示"指定第三个源点或 <继续>"时，按 Enter 键；提示"是否基于对齐点缩放对象？［是（Y）/否（N）］<否>"时，输入"Y"，表示要基于对齐点缩放对象，保证 *CD* 间距与 *AB* 直线长度完全相同。操作结束，得到图 4-37b 所示结果。

三、复制、阵列、偏移和镜像

利用复制、阵列、偏移和镜像命令，可以创建与原对象相同或相似的副本图形。

1. 复制 即对已有的对象复制出副本，并放置到指定的位置。通过以下方法调用复制命令：①在功能区修改面板中单击复制按钮 ；②在命令行输入 COPY 或 CO。

输入命令选择对象后按 ENTER 键，直接指定位移的基点和位移向量（相对于基点的方向和大小）。如果需要创建多个副本，通过连续指定位移的第二点来创建该对象的其他副本，直到按回车键结束。

2. 阵列 AutoCAD2012 版本阵列命令有了新的功能，可以设置以矩形阵列方式、环形阵列方式以及沿指定路径阵列方式创建在二维或三维图案中排列的对象的副本。

（1）矩形阵列 将对象副本分布到行、列和标高的任意组合。通过以下方法调用该命令：①在功能区修改面板中单击阵列下拉按钮 ；②在命令行输入 ARRAYRECT。

调用命令后选择要阵列的对象后将显示以下提示："指定项目数的对角点或［基点（B）/角度（A）/计数（C）］<计数>：| 按 Enter 键接受或［关联（AS）/基点（B）/行（R）/列（C）/层（L）/退出（X）］<退出>："。其中"基点"选项指定阵列的基点，对于关联阵列，在源对象上指定有效的约束（或关键点）以用作基点，如果编辑生成阵列的源对象，阵列的基点保持与源对象的关键点重合；"角度"选项指定行轴的旋转角度。行和列轴保持相互正交。对于关联阵列，可以稍后编辑各个行和列的角度；"计数"选项用于指定行列数及进一步指定行列间距；"关联"选项指定在阵列中创建项目作为关联阵列对象（类似于块），或作为独立对象；"行"选项编辑阵列中的行数和行间距，以及它们之间的增量标高；"列"选项编辑列数和列间距，"层级"指定层数和层间距。

（2）环形阵列 通过围绕指定的中心点或旋转轴复制选定对象来创建阵列。通过以下方法调用该命令：①在功能区修改面板中单击阵列下拦式按钮 ；②在命令行输入 AR-RAYPOLAR。

调用命令后选择要阵列的对象后将显示以下提示："指定阵列的中心点或［基点（B）/旋转轴（A）］：| 输入项目数或［项目间角度（A）/表达式（E）］<4>：| 指定填充角度（+ ＝逆时针、 － ＝顺时针）或［表达式（EX）］<360>：| 按 Enter 键接受或［关联（AS）/基点（B）/项目（I）/项目间角度（A）/填充角度（F）/行（ROW）/层（L）/旋转项目（ROT）/退出（X）］<退出>："。其中"旋转轴"指定由两个指定点定义的自定义旋转轴；

"项目间角度"选项指定所选项目之间的角度；"填充角度"指定阵列中第一个和最后一个项目之间的角度；"行"选项编辑阵列中的行数和行间距，以及它们之间的增量标高；"层"选项指定层数和层间距；"旋转项目"控制在排列项目时是否旋转项目。

（3）路径阵列　沿路径或部分路径均匀分布对象副本，路径可以是直线、多段线、三维多段线、样条曲线、螺旋、圆弧、圆或椭圆。通过以下方法调用该命令：①在功能区修改面板中单击阵列下拉按钮 ；②在命令行输入 ARRAYPATH。

调用命令后选择要阵列的对象及陈列曲线路径后将显示以下提示："输入沿路径的项数或［方向（O）/表达式（E）］＜方向＞：|指定沿路径的项目之间的距离或［定数等分（D）/总距离（T）/表达式（E）］＜沿路径平均定数等分（D）＞：|按 Enter 键接受或［关联（AS）/基点（B）/项目（I）/行（R）/层（L）/对齐项目（A）/Z 方向（Z）/退出（X）］＜退出＞："。其中"方向"控制选定对象是否将相对于路径的起始方向重定向（旋转），然后再移动到路径的起点；"定数等分"沿整个路径长度平均定数等分项目；"对齐项目"指定是否对齐每个项目以与路径的方向相切，对齐相对于第一个项目的方向，其效果如图 4-38 所示；"Z 方向"选项控制是否保持项目的原始 Z 方向或沿三维路径自然倾斜项目。

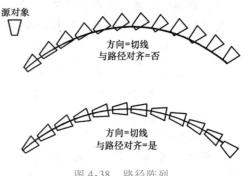

图 4-38　路径阵列

3. 偏移　用于创建同心圆、平行线和平行曲线。

采用以下方法调用该命令：①在功能区修改面板中单击偏移按钮 ；②在命令行输入 OFFSET。

输入命令后，提示"指定偏移距离或［通过（T）/删除（E）/图层（L）］＜当前＞"默认通过指定偏移距离，选择要偏移的对象后，单击指定要偏移的一侧即可在指定侧得出偏移后的副本对象，该操作可重复，直到按 ENTER 键退出偏移命令。"通过"选项创建通过指定点的对象；"删除"选项实现偏移源对象后是否删除源对象；"图层"选项确定将偏移对象创建在当前图层上还是源对象所在的图层上。

4. 镜像　可以绕指定轴翻转对象创建对称的镜像图形。

采用以下方法调用该命令：①在功能区修改面板中单击镜像按钮 ；②在命令行输入 MIRROR 或 MI。

输入命令并选择要镜像的对象后，指定镜像线上的两个点以确定对称轴位置，选定对象相对于这条对称轴被镜像。继续提示"要删除源对象吗？［是（Y）/否（N）］＜否＞"，选择"是（Y）"，得出镜像副本同时删除原始对象，选择"否（N）"，得出镜像副本并保留原始对象。

注意：在默认情况下，镜像文字对象时，不更改文字的方向。如果确实要反转文字，请将 MIRRTEXT 系统变量设置为 1。

练习 4-10　完成本章第二节"七"中练习 4-5 提出的问题，题中要求绘制与已知圆 A 和圆 B 均相切，且圆心在直线 L 上的圆（原图见本书图 4-21）。可以利用相切、相切、相切绘制圆，那么第三个相切对象在哪里呢？

由于圆心在直线 L 上，圆的两侧对象一定以直线 L 为对称线，所以只要以 L 为镜像线镜像出圆 A 或圆 B 的副本对象，即可得到第三个要相切的对象来。

最后利用相切、相切、相切画圆，即可得到圆心在直线 L 上的圆来。结果如图 4-39 所示。

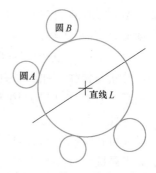

图 4-39　利用"镜像"命令
找到第三个要相切的对象

四、修剪和延伸

1. 修剪　该命令以某一对象为剪切边修剪其他对象。

采用以下方法调用该命令：①在功能区修改面板中单击修剪下拉按钮 ；②在命令行输入 TRIM 或 TR。

输入命令后，当提示"选择对象"时应当选择作为剪切边（边界）的对象，当提示"选择要修剪的对象，或按住 Shift 键选择要延伸的对象，或［栏选（F）/窗交（C）/投影（P）/边（E）/删除（R）/放弃（U）］"时，默认情况下，系统将以剪切边为界，将被剪切对象上位于拾取点一侧的部分剪掉。如果按住 Shift 键，同时选择与剪切边不相交的对象，剪切边将变为延伸边界，将选择的对象延伸至与边界相交。"边"选项：可以设置隐含边延伸模式，若为"延伸（E）"当剪切边太短而且没有与被修剪对象相交时，可延伸修剪边，然后进行修剪，若为"不延伸（N）"选项，只有当剪切边与被修剪对象真正相交时，才能进行修剪。"放弃"，在不退出命令情况下取消上一次修剪操作，并可以继续对其他对象进行修剪。

注意：在 AutoCAD 中，可以作为剪切边的对象有直线、圆弧、圆、椭圆、椭圆弧、多段线、样条曲线、构造线、射线、文字等对象。剪切边也可以同时作为被修剪的对象。

2. 延伸　该命令可以延长指定的对象与另一对象相交或外观相交。

可采用以下方法调用该命令：①在功能区修改面板中单击修剪下拉按钮 ；②在命令行输入 EXTEND 或 EX。

延伸命令的操作方法和修剪命令的方法相似，不同之处在于：使用延伸命令时，默认情况下，系统将以延伸边为界，将选择的对象延伸至与边界相交；如果按住 Shift 键，将对象上位于拾取点一侧的部分剪掉。

五、缩放、拉伸和拉长

1. 缩放　该命令可以将对象按指定的比例因子相对于基点进行尺寸缩放。

采用以下方法调用该命令：①在功能区修改面板中单击缩放按钮 ；②在命令行输入 SCALE 或 SC。

调用缩放命令，选择要缩放的对象后，提示"指定基点"时，指定缩放的中心点。继续提示："指定比例因子或［复制（C）/参照（R）］< 1.0000 >"各选项功能如下。

（1）"指定比例因子"：此为默认选项，直接指定缩放的比例因子，对象将根据该比例因子相对于基点缩放，当比例因子介于 0 和 1 之间时缩小对象，当比例因子大于 1 时，放大对象。

（2）"复制"选项：得到以指定比例因子缩放后的副本对象。

（3）"参照"选项：对象将按参照的方式缩放，需要依次输入参照长度的值和新的长度值，AutoCAD 将根据参照长度与新长度的值自动计算比例因子（比例因子 = 新长度值/参照长度值），然后缩放。

练习4-11 试绘制图4-40所示的几何图形。

分析与操作：此图中只有圆直径为已知数值，同时要保证内接的长方形两条边长为1:2的关系。若直接从已知圆入手绘图，将很难绘制内部的长方形。因此，此图应先画出满足边长为1:2的关系的长方形（具体尺寸可任意指定），然后用3点画圆法（矩形任意3个顶点）或2点画圆法（矩形2对角点）画出其外接圆，即画出与要求相似的图形。

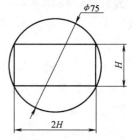

图4-40 利用"缩放"命令的"参照"选项绘图

最后将图形缩放至所要求的尺寸即可。由于不知道缩放比例因子，因此需用"参照"选项。操作时当提示"指定参照长度"时，在图形中捕捉圆直径上的两个端点（比如矩形的两个对角点），提示指定新长度时，输入75，图形即可完成。

2. 拉伸 可以移动或拉伸对象，系统将会移动全部位于选择窗口之内的对象，而拉伸（或压缩）与选择窗口边界相交的对象。

采用以下方法调用该命令：①在功能区修改面板中单击拉伸按钮 ；②在命令行输入 STRETCH 或 S。

输入命令后，提示"选择对象"时使用"交叉窗口"方式或者"交叉多边形"方式选择对象（**注意**：用其他方式选择对象将使拉伸操作无效），选择对象后依次指定基点和位移量即可移动或拉伸所选对象。

3. 拉长 可以修改线段或圆弧的长度而不改变原有的轨迹方向。

采用以下方法可调用该命令：①在功能区修改面板中单击拉长按钮 ；②在命令行输入 LENGTHEN 或 LEN。

输入命令后，提示"选择对象或［增量（DE）/百分数（P）/全部（T）/动态（Y）]"：默认情况下，选择对象后，系统会显示出当前选中对象的长度和包含角等信息。其余各选项功能如下：①"增量（DE）"选项：以增量方式修改对象的长度，增量可以是长度增量也可以是圆弧包含角增量。增量为正时拉长，增量为负时缩短对象；②"百分数（P）"选项：以相对于原长度的百分比来修改直线或者圆弧的长度；③"全部（T）"选项：以给定对象新的总长度或圆弧新包含角来改变长度；④"动态（Y）"选项：允许通过移动光标动态地改变圆弧或者直线的长度。

六、倒角与圆角

在 AutoCAD2012 中，可以使用"倒角"、"圆角"命令修改对象使其以平角或圆角相接。

1. 倒角 该命令可以为对象绘制倒角，将按用户选择对象的次序应用指定的距离和角度，以倒角直线、多段线、射线和构造线。

采用以下方法调用该命令：①在功能区修改面板中单击倒角下拉按钮 ；②在命令行输入 CHAMFER 或 CHA。

输入命令后，会提示当前倒角修剪模式（修剪或不修剪模式）及当前倒角距离（若当前设置不合要求可重新设置），同时提示"选择第一条直线或［放弃（U）/多段线（P）/距离（D）/角度（A）/修剪（T）/方式（E）/多个（M）］"，各选项功能如下。

（1）"选择第一条直线"　默认情况下需要依次选择倒角的两条相邻的直线，然后按当前设置对这两条直线倒角。

（2）"多段线（P）"选项　以当前设置对多段线的各顶点倒角。

（3）"距离（D）"选项　设置倒角距离尺寸，两个距离可以设置相同，也可以不同。注意第一个倒角距离对应于第一条直线，第二个倒角距离对应于第二条直线。

（4）"角度（A）"选项　根据第一个倒角距离和角度来设置倒角尺寸。

（5）"修剪（T）"选项　设置倒角后是否保留原倒角边。

（6）"多个（M）"选项　对多个物件修倒角。

注意：修倒角时，倒角距离或倒角角度不能太大，否则无效。当两个倒角距离均为0时，倒角命令将延伸两条直线使之相交，不产生倒角。此外，如果两条直线平行则不能修倒角。

2. 圆角　用与对象相切并且具有指定半径的圆弧连接两个对象。

采用以下方法调用该命令：①在功能区修改面板中单击圆角下拉按钮![]；②在命令行输入 FILLET 或 F。

输入命令后，会提示当前圆角的模式及当前圆角半径（若当前设置不符合要求可以重新设置），默认情况下设置好参数后，通过选择两个要创建圆角的对象完成圆角操作。"半径"选项可对圆角的半径大小进行设置，其余各选项功能与倒角命令各选项功能相似。

注意：AutoCAD2012 允许对两条平行线进行圆角，无论设置圆角半径为多大，实际圆角半径为两条平行线距离的一半。

七、打断、合并和分解

1. 打断图形　使用打断命令可部分删除对象或把对象按要求分成两部分，还可以使用"打断于点"命令将对象在一点处断开成两个部分。

采用以下方法可以调用该命令：①在功能区修改面板中单击打断按钮![]或打断于点按钮![]；②在命令行输入 BREAK 或 BR。

输入命令后选择要断开的对象，默认情况下选择对象的拾取点即为第一个打断点，继续提示"指定第二个打断点或［第一点（F）］"时有如下操作方法：①直接点取所选对象上的另一点，删除这两点之间的部分；②输入"@"后直接回车，则 AutoCAD 将选取对象在拾取点处断开，即原对象一分为二。此功能相当于"打断于点"的功能；③输入"F"，重新定义对象上的第一个打断点。

注意：如果第二个点不在对象上，则 AutoCAD 删除第一点与选择对象上离第二点最接近的点；若断开对象为圆弧，则 AutoCAD 删除第一点与第二点之间沿逆时针方向的一段圆弧；圆弧不能打断于点。

2. 合并图形　使用合并命令可以将对象连接以形成一个完整的对象。可以合并的对象有：共线的两直线段（可以有间隙）、同一假想圆周上的两段圆弧或同一假想椭圆上的两段椭圆弧、没有间隙的多段线与直线、圆弧等。

采用以下方法可以调用该命令：①在功能区修改面板：合并按钮 ![]；②在命令行输

入 JOIN 或 J。

调用命令后首先选择源对象，然后选择要合并到源的对象，确定后所选对象即可与源对象合并为一个整体。合并后的对象特性与首先选择的对象（源对象）相同。

3. 分解图形　使用分解命令可以将正多边形、矩形、多段线、块等组合对象分解开，以便对其中的单个对象进行操作。

采用以下方法可以调用该命令：①在功能区修改面板：分解按钮 ；②在命令行输入 EXPLODE。

调用命令后选择要分解的对象，回车即可完成分解操作。

八、夹点编辑

夹点是一些小方框。使用定点设备指定对象时，对象关键点上将出现夹点。拖动夹点可以直接而快速地编辑对象，选择执行的编辑操作称为夹点模式，包括拉伸、移动、旋转、缩放和镜像 5 种夹点编辑模式。

操作步骤：拾取要编辑的对象，被拾取的对象上会出现若干个蓝色小方框（即夹点）。此时若用鼠标左键单击某一夹点，该夹点呈现为红色，成为夹点编辑的基点，同时进入夹点编辑状态，可执行拉伸、移动、旋转、缩放或镜像 5 种编辑操作（各种夹点编辑模式之间可通过空格键或回车键循环切换）。

各种模式操作方法相似，现在以"旋转"模式为例介绍如下：

AutoCAD 提示："＊＊旋转＊＊"

指定旋转角度或［基点（B）/复制（C）/放弃（U）/参照（R）/退出（X）］:"，默认直接输入要旋转的角度值，也可采用拖动方式确定相对旋转角，AutoCAD 将所选图形实体绕基点旋转相应角度。其余选项功能如下："基点（B）"，用于重新指定基点；"复制（C）"，用于进行旋转复制，即旋转的同时得到多个副本对象（可多次旋转复制）；"放弃（U）"，用于取消上一次操作；"参照（R）"，用于指定参照角与新角来自动计算旋转角度；"退出（X）"，用于退出夹点编辑功能。

第五节　使用与管理图层

一、创建与设置图层

在一个复杂的图形中，有许多不同类型的图形对象，为了方便区分和管理，可以创建多个图层，将特性相同的对象绘制在同一个图层上。

1. 图层的特点　AutoCAD 对图层数量没有限制；默认图层名为 0 层，该图层不能被删除或重命名，其余图层的名称及特性需要自定义；各图层具有相同的坐标系、绘图界限、显示时的缩放比例；可以对位于不同图层上的对象同时进行编辑操作，但只能在当前图层上绘制图形；可以控制图层的打开、关闭、冻结、解冻、锁定与解锁等状态，以决定各图层的可见性与可操作性。

2. 图层特性管理器　创建及设置图层在"图层特性管理器"中进行，图层特性管理器如图 4-41 所示。

通过以下 3 种方法可以打开"图层特性管理器"：①在下拉菜单中找"格式→图层……"；

②在工具栏或面板中单击工具按钮 ；③在命令行输入 LAYER 或 LA。

3. 创建新图层 除了默认的 0 层外，若要使用更多的图层来组织图形，就需要先创建新图层。在"图层特性管理器"中单击"新建图层"按钮 可新建图层，新图层以临时名称"图层 1"显示在列表中，可以输入新的名称。若要创建多个图层，重复上述操作即可。

默认情况下，新图层的特性与图层 0 的默认特性完全一样，即颜色编号为 7、Continuous 线型、"默认"线宽和"普通"打印样式，如果在创建新图层时选中了一个现有的图层，新建的图层将继承选定图层的特性。

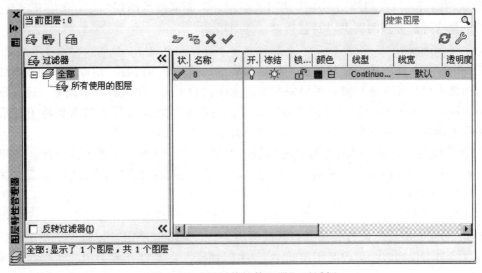

图 4-41 "图层特性管理器"对话框

4. 设置图层特性 可以为每个图层设置颜色、线型、线宽等图层特性。只要图线的相关特性设定成"ByLayer"，所有图线都将具有所属层的特性。

（1）设置图层颜色 要设置某图层颜色，可在"图层特性管理器"中单击与该图层相关联的颜色，弹出"选择颜色"对话框，在其中选择一个合适的颜色，再单击"确定"按钮即可。

（2）设置图层线型 线型可以是连续的直线，或者是由横线、点和空格按一定规律重复出现组成的图案。线型用来区分线的用途。要设置某图层线型，可在"图层特性管理器"中单击与该图层相关联的线型，弹出"选择线型"对话框，在"选择线型"对话框中，从"线型"列表中选择一个线型。若列表中没有想要的线型，可单击"加载"按钮，从一个文件（默认为 acadiso.lin）中载入所需线型。选择好线型后，单击"确定"按钮即可。

（3）设置图层线宽 要设置某图层线宽，可在"图层特性管理器"中单击与该图层相关联的线宽，弹出"线宽"对话框，在其中选择一个合适的线宽，单击"确定"按钮即可。系统提供了一系列的可用线宽，包括"默认"线宽。"默认"的线宽值是 0.01in（英制样板）或 0.25mm（公制样板）。"默认"值可由系统变量 Lwdefault 设置，或在"线宽设置"对话框中设置。

5. 设置当前图层 绘图操作总是在当前图层上进行的。系统启动创建新图形时，当前图层为0层，可以将除了被冻结的图层以外的其他图层置为当前图层。设置当前图层有以下方法。

（1）在"图层特性管理器"中设置　在"图层特性管理器"中选择一个图层，然后单击"置为当前"按钮 ✔ 或者双击该图层，然后按"确定"，可将此图层设置为当前层。

（2）利用功能区按钮设置　在功能区图层面板上选择"将对象的图层设为当前图层"按钮 ⬚，然后选择对象。这样可以将所选对象所在图层设置为当前图层。

（3）利用功能区下拉列表设置　在功能区图层面板上的图层下拉列表中图层名称区，单击即可把该图层设置为当前层。

6. 删除图层　可以删除图形中未使用的图层。不能删除的图层包括：0层和定义点层、当前层、包含外部参照的图层以及包括对象的图层。

二、管理图层

在一个非常复杂的图形中想要更清晰地看清楚某些图层的内容，则可以关闭或冻结其他图层；如果不想打印某些对象，可以将这些对象所在的图层关闭或冻结、或者关闭可见图层的打印。被冻结或关闭的图层叫做不可见图层，绘制在不可见图层上的对象将不显示和打印。如果想让图层上的对象可见，但不能被编辑或选择，可将其锁定。

1. 打开和关闭图层　关闭的图层与图形一起重生成，但不能被显示或打印。关闭而不冻结，可以避免每次解冻图层时重生成图形。如果需要频繁将图层在可见与不可见之间进行切换，可以关闭图层。

打开和关闭图层可采用以下操作：①在"图层特性管理器"中选择要打开或关闭的图层，单击"开/关图层"图标，将其打开或关闭，然后单击"确定"按钮；②在功能区图层面板图层控制下拉列表中单击某图层的"开/关"图标，将其打开或关闭。图层打开时图标显示为 💡，关闭时显示为 💡。

2. 冻结和解冻图层　冻结图层可以提高对象选择的性能，减少复杂图形的重生成时间。被冻结图层上的对象不能显示、打印或重生成。"解冻"冻结的图层时，将重新生成图形并显示该图层上的对象。如果某些图层长时间不需要显示，为了提高效率，可以将其冻结。

冻结和解冻图层可采用以下操作：①在"图层特性管理器"中选择要冻结或解冻的图层，单击"冻结/解冻"图标，将其冻结或解冻，然后单击"确定"按钮；②在功能区图层面板图层控制下拉列表中单击某图层的"冻结/解冻"图标，将其冻结或解冻。图层解冻时图标显示为 ☀，冻结时图标显示为 ❄。

3. 锁定和解锁图层　锁定的图层如果没有被冻结或关闭，则图层上的对象是可见的，但是不能被编辑或选择。可以把锁定的图层设为当前图层并在其中创建新对象。锁定的图层可以冻结和关闭，并修改相关特性，也可以在锁定图层上使用对象捕捉功能和查询命令。

锁定与解锁图层可采用以下操作：①在"图层特性管理器"中选择要锁定或解锁的图层，单击"锁定/解锁"图标，将其锁定或解锁，然后单击"确定"按钮；②在工具栏或面板图层控制下拉列表中单击某图层的"锁定/解锁"图标，将其锁定或解锁。图层解锁时图标显示为 🔓，锁定时图标显示为 🔒。

4. 打开或关闭图层打印　可以打开或关闭可见图层的打印功能。如果关闭了图层的打印功能，则该图层能显示但不能打印。这样就不必在打印图形前关闭该图层了。

在"图层特性管理器"中选择要打印或不打印的图层,单击对应的图标可以在打印 🖶 与不打印 🖨 状态间切换。

5. 保存和恢复图层设置 保存图形的当前图层设置,以后可以恢复这些设置,这对于有大量图层的复杂图形尤其方便。

(1) 保存图层设置 图层设置包括图层状态和图层特性的设置。图层状态包括图层是否打开、冻结、锁定和打印;图层特性包括颜色、线型和线宽等。可以选择要保存的图层状态和图层特性。

保存图层设置可采用以下操作:在"图层特性管理器"中选择各图层要保存的图层状态和特性,右击鼠标,在弹出的快捷菜单中选择"保存图层状态"项,打开"要保存的新图层状态"对话框,在该对话框中输入新图层状态的名称及相关说明文字,单击"确定"按钮即可。

(2) 恢复图层设置 恢复图层状态时,将恢复保存图层状态时指定的图层设置(图层状态和图层特性)。用户可以在图层状态管理器中指定要恢复的特定设置。未选定的图层特性设置在图形中保持不变。

恢复图层设置可采用以下操作:①在图层面板"图层状态管理器"下拉列表中单击要恢复的图层状态即可;②在"图层特性管理器"中右击鼠标,在弹出的快捷菜单中选择"恢复图层状态",打开"图层状态管理器"对话框,选择需要恢复的图层状态后,单击"恢复"按钮,回到"图层特性管理器"中,然后单击"确定"按钮即可。

6. 改变对象所在的图层 在实际绘图中,如果绘制完成某一图形元素后,发现该元素并没有绘制在预先设置的图层上,可以选中该图形元素,并在图层面板的图层下拉列表框中选择预设图层名,即可改变对象所在图层。

7. 过滤图层 当图形中包含大量的图层时,可以利用图层过滤功能简化对图层的操作。过滤图层的方法如下所述。

(1) 使用"图层过滤器特性"过滤图层 在"图层特性管理器"对话框中单击"新特性过滤器"按钮 🔁,使用打开的"图层过滤器特性"对话框命名及定义图层过滤器。从该对话框中可以选择要包括在过滤器定义中的以下任何特性:图层名、颜色、线型、线宽和打印样式,图层是否正在使用,打开还是关闭图层,在处于激活状态的视口或所有视口中冻结图层还是解冻图层,锁定图层还是解锁图层,是否将图层设定为打印。可以使用通配符按名称过滤图层。图层特性过滤器中的图层可能会随图层特性的更改而变化。图层特性过滤器可以嵌套在其他特性过滤器或组过滤器下。

(2) 使用"新组过滤器"过滤图层 在"图层特性管理器"对话框中单击"新组过滤器"按钮 🔂,在对话框左侧过滤器树列表中添加一个"组过滤器 1"(也可根据需要命名组过滤器)。将需要分组过滤的图层拖动到创建的"组过滤器 1"上即可。图层组过滤器只包括明确指定给过滤器的那些图层,即使更改了指定给过滤器的图层的特性,此类图层仍属于该过滤器。图层组过滤器只能嵌套在其他图层组过滤器下。

8. 转换图层 使用"图层转换器"可以转换图层,实现图形的标准化和规范化。"图层转换器"能够转换当前图形中的图层,使之与其他图形的图层结构或 AutoCAD 标准文件相匹配。"图层转换器"对话框如图 4-42 所示。

通过以下方法可以打开"图层转换器"对话框：①在功能区中找"管理→CAD 标准→图层转换器"；②在命令行输入 LAYTRANS。

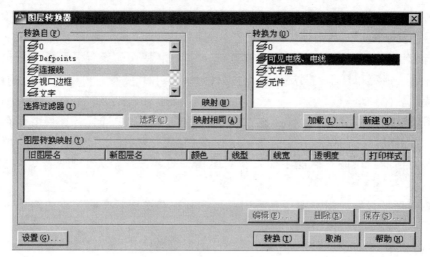

图 4-42 "图层转换器"对话框

图层转换器主要选项的功能如下。

（1）"转换自"区域 显示当前图形中即将被转换的图层结构，可以在列表框中选择，也可以通过"选择过滤器"选择。

（2）"转换为"区域 显示可以将当前图形的图层转换成的图层名称。可以通过"加载"将已有图形作为图层标准的图形文件，并将该图形的图层结构显示在"转换为"列表框中，也可以通过"新建"创建新的图层作为转换匹配图层，新建的图层也会显示在"转换为"列表框中。

（3）"映射"按钮 单击该按钮，可以将在"转换自"列表中选中的图层映射到"转换为"列表框中，并且当图层被映射后，将从"转换自"列表框中删除。

（4）"映射相同"按钮 将"转换自"列表框中和"转换为"列表框中名称相同的图层进行转换映射。

（5）"图层转换映射"区域 显示已经映射的图层名称和相关的特性值。

（6）"设置"按钮 设置图层的转换规则。

（7）"转换"按钮 单击该按钮将开始转换图层，并关闭"图层转换器"对话框。

第六节 标注图形尺寸

一、创建与设置标注样式

在进行图形尺寸标注前，应当先创建并设置好要使用的尺寸标注样式。使用标注样式可以控制标注的格式和外观，建立强制执行的绘图标准，并有利于对标注格式及用途进行修改。创建与设置尺寸标注样式在"标注样式管理器"中进行，"标注样式管理器"对话框如图 4-43 所示。在"标注样式管理器"中可以新建标注样式、修改标注样式、替代当前样式等操作，无论是新建、修改还是替代，具体样式设置均相似，以下以新建标注样式为例具体说明。

通过以下方法可以打开"标注样式管理器"对话框：①注释选项卡标注面板右下角设置按钮 ↘ ；②在命令行输入 DIMSTYLE 或 D。

1. 新建标注样式　在"标注样式管理器"中单击"新建"按钮，在打开的"创建新标注样式"对话框中即可创建新标注样式，如图 4-44 所示。在此对话框中，可以为新样式指定样式名称、基础样式和适用范围。

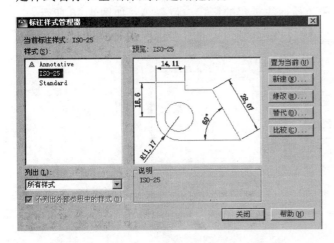

图 4-43　"标注样式管理器"对话框　　　　　图 4-44　"创建新标注样式"对话框

2. 设置标注样式　在"创建新标注样式"对话框中单击"继续"按钮，将打开"新建标注样式"对话框，可以设置新标注样式中线、符号和箭头、文字、主单位等具体内容。在"标注样式管理器"中单击"修改"按钮或"替代"按钮，可以对图形中已有的标注样式进行样式修改或样式替代设置，其具体内容与新建标注样式的设置相似。以下以新建标注样式为例逐一介绍。

（1）设置线样式　在"新建标注样式"对话框中，使用"线"选项卡可以设置尺寸线和尺寸界线的格式和位置，如图 4-45 所示。在"尺寸线"选项区域中，可以设置尺寸线的

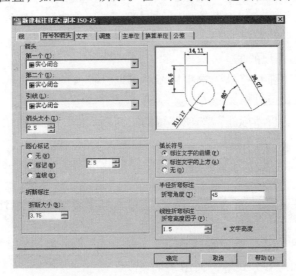

图 4-45　"线"选项卡

颜色、线宽、超出标记以及基线间距、隐藏控制等属性；在"尺寸界线"选项区域中，可以设置尺寸界线的颜色、线宽、超出尺寸线的长度、起点偏移量、隐藏控制等属性，通过勾选"固定长度的尺寸界线"复选框，还可以使用具有特定长度的尺寸界线标注图形，其中在"长度"文本框中可以输入尺寸界线的长度数值。

（2）设置符号和箭头样式 在"新建标注样式"对话框中，使用"符号和箭头"选项卡可以设置箭头、圆心标记、弧长符号和半径标注折弯的格式与位置等，如图4-46所示。

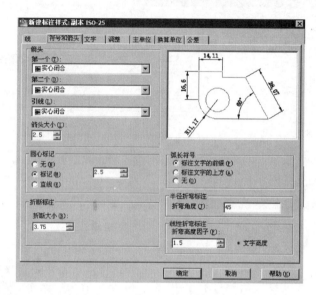

图4-46 "符号和箭头"选项卡

1）箭头。在"箭头"选项区中可以设置尺寸线和引线箭头的类型和尺寸大小。AutoCAD设置了20多种箭头样式，可以从下拉列表框中选择合适的箭头样式，并在"箭头大小"文本框中设置其大小，也可以使用自定义箭头。

2）圆心标记。在"圆心标记"选项区域中可以设置圆或圆弧的圆心标记类型（直线、标记和无）。选择"标记"可以对圆或圆弧绘制圆心标记；选择"直线"可对圆或圆弧绘制中心线；选择"无"则没有任何标记。当选择"标记"或"直线"时，可以在"标记"后方的文本框中设置圆心标记的值。

3）弧长符号。在"弧长符号"选项区域中可以设置弧长符号显示的位置（标注文字的前缀、标注文字的上方、无）。

4）折断标注。在"折断标注"选项区域的"折断大小"文本框中可设置标注折断时标注线的长度值。

5）半径折弯标注。在"折弯角度"文本框中设置标注圆弧半径时标注线的折弯角度值。

6）线性折弯标注。在"折弯高度因子"文本框中设置折弯标注打断时折弯线的高度值。

（3）设置文字样式 在"新建标注样式"对话框中，使用"文字"选项卡可以设置标注文字的外观、位置和对齐方式等，如图4-47所示。

1）文字外观。在"文字样式"下拉列表框中选择标注的文字样式，也可以单击其后的

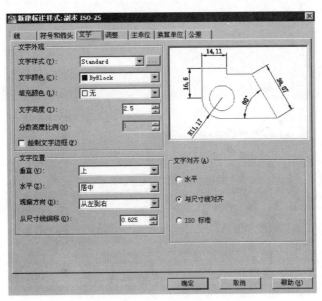

按钮，打开"文字样式"对话框，选择文字样式或新建文字样式；在"文字颜色"、"填充颜色"下拉列表框中选择标注文字的颜色及文字的背景颜色；在"文字高度"、"分数高度比例"文本框中分别设置标注文字的高度和标注文字中分数相对于其他标注文字的比例；通过"绘制文字边框"复选框可以设置是否给标注文字添加边框。

2）文字位置。设置文字的垂直位置、水平位置以及从尺寸线的偏移量。

垂直下拉列表框：用于设置标注文字相对于尺寸线在垂直方向的位置（置中、上方、外部和 JIS）。"置中"将标注文字放在尺寸线两部分的中间；"上方"将标注文字放在尺寸线的上方；"外部"将标注文字放在尺寸在线远离第一个定义点的一边；JIS：按照日本工业标准（JIS）放置标注文字。

水平下拉列表框：设置标注文字相对于尺寸线和尺寸界线在水平方向的位置（置中、第一条尺寸线、第二条尺寸界线、第一条尺寸界线上方、第二条尺寸界线上方）。

从尺寸线偏移：设置标注文字与尺寸线之间的距离。

3）文字对齐。该区域用于设置标注文字是保持水平还是与尺寸线平行。"水平"使标注文字水平放置。"与尺寸线对齐"使标注文字方向与尺寸线方向一致。"ISO 标准"使标注文字按 ISO 标准旋转，当标注文字在尺寸界线之内时，它的方向与尺寸线方向一致，而在尺寸界线之外时，将水平放置。

（4）设置调整样式　控制标注文字、箭头、引线和尺寸线的放置，如图 4-48 所示。

1）"调整选项"：控制基于尺寸界线之间可用空间的文字和箭头的位置。如果有足够大的空间，文字和箭头都将放在尺寸界线内。否则，将按照"调整"选项放置文字和箭头。

"文字或箭头（最佳效果）"单选按钮：按照最佳效果将文字或箭头移动到尺寸界线外。

"箭头"单选按钮：先将箭头移动到尺寸界线外，然后移动文字。

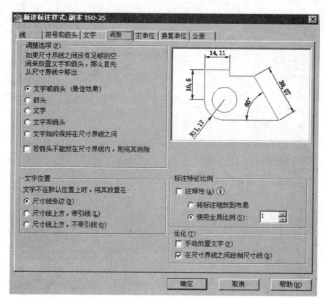

图 4-48 "调整"选项卡

"文字"单选按钮：先将文字移动到尺寸界线外，然后移动箭头。

"文字和箭头"单选按钮：当尺寸界线间距离不足以放下文字和箭头时，文字和箭头都移到尺寸界线外。

"文字始终保持在尺寸界线之间"单选按钮：始终将文字放在尺寸界线之间。

"若箭头不能放在尺寸界线内，则将其消除"复选框：如果尺寸界线内没有足够的空间，则隐藏箭头。

2）文字位置：设置标注文字从默认位置（由标注样式定义的位置）移动时标注文字的位置。

"尺寸线旁边"单选按钮：如果选定此按钮，只要移动标注文字尺寸线就会随之移动。

"尺寸线上方，带引线"单选按钮：如果选定此按钮，移动文字时尺寸线不会移动。如果将文字从尺寸线移开，将创建一条连接文字和尺寸线的引线。当文字非常靠近尺寸线时，将省略引线。

"尺寸线上方，不带引线"单选按钮：如果选定此按钮，移动文字时尺寸线不会移动。远离尺寸线的文字不与带引线的尺寸线相连。

3）标注特征比例：设置全局标注比例值或图纸空间比例。

"将标注缩放到布局"单选按钮：根据当前模型空间视口和图纸空间之间的比例确定比例因子。

"使用全局比例"单选按钮：为所有标注样式设置设置一个比例，这些设置指定了大小、距离或间距，包括文字和箭头大小。该缩放比例并不更改标注的测量值。

4）优化：对标注文字和尺寸线进行细微调整。

"手动放置文字"复选框：选中该复选框，则忽略所有水平对正设置并把文字放在指定的位置。

"在尺寸界线之间绘制尺寸线"复选框：选中该复选框，即使箭头放在尺寸界线之外时，也可在尺寸界线之内绘制出尺寸线。

（5）设置主单位样式　在"新建标注样式"对话框中，使用"主单位"选项卡设置主单位的格式和精度，并设置标注文字的前缀和后缀。如图 4-49 所示。

1）"线性标注"设置线性标注的格式和精度。

"单位格式"设置除角度之外的所有标注类型的当前单位格式。

"精度"显示和设置标注文字中的小数位数。

"分数格式"设置分数格式；"小数分隔符号"设置用于十进制格式的分隔符号。

"舍入"为除角度之外的所有标注类型设置标注测量值的舍入规则。

"前缀"和"后缀"用于在标注文字中包含前缀和后缀，可以输入文字或使用控制代码显示特殊符号。

2）"测量单位比例"定义线性比例选项。

"比例因子"设置线性标注测量值的比例因子，该值不应用到角度标注，也不应用到舍入值或者正负公差值。

"仅应用到布局标注"仅将测量单位比例因子应用于布局视口中创建的标注。除非使用非关联标注，否则，该设置应保持取消复选状态。

3）"消零"控制不输出前导零和后续零。

4）"角度标注"显示和设置角度标注的当前角度格式、精度以及控制是否消除角度尺寸的前导和后续零。

（6）"换算单位"选项卡　指定标注测量值中换算单位的显示并设置其格式和精度。在 AutoCAD2012 中，通过换算标注单位，可以转换使用不同测量单位制的标注，通常是在英制和公制之间进行单位换算。

（7）"公差"选项卡　在"新建标注样式"对话框中，使用"公差"选项卡可以设置是否标注公差，以及用何种方式进行公差标注，如图 4-50 所示。

在"公差格式"区域中设置公差的标注格式：包括确定以何种方式（对称、极限偏差、极限尺寸、基本尺寸）标注公差、设置尺寸的上偏差和下偏差、确定公差文字的高度比例因子、控制公差文字相对于尺寸文字的位置（上、中、下 3 种方式），以及设置换算单位精度和是否消零。

二、标注尺寸

创建并设置好标注样式后，即可对图形进行尺寸标注。常用的尺寸标注命令如下。

1. 线性标注　用于创建两个点之间的水平距离测量值或垂直距离测量值，并通过指定点或选择一个对象来实现。

通过以下方法可以调用"线性标注"命令：①在注释选项卡标注面板中单击标注下拉按钮┠┤线性；②在命令行输入 DIMLINEAR 或 DIMLIN。

当两个尺寸界线的起点不位于同一水平线或同一垂直线上时，可以通过拖动来确定是创建水平标注还是垂直标注。使光标位于两尺寸界线的起始点之间，上下拖动可引出水平尺寸线；使光标位于两尺寸界线的起始点之间，左右拖动则可引出垂直尺寸线。

2. 对齐标注　用于创建任意两个点之间的连线距离测量值。

通过以下方法可以调用"对齐标注"命令：①在注释选项卡标注面板中单击标注下拉

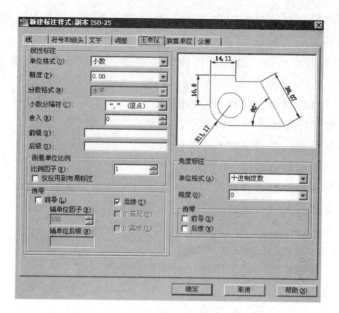

图 4-49　"主单位"选项卡

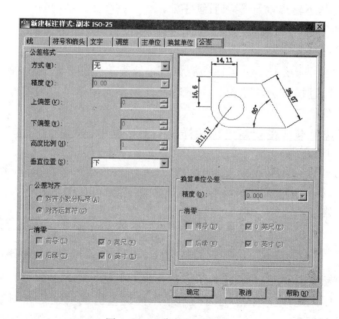

图 4-50　"公差"选项卡

按钮 对齐；②在命令行输入 DIMALIGNED 或 DIMALI。

　　3. 弧长标注　用于标注圆弧线段或多段线圆弧线段部分的弧长。

　　通过以下方法可以调用"弧长标注"命令：①在注释选项卡标注面板中单击标注下拉按钮 弧长；②在命令行输入 DIMARC。

　　当选择了需要标注的对象并指定了尺寸线的位置后，系统将按实际测量值标注出圆弧的长度。也可以利用"多行文字"、"文字"或"角度"等选项来确定尺寸文字或尺寸文字的旋转角度，以及利用"部分"选项标注选定圆弧某一部分的弧长。

4. 坐标标注　用于创建相对于当前用户坐标系坐标原点的点坐标。

通过以下方法可以调用"坐标标注"命令：①在注释选项卡标注面板中单击标注下拉按钮 坐标；②在命令行输入 DIMORDINATE 或 DIMORD。

坐标标注由 X 或 Y 值和引线组成。调用坐标标注命令后，在提示指定点坐标时确定要标注坐标尺寸的点，当系统提示指定引线端点时指定引线端点即可创建所需点坐标。默认情况下，指定的引线端点将自动确定是创建 X 基准坐标标注，还是 Y 基准坐标标注。例如，当指定引线端点更接近于垂直线时将创建 X 基准坐标标注。

5. 半径标注　用于标注圆和圆弧的半径。

通过以下方法可以调用"半径标注"命令：①在注释选项卡标注面板中单击标注下拉按钮 半径；②在命令行输入 DIMRADIUS 或 DIMRAD。

当选择了需要标注的对象并指定了尺寸线的位置后，系统将按实际测量值标注出圆或圆弧的半径。也可以利用"多行文字"、"文字"或"角度"等选项来确定尺寸文字或尺寸文字的旋转角度。当通过"多行文字"和"文字"选项重新确定尺寸文字时，只有给输入的尺寸文字加前缀 R，才能使标出的半径尺寸有半径符号 R，否则没有该符号。

6. 折弯标注　常用于标注半径较大的圆或圆弧的半径。

通过以下方法可以调用"折弯标注"命令：①在注释选项卡标注面板中单击标注下拉按钮 折弯；②在命令行输入 DIMJOGGED。

该标注方式与半径标注方法基本相同，但需要指定一个位置代替圆或圆弧的圆心，可以指定任意位置作为圆或圆弧的圆心替代位置。

7. 直径标注　用于标注圆和圆弧的直径。

通过以下方法可以调用"直径标注"命令：①在注释选项卡标注面板中单击标注下拉按钮 直径；②在命令行输入 DIMDIAMETER 或 DIMDIA。

当选择了需要标注的对象并指定了尺寸线的位置后，系统将按实际测量值标注出圆或圆弧的直径。也可以利用"多行文字"、"文字"或"角度"等选项来确定尺寸文字或尺寸文字的旋转角度。当通过"多行文字"和"文字"选项重新确定尺寸文字时，只有给输入的尺寸文字加前缀 Φ，才能使标出的直径尺寸有直径符号 Φ，否则没有该符号。

8. 角度标注　角度标注可测量两条直线或三个点之间的角度。要测量圆的两条半径之间的角度，可以选择此圆，然后指定角度端点。对于其他对象，需要选择对象然后指定标注位置。还可以通过指定角度顶点和端点标注角度。

通过以下方法可以调用"角度标注"命令：①在注释选项卡标注面板中单击标注下拉按钮 角度；②在命令行输入 DIMANGULAR 或 DIMANG。

可以相对于现有角度标注创建基线和连续角度标注。基线和连续角度标注小于或等于180°。要获得大于180°的基线和连续角度标注，请使用夹点编辑拉伸现有基线或连续标注的尺寸界线的位置。

9. 基线标注　创建一系列由相同的标注原点测量出来的标注。

通过以下方法可以调用"基线标注"命令：①在注释选项卡标注面板中单击下拉按钮 基线；②在命令行输入 DIMBASELINE 或 DIMBASE。

　　在进行基线标注之前必须先创建（或选择）一个线性标注、坐标标注或角度标注作为基准标注，然后执行基线标注命令，在提示"指定第二条尺寸界线原点"时，直接确定下一个尺寸的第二条尺寸界线原点。AutoCAD 将按基线标注方式标注出尺寸，直到按下 Enter 键结束命令为止。

　　10. 连续标注　创建一系列首尾相连的标注，每个连续标注都从前一个标注的第二个尺寸界线处开始。

　　通过以下方法可以调用"连续标注"命令：①在注释选项卡标注面板中单击下拉按钮 ┠┼┼┨ 连续；②在命令行输入 DIMCONTINUE 或 DIMCONT。

　　与基线标注一样，在进行连续标注之前也必须先创建（或选择）一个线性标注、坐标标注或角度标注作为基准标注，然后执行连续标注命令。在提示指定第二条尺寸界线原点时，直接确定下一个尺寸的第二条尺寸界线原点，AutoCAD 按连续标注方式标注出尺寸，即把上一个标注（或所选标注）的第二条尺寸界线，作为新尺寸标注的第一条尺寸界线标注尺寸，直到按下 Enter 键结束命令为止。

　　11. 标注间距　可以自动调整图形中现有的平行线性标注和角度标注，以使其间距相等或在尺寸线处相互对齐。

　　通过以下方法可以调用"标注间距"命令：①在注释选项卡标注面板中单击按钮 ；②在命令行输入 DIMSPACE。

　　12. 标注打断　可以在标注或尺寸界线与其他线重叠处打断标注或尺寸界线。

　　通过以下方法可以调用"标注打断"命令：①在注释选项卡标注面板中单击按钮 ；②在命令行输入 DIMBREAK。

　　13. 多重引线　可用于创建引线和注释，并可以设置引线和注释的样式。

　　（1）多重引线样式　用命令 MLEADERSTYLE 或单击注释选项卡引线面板右下角的设置按钮，可以打开"多重引线样式管理器"，可以设置多重引线的格式、结构和内容，将某种引线样式置为当前样式后，就可以创建多重引线了。

　　（2）创建多重引线　通过以下方法可以调用"多重引线"命令：①在注释选项卡标注面板中单击按钮 ；②在命令行输入 MLEADER。

　　调用多重引线命令后，当提示"指定引线位置"时，在图形中单击确定引线箭头的位置，然后在打开的文字输入窗口输入注释内容即可。

　　（3）编辑多重引线　可以为已经标注的多重引线添加或删除引线；也可以将多个引线标注进行对齐排列；还可以将相同的引线注释进行合并显示。

　　14. 形位公差　形位公差表示特征的形状、轮廓、方向、位置和跳动的允许偏差。可以通过特征控制框来添加形位公差，这些框中包含单个标注的所有公差信息（如图 4-51 所示）。可以创建不带引线或带有引线的形位公差，取决于使用 TOLERANCE 还是 LEADER、QLEADER、MEADER。

　　15. 圆心标记　创建圆和圆弧的圆心标记或中心线。

　　16. 折弯标注　在线性标注或对齐标注的尺寸线中添加或删除折弯线。折弯线用于表示不显示实际测量值的标注值。通常，标注的实际测量值小于显示的值，如图 4-52b 所示为创建折弯标注并修改标注文字后的效果。

图 4-51 "形位公差"特征框

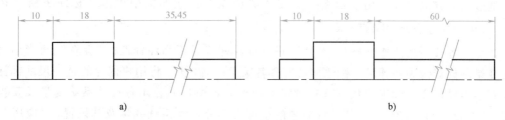

图 4-52 折弯线性标注

通过以下方法可以调用"折弯线性"命令：①在功能区注释选项卡标注面板中单击"折弯标注"按钮![icon]；②在命令行输入 DIMJOGLINE。

17. 快速标注 快速创建或编辑一系列标注。创建一系列基线或连续标注，或者为一系列圆或圆弧创建标注时，此命令特别有用。

通过以下方法可以调用"快速标注"命令：①在功能区注释选项卡标注面板中单击按钮![icon]；②在命令行输入 QDIM。

三、编辑标注的运用

在 AutoCAD2012 中，可以对已标注对象的文字、位置及样式等进行修改，而不必删除所标注的尺寸对象再重新进行标注。常用的命令如下所述。

1. 编辑标注 用于编辑已有标注的标注文字内容的放置位置。

通过以下方法可以调用"编辑标注"命令：命令行输入 DIMEDIT 或 DIMED。

编辑标注有 4 种编辑类型："默认"用于将修改过文字位置的尺寸文字重新按默认位置和方向放置；"新建"用于创建新的标注文字内容并将其应用到选择的尺寸对象；"旋转"可以将标注文字旋转一定的角度；"倾斜"用于将非角度标注的尺寸界线倾斜一角度。

2. 编辑标注文字 用于移动或旋转标注文字。

通过以下方法可以调用"编辑标注文字"命令：在命令行输入 DIMTEDIT 或 DIMTED。

默认情况下，可以通过拖动光标来确定尺寸文字的新位置，也可输入"左"、"右"、"中心"、"默认"、"角度"等选项来指定文字的新位置。

3. 标注样式替代 标注样式替代是对当前标注样式中的指定设置所做的修改。使用标注样式替代，无须更改当前标注样式便可临时更改标注系统变量。某些标注特性对于图形或尺寸标注的样式来说是通用的，因此适合作为永久标注样式设置。其他标注特性一般基于单个基准应用，因此可以作为替代以便更有效地应用。替代将应用到正在创建的标注以及所有使用该替代样式后创建的标注，直到撤销替代或将其他标注样式置为当前为止。

通过以下方法可以进行替代样式设置：①在"标注样式管理器"首页点"替代"后在各选项卡下设置；②在命令行输入 DIMOVERRIDE。

默认情况下，输入要修改的系统变量名，并为该变量指定一个新值。然后选择需要修改的对象，这时指定的尺寸对象将按新的变量设置作相应的更改。调用"清除替代"选项并选择需要修改的对象，这时可以取消用户已作出的修改，并将尺寸对象恢复成在当前系统变量设置下的标注形式。

4. 更新标注　使已标注的对象采用当前标注样式。

通过以下方法可以调用该命令：①在注释选项卡标注面板中单击"标注更新"按钮 ；②在命令行输入 DIMSTYLE。

该命令各选项功能如下："注释性"设置标注样式是否为注释性；"保存"将当前尺寸系统变量的设置作为一种尺寸标注样式来命名保存；"恢复"将用户保存的某一尺寸标注样式恢复为当前样式；调用"状态"选项可切换到文本窗口并显示各尺寸系统变量及其当前设置；"变量"显示指定标注样式或对象的全部或部分尺寸系统变量及其设置；"应用"可以根据当前尺寸系统变量的设置更新指定的尺寸对象；"？"显示当前图形中命名的尺寸标注样式。

5. 尺寸标注的关联性　标注关联性定义几何对象和为其提供距离和角度的标注间的关系。标注关联性可通过系统变量 DIMASSOC 设置（2—关联标注、1—非关联标注、0—分解标注）。关联标注根据所测量的几何对象的变化而进行调整。某些情况下可能需要为标注修改关联性，可以用系统变量 DIMDISASSOCIATE 解除标注的关联性，用 DIMREASSOCIATE 将标注重新关联起来。

第七节　文字与表格

在一幅完整的工程图中，都包含一些文字注释来表明图样中的一些非图形信息，如技术要求、装配说明、材料说明、施工要求等。在 AutoCAD 中使用表格功能可以创建不同类型的表格，并且还可以在其他软件中复制表格以简化制图。

一、设置文字样式

图形中的所有文字都具有与之相关联的文字样式。输入文字时，程序使用当前的文字样式，文字样式设置字体、字号、倾斜角度、方向和其他文字特征。如果要使用其他文字样式来创建文字，可以将其他文字样式置于当前。文字样式各参数均可在"文字样式"对话框中进行设置。

通过以下方法可以打开文字样式对话框：①功能区注释选项卡文字面板右下角按钮 ；②在命令行输入 STYLE 或 ST。调用命令后打开的"文字样式"对话框如图 4-53a

所示。

对话框中各部分含义如下所述。

1. 当前文字样式 指示当前文字样式。

2. "样式"列表 列出当前可用的文字样式，默认的文字样式为"Standard"。在样式列表中是列出所有样式还是仅列出正在使用的样式，可由控制下拉列表框选择控制。预览框中显示随着字体的改变和效果的修改而动态更改的样例文字。

3. 字体 对文字的字体属性进行设置。

"字体名"下拉列表框列出所有注册的 TrueType 字体和 Fonts 文件夹中编译的形（SHX）字体供用户选择；"字体样式"下拉列表框用于选择字体格式（斜体、粗体、常规等），选定"使用大字体"后，该选项变为"大字体"，用于选择大字体文件。"使用大字体"，指定亚洲语言的大字体文件。只有在"字体名"中指定 SHX 文件，才能使用大字体，图4-53b所示为对新建的文字样式"工程字"字体的设置。"大小"区域用于设置文字样式使用的字高属性。"高度"文本框用于设置文字的高度。

图4-53 "文字样式"对话框

选择国际通用的文字字体时，既可以使用 TrueType 字体，也可以使用大字体。在工程图中，"SHX 字体"通常可选择 gbenor. shx（正体）或 gbeitc. shx（斜体），"大字体"可选择"gbcbig. shx（简体中文字体—中文长仿宋体）"；若有特殊需要，还可将某种字体复制到

AutoCAD 安装文件夹中的 FONTS 文件夹下以供选择使用。

"文字高度"通常设为 0，这样在使用 DTEXT 命令标注文字时，命令行将显示"指定高度"提示，要求指定文字高度；如果在"高度"文本框中输入了文字高度，则 AutoCAD 将按此高度标注文字，而不再提示指定高度。

4. 效果 对文字的显示效果进行设置。"颠倒"用于设置是否将文字倒过来书写；"反向"用于设置是否将文字反向书写；"垂直"显示垂直对齐的字符，只有在选定字体支持"垂直"才可用，TrueType 字体的垂直定位不可用；"宽度比例"文本框用于设置文字字符的高度和宽度之比，当宽度比例小于 1 时字符会变窄；"倾斜角度"文本框用于设置文字的倾斜角度。

二、创建与编辑文字

创建文字的方法可以使用"单行文字"或"多行文字"命令。

1. 创建单行文字 可以使用"单行文字"创建一行或多行文字，其中，每行文字都是独立的对象，可对其进行重定位、调整格式或进行其他修改。

通过以下方法调用"单行文字"命令：①在功能区注释选项卡文字面板中单击按钮 A单行文字；②在命令行输入 TEXT、DTEXT（或 DT）。

默认情况下，通过指定单行文字行基线的起点位置、文字高度、文字旋转角度创建文字。其余选项含义如下：

"对正"选项可以设置文字的对正方式，各种文字对正方式的效果如图 4-54 所示。

除图示的各种对正方式外，还有"对齐"和"调整"两个选项功能。

"对齐"选项将使字符串均匀分布在用户所指定的基线起点与终点之间，文字行的倾斜角度由两点间连线的倾斜角度确定，文字高度根据字符串和文字样式所设定的宽度因子自动确定，文字字符串越长，字符越矮。基线的起点与终点选择顺序会影响字符串标注结果。

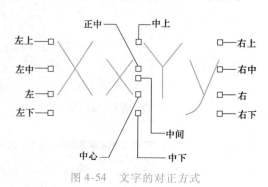

图 4-54 文字的对正方式

"调整"选项也将使字符串均匀分布在用户所指定的基线起点和终点之间，文字行的倾斜角度由两点间连线的倾斜角度确定；文字高度不变，文字的宽度根据字符串和文字样式所设定的宽度因子自动确定，文字字符串越长，字符越窄。

"样式"可以设置当前使用的文字样式。

2. 创建多行文字 "多行文字"又称为段落文字，整个段落都将被作为一个整体处理。当需要创建较为复杂的文字说明时，通常使用"多行文字"命令。

多行文字命令可以根据用户设置的宽度自动换行，并且在垂直方向上延伸，不像单行文字仅在水平方向上延伸；可以选用不同的字体；可以实现边输入边编辑；结束编辑后在编辑器内建立的文本将以文本块的形式标注在图中指定位置。

通过以下方法可以打开多行文字编辑器：①在功能区注释选项卡文字面板中单击按钮 **A** 多行文字；② 在命令行输入 MTEXT 或 MT。

调用命令后，在需要输入文字的位置拉出一矩形，功能区自动展开"文字编辑器"选项卡，绘图区光标闪烁即可开始编辑段落文字，如图 4-55 所示。

"文字编辑器"提供了常用的文字格式调整工具，可以设置文字样式、文字字体、文字高度、加粗、倾斜、加下划线、堆叠、文字对正方式、段落格式、特殊符号、插入字段、字符间距、段落间距等。在文字输入区域内输入文字，输入文字后可以根据需要对个别文字的大小、字体、效果等进行修改，编辑完成后单击"关闭文字编辑器"结束命令。

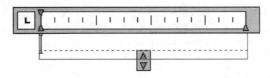

图 4-55 "文字编辑器"

利用"文字编辑器"录入特殊符号：单击符号下拉按钮 @ 符号，在打开的符号列表（见图 4-56）中选择所需符号即可输入到文本中，单行文字编辑器要录入特殊符号，则必须输入相应的控制代码。

利用"文字编辑器"创建堆叠文字：当输入的文本之间使用"/"、"#"或"^"三种堆叠符号之一分隔时，选择包括堆叠符在内的需要进行堆叠的文本，单击按钮 **ᵇ⁄ₐ** 堆叠即可完成堆叠操作。包含"/"时将按水平分数堆叠；包含"#"时将按斜分数堆叠；包含"^"时将上下并排堆叠。这三种堆叠效果如图 4-57 所示。如果选中已经堆叠的文本后单击此按钮，则文本恢复到非堆叠形式。

3. 编辑文字 创建了单行文字或多行文字后，可能发现有的文字需要修改，可采用以下方法对文字进行编辑修改操作：①双击文字对象，单行文字将自动打开文字编辑框，可以修改单行文字的内容。对于多行文字则打开文字编辑器，可按创建多行文字的方法进行内容及格式的编辑（通过输入 DDEDIT 命令选择编辑对象也可实现此功能）；②单击文字面板按钮 **A** 缩放，保持选定文字对象位置不变对其进行放大和缩小；③单击文字面板按钮 **A** 对正，保持选定文字对象位置不变更改其对正点；④通过"特性"（PROPERTIES）窗口对文字进行修改，实际上几乎一切对象的特性都可以通过"特性"窗口进行修改，"特性"窗口还可以由组合键"Ctrl + L"打开或关闭。

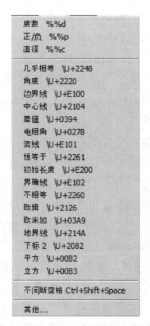

度数	%%d
正/负	%%p
直径	%%c
几乎相等	\U+2248
角度	\U+2220
边界线	\U+E100
中心线	\U+2104
差值	\U+0394
电相角	\U+0278
流线	\U+E101
恒等于	\U+2261
初始长度	\U+E200
界碑线	\U+E102
不相等	\U+2260
欧姆	\U+2126
欧米加	\U+03A9
地界线	\U+214A
下标 2	\U+2082
平方	\U+00B2
立方	\U+00B3
不间断空格 Ctrl+Shift+Space	
其他…	

图 4-56 符号列表

图 4-57 文字的堆叠

a）3 和 4 之间包含"/"的效果 b）3 和 4 之间包含"#"的效果 c）3 和 4 之间包含"^"的效果

三、设置表格样式

表格样式控制一个表格的外观，用于保证标准的字体、颜色、文本、高度和行距。可以使用默认的表格样式，也可以自定义表格样式。表格样式在"表格样式"对话框中创建及设置，表格样式对话框如图 4-58 所示。

通过以下方法可以打开表格样式对话框：①在功能区注释选项卡表格面板右下角按钮↘；②在命令行输入 TABLESTYLE 或 TS。

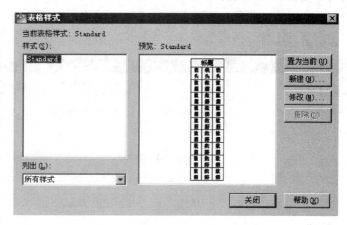

图 4-58 "表格样式"对话框

对话框各区域选项功能如下："当前表格样式"显示当前表格样式的名称。默认表格样式为 Standard；"样式"列表框列出图形中的表格样式，当前样式被亮显；"列出"可以控制在样式列表中列出所有表格样式或只显示被当前图形中的表格所使用的表格样式；"预览"区域用于显示样式列表中选定样式的预览图像；"置为当前"按钮将"样式"列表中选定的表格样式设置为当前样式，所有新表格都将使用此表格样式创建；"新建"和"修改"分别创建新表格样式和修改已有的表格样式；"删除"可以删除除当前样式

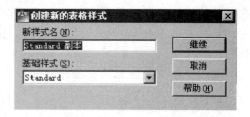

图 4-59 "创建新的表格样式"对话框

和已被使用过的样式以外的表格样式。

1. 新建表格样式 单击"新建"将显示"创建新的表格样式"对话框（如图 4-59 所示），可以在该对话框中定义新表格样式的名称，以及选择新表格样式的基础样式，单击"继续"按钮后弹出"新建表格样式"对话框（如图 4-60 所示），从中可以定义新的表格格式、表格方向、边框特性和文本样式等内容。

设置表格样式主要是设置表格的数据、表头和标题的样式，在"新建表格样式"对话框中，可以在"单元样式"选项区域的下拉列表框中选择"数据"、"表头"、"标题"来分别设置对应样式。

新建表格样式包括"基本"、"文字"和"边框"3 个选项，可以分别指定单元基本特性、文字特性和边界特性。"基本"选项卡用于设置表格的填充颜色、对齐方向、格式、类型及页边距等特性。"文字"选项卡用于设置表格单元中的文字样式、高度、颜色和角度等特性。"边框"选项卡用于设置是否需要表格边框，当有边框时，还可设置表格的线宽、线

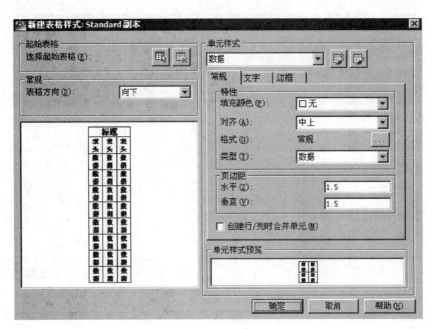

图 4-60　"新建表格样式"对话框

型、颜色和间距等特性。注意，边框特性设置好后必须单击相应的边框以应用，若直接单击了"确定"将忽略。

2. 修改表格样式　单击"修改"项（见图 4-58）可以修改表格样式；弹出"修改表格样式"对话框，具体设置内容与新建表格样式内容相同，不再重复。

四、创建与编辑表格

1. 创建表格　在"插入表格"对话框中设置好表格参数后，单击"确定"即可开始创建表格。

通过以下方法来打开"插入表格"对话框（如图 4-61 所示）以创建所需要的表格：①在注释选项卡表格面板中单击按钮 ⊞；②在命令行输入 TABLE 或 TA。

在"表格样式"区域中，可从下拉列表中选择一种表格样式，或者通过右侧的按钮创建新的表格样式。

在"插入选项"区域中，单选"从空表格开始"可以创建手动填充数据的空表格；单选"自数据链接"可以从外部电子表格中的数据创建表格；单选"自图形中的对象数据"可以启动数据提取向导来创建表格。

"预览"显示当前表格的样例。

"插入方式"区域指定表格位置。单选"指定插入点"指定表格左上角的位置，可以使用定点设备，也可以在命令提示下输入坐标值，如果表格样式将表格的方向设置为由下而上读取，则插入点位于表格的左下角；单选"指定窗口"指定表格的大小和位置，可以使用定点设备，也可以在命令提示下输入坐标值，选定此选项时，行数、列数、列宽和行高取决于窗口的大小以及列和行设置。

"列和行设置"区域用于设置行和列的数目和大小。

"设置单元样式"用于对不包含起始表格的表格样式，指定新表格中行的单元格式。

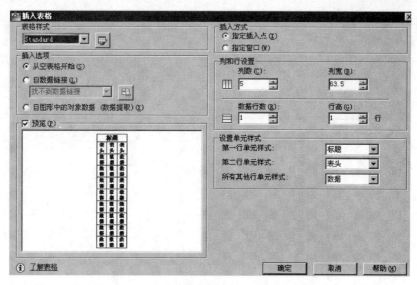

图 4-61 "插入表格"对话框

2. 编辑表格 编辑表格包括编辑表格和编辑表格单元。编辑表格可采用夹点编辑（包括移动表格、改变表格行高与列宽、打断表格成几段等）或者通过选中整个表格时的右键快捷菜单（如图 4-62a 所示）进行操作，包括对表格进行剪切、复制、删除、移动、缩放和旋转以及调整行列大小等。编辑表格单元可通过选中表格单元时的右键快捷菜单（如图 4-62b 所示），或者通过选择单元格时功能区自动弹出的"表格单元"选项卡（如图 4-63 所示）进行操作，包括行和列的插入与删除、单元格的合并与拆分、单元样式及格式修改设置等。

图 4-62 编辑表格的右键快捷菜单

a）选中整个表格时的快捷菜单 b）选中单元格时的快捷菜单

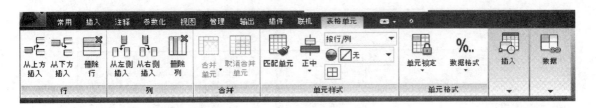

图 4-63 "表格单元"选项卡

第八节 AutoCAD 绘图综合实例

前面各节的内容相对比较零散，本节将通过一些绘图实例将这些知识串接起来综合运用，帮助用户建立起用 AutoCAD2012 绘图的整体概念，并巩固前面各节所学的知识，学会一些作图的技巧，提高实际绘图能力。

一、绘图的一般操作流程

用 AutoCAD2012 绘制图形的一般操作流程如下（其中第 1~9 步为创建样板图的方法及步骤）。

1. 启动应用程序 双击桌面上的 AutoCAD2012 应用程序图标可启动程序，进入用户界面。

2. 设置适合自己的工作环境 可通过命令 OPTIONS，打开选项对话框进行设置，还可以通过自定义命令 CUI 打开自定义用户界面进行设置。这一步也可省略而采用系统默认设置。

3. 设置绘图单位和精度 用于控制坐标和角度的显示格式和精度。要设置图形单位和精度，可输入 UNITS（或 UN）命令，打开"图形单位"对话框（如图 4-64 所示）。在该对话框中分别设定长度类型为"小数"、角度类型为"十进制度数"，选择好精度，单击"确定"即可。角度计算系统默认以逆时针方向为正。

4. 创建并设置图层 不同特性的对象应当分别绘制在不同的图层上，以便能够通过图层特性管理器来方便地管理图形中的不同对象。创建图层一般包括设置图层名称、颜色、线型和线宽。图层的多少根据所绘制图形的复杂程度确定，但应当符合国家标准的有关规定。试创建图 4-65 所示的图层。

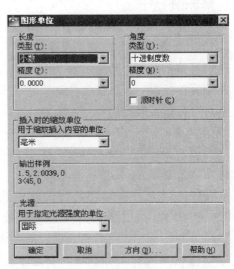

图 4-64 "图形单位"对话框

5. 设置文字样式 在绘制工程图时，需要在图样中加入文本进行说明或注释，文本中使用的字体及字符高度应符合国标有关规定。我国国标的字体文件为：字母和数字通常采用正体 gbenor.shx，如有需要也可采用斜体 gbeitc.shx；汉字字体采用长仿宋大字体形文件 gbcbig.shx。不同对象以及不同图幅中的汉字与字母规定的字符高度也有所不同，但一般要求汉字高度不小于 3.5mm，数字和字母高度不小于 2.5mm。

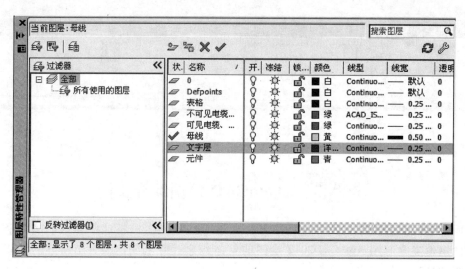

图 4-65　设置图层

6. 设置标注样式　尺寸标注样式用来控制图形中尺寸标注效果，对于不同种类的图形，尺寸标注的要求也不完全相同。默认提供的标注样式 ISO-25 也不完全符合我国的图形标注习惯。

7. 绘制图块　绘制工程图中所需要的常用的图块（详见本章第二节"创建并使用块"）。

8. 保存样板图　绘制一系列工程图时，通常采用相同的标准进行图形的绘制，为了避免每次进行重复的设置，可以将以上设置保存为样板图，以后可以通过该样板图直接开始绘制一幅新的图形。

将上述 1～8 条所做的设置保存成名为"电气图"的样板图：

（1）选择"文件"→"保存"命令，打开"图形另存为"对话框。

（2）在对话框中设置"文件类型"为"AutoCAD 图形样板（∗.dwt）"，设置了保存文件类型为样板图后，系统会自动将路径设置为 AutoCAD 默认的样板文件所在路径（若有需要也可自行指定路径）。

（3）在"文件名"文本框中输入"电气图"，单击"保存"按钮。

（4）在弹出的"样板选项"对话框中，可以对该样板图输入简要说明，并可设置测量单位为"公制"或"英制"，最后单击"确定"即可。

在做好以上一系列设置后，若要采用这些设置开始绘制一幅新图，只需选择"文件"→"新建"，在弹出的"选择样板"对话框的样板列表中双击"电气图"即可。

9. 开始绘制新图形　可以通过默认样板或自定义的样板开始绘制一幅新的图形。

10. 保存图形及打印图形　在绘制图形的过程中要注意及时保存，以避免意外事故所造成的损失。图形完成后还可根据需要打印成图（详见本章第九节）。

二、典型平面几何图形绘制实例

在 AutoCAD 中绘制同一个图形，可以采用不同的命令或不同的方法来完成，每个人在绘图过程中都可能会有自己的方法与技巧。以下介绍几个典型的平面图形的绘制方法，使大家能够在进一步熟练基本命令的情况下，掌握一些 AutoCAD 绘图的方法和技巧。

为避免重复设置，请参照本节前述样板图的制作方法及步骤创建名为"几何图"的样板文件。一般的几何图形并不太复杂，只需对图层设置粗实线、细实线、标注、文字、填充、虚线、中心线等即能够基本完成。图层特性、文字样式、标注样式等设置应符合国标要求。

以下几例都用此样板开始，而不需要重复设置。

例 4-1　完 成 图 4-66 所示的图形。通过本例熟练掌握偏移、复制、阵列、倒角、圆角、修剪、引线标注等基本命令。

方法及步骤如下：

（1）以"几何图"为样板文件新建一幅图。

（2）将图层"中心线"置为当前层，画长为 10 的水平线，以水平线中点为基点旋转复制出一与之垂直的竖直线，十字交叉线的交点用于定位左

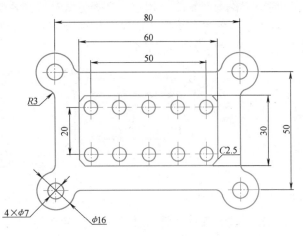

图 4-66　几何图实例一

下角圆心。再将此十字交叉线复制，复制时基点捕捉到十字中心点，要求指定第二点（复制的目标点）时，输入（15，15）定位直径为 6 的小圆的圆心。结果如下图 4-67a 所示。

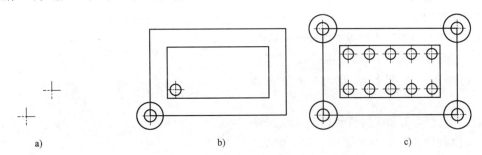

图 4-67　例 4-1 图 4-66 的绘制（之一）

（3）将图层"粗实线"置为当前，捕捉到十字线交点，分别画直径为 7、16 的同心圆和另一直径为 6 的圆；调用"矩形"命令，以十字线交点为第一角点，绘制的 80×50 矩形；调用偏移命令，指定偏移距离 10，将 80×50 的矩形向内部进行偏移，得到 60×30 的矩形，结果如图 4-67b 所示。

调用复制命令，选择直径为 7 和 16 的圆及其对称线，右击确定对象的选择，指定基点为圆心，依次捕捉到 80×50 矩形的其余三个角点作为复制的目标点；选择直径为 6 的圆及其中心线，调用"矩形阵列"命令，设置"行数"为 2，"列数"为 5，"行距"为 20，"列距"为 12.5，设置好这些参数后，单击"回车"完成阵列命令，结果如图 4-67c 所示。

（4）调用"倒角"命令，输入"D"设置倒角距离为 2.5，输入"M"以便在多处进行相同参数设置的倒角，当提示"选择第一条直线"、"选择第二条直线"时依次拾取 60×30 矩形的各个角的相邻两条边，即可对矩形的 4 个顶点完成距离为 2.5 的倒角。

调用"分解"命令对 80×50 的矩形进行分解（如果不先分解，在对矩形和直径为 16

的圆进行圆角处理时由于位置不唯一，将无法对它们进行圆角）。调用"圆角"命令，输入
"R"重新设置圆角半径为3，输入"M"以便对多处进行相同的圆角处理，提示选择对象
时，依次拾取 φ16 的圆和相邻的矩形的边（注意拾取位置，否则可能会得到不一样的圆角
效果），结果如图 4-68a 所示。

调用"修剪"命令，用窗口选择方式选择所有对象（而不必一一考虑哪些是剪切边），
右击确定对象选择，当提示选择要修剪的对象时，依次拾取 φ16 的圆上需要修剪掉的部分
即可，结果如图 4-68b 所示。

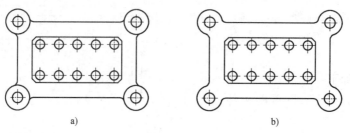

a)   b)

图 4-68　例 4-1 图 4-66 的绘制（之二）

（5）标注、保存。将图层"标注"置为当前，对图形各部分进行标注，最后结果如图
4-66 所示。其中对倒角的标注可以采用引线标注，设置引线样式中的"引线连接"位置为
"最后一行加下划线"，即可得到图中所示的效果。

例 4-2　完成图 4-69 所示的图形。该图中较难的部分在于 *ABCD* 四边形部分的绘制，其
余部分的绘制相对较为简单。

方法步骤如下：

（1）以"几何图"为样板文件新建一幅图。

（2）绘制四边形 *ABCD*。将图层"粗实
线"置为当前，绘制长为 80 的水平直线
段 *AD*。

线段 *AB*、*BC* 和 *CD* 的位置暂时无法准确
定位，需要利用几何知识来解决。在"状态"
行的"极轴"按钮上右击，点击"设置"打
开"草图设置"对话框，选中"附加角"复
选框，单击"新建"按钮，在文本框中输入
"285"或"-75"设置附加追踪角，在"极
轴角测量"区域选中"相对上一段"单选按
钮，单击"确定"完成极轴追踪设置。

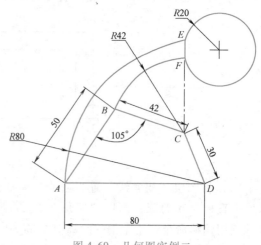

图 4-69　几何图实例二

调用"直线"命令，捕捉到点 *A*，移动光标至任意方向，输入 50，给出直线段 *AB'*，移
动光标追踪到相关极轴 285°方向时，输入 42 绘制出 *B'C'* 段。这样保证了线段 *AB'*、*B'C'*
（图 4-69）两段线各自的长度符合要求，两线段的夹角也符合要求。

调用"圆"命令，以点 *A* 为圆心，当提示指定圆半径时，捕捉到点 *C'*（即以 *A*、*C'* 两
点间的距离为半径）画一辅助圆；重复画圆命令，以点 *D* 为圆心，30 为半径画辅助圆，图
中两辅助圆的上方交点即为图 4-69 中点 *C* 的准确位置。如图 4-70a 所示。

调用 LINE 命令，捕捉两圆交点 *C* 和点 *D* 作为直线的两个端点，完成线段 *CD* 的绘制；

调用旋转 ROTATE 命令，选择图 4-70a 中的线段 AB' 和 $B'C'$，指定点 A 为旋转基点，当提示"指定旋转角度，或［复制（C）/参照（R）］"时，输入"R"调用参照选项功能，提示指定参照角时，依次捕捉点 A 和点 C'；提示"指定新角度"时，捕捉到两辅助圆的上方交点 C，结果如图 4-70b 所示。删除两辅助圆即完成四边形 $ABCD$ 的绘制。

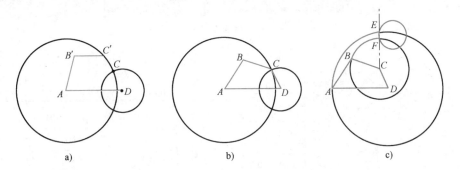

图 4-70　图 4-69 图形的作图步骤

（3）绘制图形其余部分。调用画圆命令，以点 D 为圆心画半径为 80 的圆，重复命令，以点 C 为圆心画半径为 42 的圆。过 C 点画一竖直辅助直线，与两圆分别交于点 E 和点 F。调用直线命令，画线段 EF。用"起点、端点、半径"方式画圆弧，指定起点为 F，端点为 E，移开光标，当提示输入圆弧半径时，请输入"－20"（注意：画圆弧时，若输入的半径值为负，则会画出包含角大于 180° 的圆弧段），结果如图 4-70c 所示。

最后进行修剪，完成图形绘制。

（4）标注及保存图形。将图层"标注"置为当前，进行图形各部分尺寸标注，最后保存图形即可。

三、电气图形绘制实例

电气工程包括的范围很广，如电力、电子、工业控制、建筑电气等，对不同的应用范围，其工程制图的要求大致是相同的，但也有其特定的要求。

电气工程简图是电气工程图的主要表现形式；元器件和连接线是电气图描述的主要内容；功能布局法和位置布局法是电气工程图的两种基本的布局方法；图形符号、文字符号和项目代号是构成电气工程图的基本要素。总之，电气工程图绝大多数都是采用国家标准规定的电气图形符号和带注释的方框，或简化的外形图来表示系统或设备中各组成部分相互关系的一种图形。

在各类电气工程图中，对安装接线图和设备布置图，往往需要表达出电气装置内部各元器件之间及其与其他装置之间的连接关系、相对位置关系和相互间的尺寸关系，以便于设备的安装、调试及维护。电气一次图、电气二次图、机床控制电路图等则通常不需要考虑设备的外形、大小和尺寸，而只要准确表达出各部分的连接关系和功能，因而绘制这类图的要点是合理绘制图形符号且使布局合理、美观。

下面分别以电气一次图和电气安装图为例，讲述各类电气图的绘制方法。为避免重复设置图层及文字样式及标注样式等，各图形文件都以本节前述制作的样板文件"电气图"开始。

例 4-3　电气一次图　绘制如图 4-71 所示的某小型发电厂电气主接线图。全图基本上由图形符号、连接线及文字注释组成，不涉及具体尺寸。图形符号的绘制是本图最主要的内容，本图涉及的图形符号很多，在绘制好了这些图形符号后可保存为图块，方便以后绘制同类图样时使用。

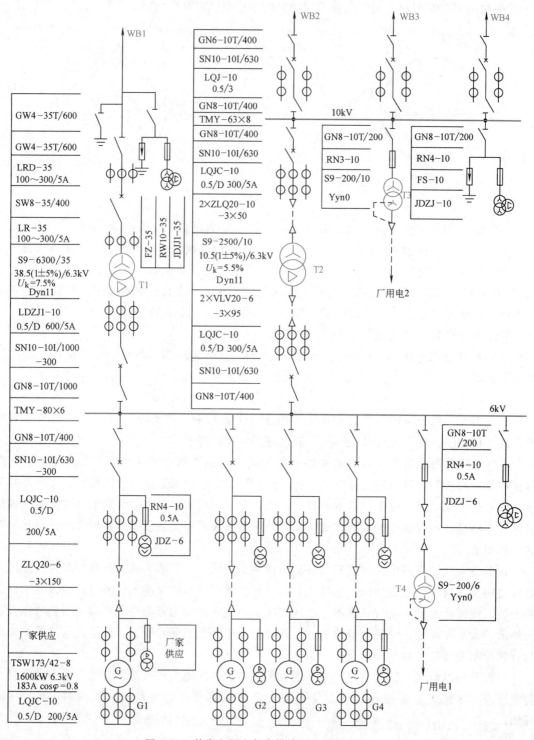

图 4-71　某发电厂电气主接线图（同图 2-33）

绘制方法和主要步骤如下：

（1）以"电气图"为样板新建一幅图。

（2）在图层 0 上绘制图形中涉及的各图形符号并保存为块。本例中的图形符号较多，不能一一介绍其具体绘制方法，下面仅以变压器、隔离开关、断路器、电压互感器这几个元件的图形符号的绘制方法为例进行介绍。

1）绘制变压器符号。绘制一个半径为 5 的圆，然后在正交方式下复制该圆到正下方适当位置，如图 4-72a 所示；以上方圆心为端点正交向下绘制长为 3 的直线，采用夹点编辑的"旋转"模式，以圆心为基点旋转复制出其余两条互差 120° 的直线段，如图 4-72b 所示；以下方圆心为中心，绘制一个半径为 3 的圆的内接正三角形，然后旋转到图形所示的位置，如图 4-72c 所示。

2）绘制隔离开关符号。在正交方式下画一条长为 12 的竖线，如图 4-73a 所示；从下方端点向上追踪距离 3，绘制一长为 8、倾角为 120° 的斜线，水平向右移动光标，到竖直线捕捉垂足得水平线，如图 4-73b 所示；移动水平线，使中点为基点，使目标为垂足，修剪得到如图 4-73c 所示结果。

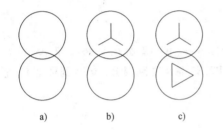

图 4-72　变压器符号的绘制

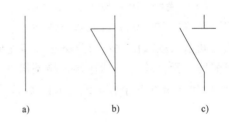

图 4-73　隔离开关符号的绘制

3）绘制断路器符号。复制隔离开关符号，对静触头（水平短横线）采用夹点编辑的"旋转"模式，以交点为基点旋转复制出 45° 和 135° 方向和两直线段，然后将原水平横线删除，得到断路器符号如图 4-74c 所示。

4）绘制电压互感器符号。复制变压器符号如图 4-75a 所示；将其缩放为原来的 0.5 倍如图 4-75b 所示；复制下方的圆及其内部的三角形到右方适当位置，在适当位置作一竖直辅助线，以辅助线为剪切边对正三角形进行修剪，删除竖直辅助线，结果如图 4-75c 所示；将下方圆中的正三角形删除并将上方圆中的符号 Y 复制到下方圆中，得到电压互感器符号如图 4-75d 所示。

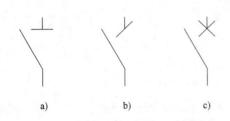

图 4-74　断路器符号的绘制

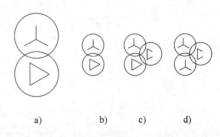

图 4-75　电压互感器符号的绘制

逐个绘制其余元件符号。各元件符号绘制完毕后均可输入"W"将其保存为外部文件块，以便今后其他图形中均可使用。

以下图形的绘制应当将各母线、连接导线及元器件、文字等不同特性的对象分别绘制在不同的图层上。

（3）绘制 6kV 母线上所接的各发电机回路接线。绘制 6kV 母线，按顺序依次插入已做好的各元件块，将其连成一条支路如图 4-76 所示的 G1 支路。在正交方式下，复制其余发电机支路（注意复制时各支路间的距离，需要进行文字标注的地方还应预留相应的空间）。

（4）绘制 35kV 侧回路。该电厂 35kV 高压侧只有一回出线，依次插入已做好的图块并将其连成一条支路，如图 4-77 的 WB1 回路。

（5）绘制 10kV 侧回路。绘制 10kV 母线，在 10kV 母线和 6kV 母

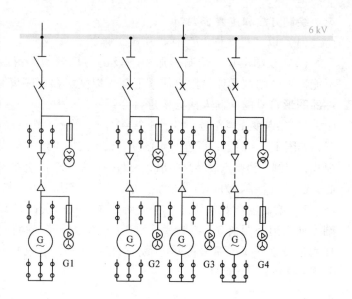

图 4-76　图 4-71 各发电机支路绘制

线之间依次插入已做好的图块并将其连成一条支路，如图 4-77 的 T2 所在支路。在 10kV 出线侧插入元件块并将其连接，绘制出图 4-77 所示的 WB2 支路，复制 WB2 支路到适当位置得到 10kV 母线其余各出线，如图 4-77 所示。

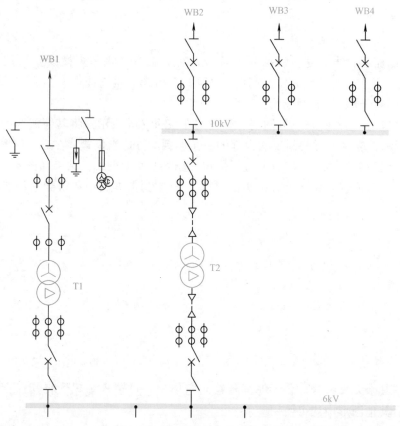

图 4-77　图 4-71 各出线回路绘制

（6）厂用电回路绘制。插入块并将其连接，绘制出从 6kV 母线上引出的厂用电回路 1，将其复制并适当修改，可绘制出从 10kV 母线上引出的厂用电回路 2。

（7）对图形进行补充绘制及细节修改。

（8）注释文字。在各进、出线回路适当位置输入注释文字并绘制文字框线，注意此过程应当尽量使用复制命令将文字复制到需要标注的位置，然后双击需要修改的文字进行编辑修改即可，如图 4-78 所示。在 AutoCAD2012 中也可设置好表格样式后，通过插入表格来完成注释文字。

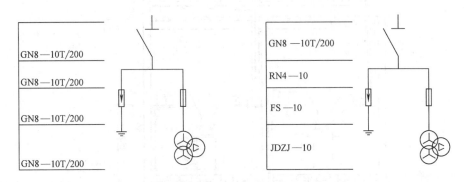

图 4-78　文字注释举例

（9）若有需要还可插入图框和标题栏等，最后保存图形及按适当的比例进行图形打印。

例 4-4　绘制电气安装图。电气安装图是表达电气设备、装置、线路等在建筑物中的安装位置、连接关系及安装方法的图形。这类图形与建筑图和电气图都有一定的联系，但也有区别。下面以图 4-79 所示的某变电所立面布置图（详见图 3-75）为例进行绘制方法的介绍。

本图例中的一些设备和材料，如电力变压器、绝缘支柱瓷瓶、电缆头、电缆保护管、母线支架等，绘制时对尺寸要求并不是很严格，只要表达出它们之间的相对位置关系和连接关系即可。但是一些关键的安装位置则必须结合建筑物绘制，并按一定比例准确给出相互间的尺寸关系。绘制此图的主要方法步骤如下。

（1）以默认样板文件创建新图，设置图层、文字样式、标注样式等。或者可以采用以前创建的同类图形的样板文件开始创建新图。

（2）确定绘图比例。因为安装图涉及精确的尺寸位置关系，而建筑图形尺寸较大，因此需要首先确定绘图比例。本图采用 1∶1 的绘图比例，在标注时由于图形尺寸很大，尺寸标注的各组成元素相对较小而无法正常显示，解决其显示的最好办法是在"标注样式管理器"中将"调整"选项卡下的"标注特征比例因子"区域的"全局比例因子"选中并设为 100，然后再进行标注（当然本图也可缩小 100 倍，即按 1∶100 的比例进行绘图，标注前则需要在标注样式中将"主单位"下的"测量单位比例因子"修改为 100，以使标注出的尺寸为各部分真实尺寸）。

在绘制以下各部分图形元素时，请注意不同特性的对象应当分别绘制在不同的图层上。

（1）绘制建筑物墙体。输入"ML"调用多线命令来绘制墙体（使用时将比例修改为 240 绘制竖直墙体，比例修改为 120 绘制水平墙体），在正交方式下绘制一长为 13000 的竖

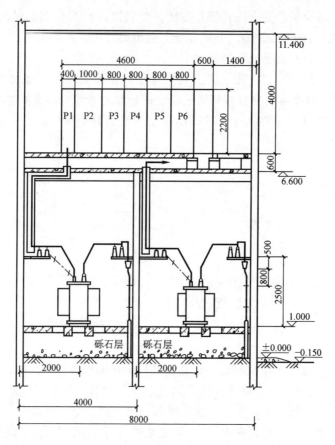

图 4-79 某变电所立面布置图

直墙体，并在其两端画上折断线表示被假想断开部分的边界。复制该墙体至水平右方距离 4600 和 8000 两个位置。绘制一水平墙体，然后将其复制到适当位置。输入"MLEDIT"调用多线编辑命令对多线各交点进行编辑，结果如图 4-80a 所示。

（2）绘制变压器、母线支架、熔断器（瓷瓶）电缆保护管等设备。这些设备只要给出示意图，具体尺寸本图不作要求。绘制好后结果如图 4-80b 所示。底层左侧变压器室内的各设备可通过右侧变压器室内相应复制并适当修改得到。

（3）绘制各低压配电屏。低压配电屏只需绘出外轮廓，可通过绘制距右侧墙体中心线 1400、高为 2200 的竖直线开始，然后复制到适当位置。

（4）进行其余细节处的绘制及修改，结果如图 4-81a 所示。

（5）进行图案填充等。本图中的图案填充可以通过采用"ar-conc"和"ANSI31"（比例设为 60）两种图案二次填充组合而成；绘制土壤符号并复制（或插入以前做好的块）；砾石层图案没有现成的图案可以使用，可以绘制一两个圆、椭圆、不规则多边形等，然后复制而成（当然也可以采用自定义的图案）。绘制结果如图 4-81b 所示。

（6）进行尺寸标注。主要采用线性尺寸标注、连续标注等命令。各高层的标注可插入本章第二节中"创建并使用块"部分所创建的名为"标高"的属性块，当提示输入属性值时注意输入各标高层对应的值。

（7）绘制完成后保存图形。

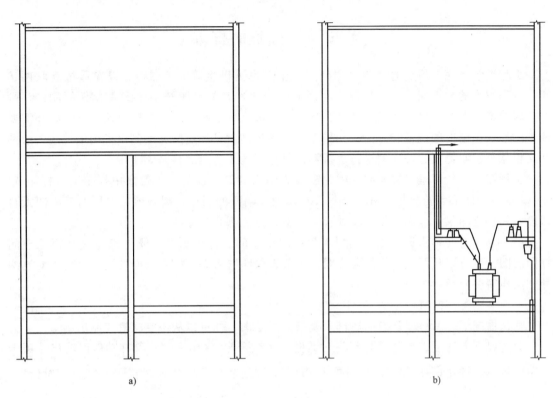

a)   b)

图 4-80 某变电所立面图的绘制（之一）

a）绘制墙体 b）绘制变压器、构架等

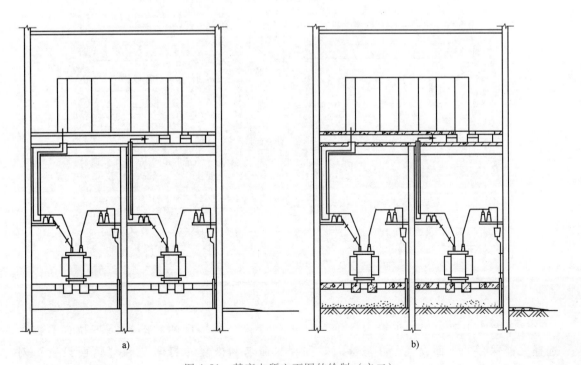

a)   b)

图 4-81 某变电所立面图的绘制（之二）

第九节　图形的打印

工程图绘制完成后，通常要打印到图纸上，也可以生成电子图样，以便通过互联网访问。打印图形的关键问题之一是设置合适的打印比例，如果图样是按 1:1 比例绘制的，则在打印时就应考虑要将图样打印到多大幅面的图纸上，以决定打印的输出比例。有时还需要调整图形在图纸上的位置和方向；如果在绘制图形前就已经定义并绘制出了图纸框线，绘图时又根据工程实物尺寸按比例进行了折算，打印时的比例就直接是 1:1。

工程图形一般都是大幅面的，因此需要大幅面的打印设备。一般家用打印机可打印 A4 或 A3 幅面的图形，若要打印 A2、A1、A0 及加长幅面的图形，则必须用专用的工程图纸打印设备——绘图仪。但无论使用哪种打印设备，方法都是相似的。

AutoCAD 有两种图形环境：模型空间和图纸空间。打印图形时既可以直接从模型空间打印出图，也可以从图纸空间打印出图，本节以打印图 4-79 到 A4 幅面的图纸上为例对这两种方法作简要介绍。

一、从模型空间打印出图

默认情况下，AutoCAD 启动后进入模型空间绘图，并可以从该空间打印输出图形。

通过以下方法可以打开"打印"对话框：①组合键"Ctrl + P"；②在功能区输出选项卡打印面板单击按钮🖨；③在命令行输入 PLOT。调用命令后打开的"打印—模型"对话框，单击右下方的⊙展开后如图 4-82 所示，在该对话框中进行相关打印参数的设置。

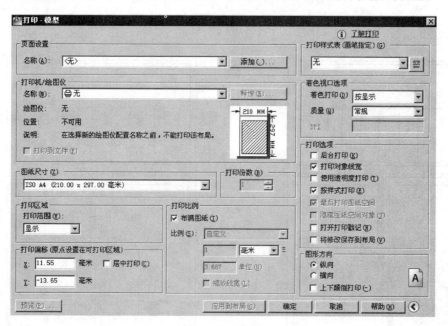

图 4-82　"打印—模型"对话框

打印参数主要包括以下设置：①在"页面设置"选项区的"名称"下拉列表框中选择之前保存的页面设置，并能够随时保存、命名和恢复"打印"和"页面设置"对话框中的所有设置；②在"打印机/绘图仪"选项区中的"名称"下拉列表框中设置打印机；③在"图纸尺寸"下拉列表中选择图纸幅面；④"打印份数"文本框输入每次打印图纸的份数；⑤"打印范围"下拉列表提供了显示、窗口、范围、图形界限4个选项，各选项功能各不相同，用户可根据需要来选择；在"打印偏移"区域通常选中"居中打印"复选框，使图形布置在图纸中央；"打印比例"勾选"布满图纸"则自动缩放图形以适应图纸；⑥在"图形方向"区域可设置图形在图纸上是水平放置、垂直放置以及是否需要颠倒打印；⑦在"打印样式表"区域可选择用于指定给模型空间或图纸空间的打印样式表。若打印机只能打印黑色，为避免打印时某些颜色很淡看不清楚，或指定打印样式表为"monochrome. ctb"，它将在打印时自动将所有颜色转换为黑色来打印。

通过模型空间打印图4-79到A4幅面图纸上时，主要要选择好打印机、A4图纸，打印范围可通过"窗口"方式回到绘图区域拉动矩形窗口以包含要打印的区域来实现，勾选"居中打印"复选框，打印样式表为"monochrome. ctb"，图形方向"纵向"，其余保持默认设置。打印预览效果如图4-83所示。

图形中带阴影的部分为A4图纸的范围，预览中图形在图纸上的效果即为最终的打印效果。

若要从模型空间打印出图框和标题栏，则绘图时就应当按比例绘制出图框等，并且将图形按比例绘制在图框范围内。

二、从图纸空间打印出图

图纸空间是专门为规划打印布局而设置的一个绘图环境。

要从图纸空间打印图形，一般建议先在模型空间按1∶1的比例进行图形的绘制，然后再切换到图纸空间，确定绘图设备、图纸尺寸、绘图方向和比例等，完成页面设置。同一幅模型空间绘制的图形可以通过布局设置打印在不同幅面的图纸上。在布局空间中还可插入标题栏、排列浮动视口及调整每个视口的显示内容和比例、增加注释、完成输出内容的组织。

下面仍以将图4-79打印到A4幅面图纸上为例，介绍从图纸空间打印图形的方法。

（1）从模型空间切换到图纸空间（布局）。单击绘图区域下方的"布局"按钮切换到图纸空间。

（2）进行页面设置。单击功能区输出

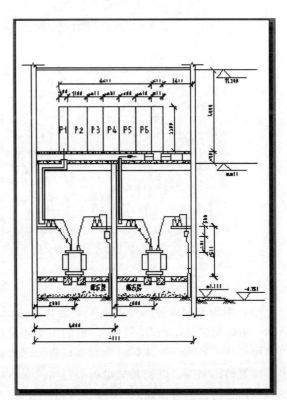

图4-83 从模型空间打印

选项卡打印面板页面设置管理器按钮 ⌸，将弹出"页面设置管理器"对话框如图4-84所示。在"页面设置管理器"中单击"修改"按钮，将弹出"页面设置"对话框，从而对所选的布局页面进行编辑设置（单击该对话框中的"新建"按钮，可以创建新的布局并进行相关设置，用以实现创建多个布局打印同一幅图）。

"页面设置"对话框如图 4-85 所示，该对话框各区域功能与"打印—模型"对话框的设置差不多。主要需要设置好打印机、图纸尺寸、图形方向、打印样式表等。在"页面设置"对话框中设置好各项参数后，单击"确定"返回"页面设置管理器"，单击关闭，返回图纸空间（默认为单一视口）。

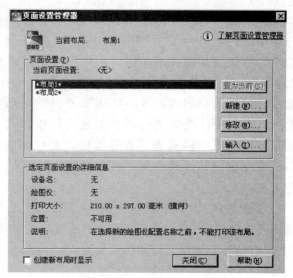

图 4-84 "页面设置管理器"对话框

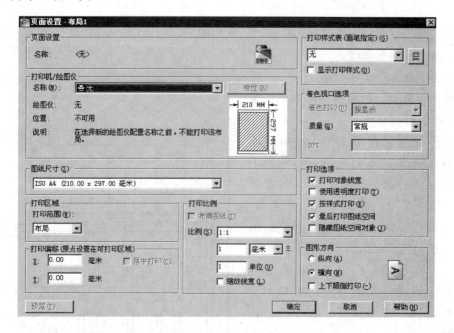

图 4-85 "页面设置"对话框

（3）组织输出内容。图纸空间下坐标系为三角形。具有单一视口的图纸空间如图 4-86 所示，最外层的是图纸范围，虚线框为可打印区域，内层的实线框即为创建的布局视口。可以利用移动、复制、拉伸等命令对视口进行修改，可创建多个视口、改变视口在图纸上的大小、位置和比例等，以使其满足图形打印的要求。还可以在图纸空间插入做好的标准图纸的图框和标题栏，也可以输入一些注释内容等，完成图形输出内容的组织。

（4）隐藏视口边框完善打印效果。视口边框线往往会影响图形的打印输出效果，可以专门为视口边框设置一个图层，通过关闭视口边框所在的图层来防止打印视口边框。

（5）以上设置得到的布局效果如图 4-87 所示，这也是最终打印到图纸上的效果。

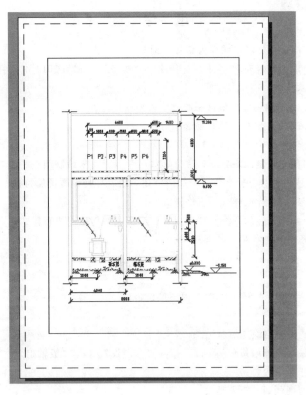

图 4-86 具有单一视口的图纸空间

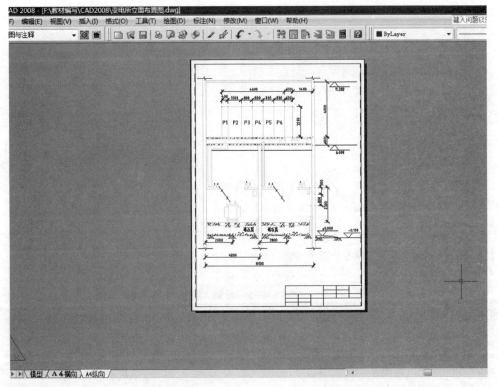

图 4-87 从图纸空间打印图形

思 考 题

4-1 AutoCAD2012 图形文件可以保存为哪些类型?

4-2 命令的重复、取消、放弃和重做各有什么功能? 在 AutoCAD2012 中怎样快速完成命令的重复、取消、放弃和重做等操作?

4-3 在 AutoCAD2012 中调用命令最常用的方法主要有哪些?

4-4 在 AutoCAD2012 中点坐标有哪几种表示方法?

4-5 什么是选择集? 如何构造选择集?

4-6 除了圆命令可用于绘制圆对象外, 还有哪些命令可以用来绘制圆?

4-7 什么是"图层", 它具有什么作用? 如何创建图层? 如何设置图层特性? 如何管理图层?

4-8 怎样设置文字样式、标注样式、表格样式?

4-9 怎样创建一个具有属性的图块? 如何插入使用图块? 使用图块有什么优点?

4-10 样板图有什么作用? 如何创建样板图?

习 题

4-1 为了方便地绘制如图 4-88 所示的几何图形, 可以 ( )。

A. 动态输入

B. 用极坐标、极轴追踪和对象追踪

C. 用极轴追踪 (设置增量角为 16), 并在"草图设置"→"极轴追踪"→"极轴角测量"中选择"相对于上一段"

4-2 在图 4-89 中两圆的圆心距离是 ( )。

A. 21.41　　　B. 22.42　　　C. 21.38　　　D. 20.21

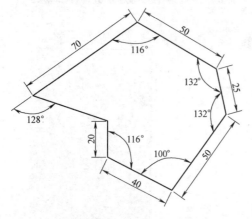

图 4-88　习题 4-1 附图

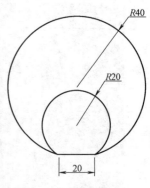

图 4-89　习题 4-2 附图

4-3 用图 4-90a 得到图 4-90b 所示的图案, 最好的办法是 ( )。

A. 复制　　　　　　　　　　B. 镜像

C. 环形阵列　　　　　　　　D. 矩形阵列, 设置 2 行 2 列, 行间距和列间距均为 20

4-4 若一个图形对象所处的图层被冻结或关闭或锁定, 这 3 种情况通过快速选择能否选中? ( )

A. 前者无法选中, 后二者可以选中, 但无法编辑　　B. 都无法选中

C. 前者无法选中, 后二者可以选中, 可以编辑　　D. 都可以选中

4-5 在一张复杂的图样中, 若要选择除半径为 20 的圆以外的其余所有对象, 最快捷的方法是 ( )。

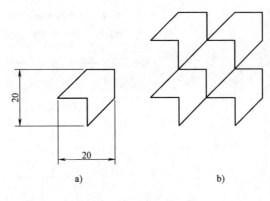

图 4-90　习题 4-3 附图

  A. 通过快速选择选中半径为 20 的圆后，冻结其所在的图层，然后按 Ctrl + A 组合键

  B. 通过快速选择选中半径为 20 的圆后，关闭其所在的图层，然后按 Ctrl + A 组合键

  C. 通过快速选择选中半径为 20 的圆后，将其删除，然后按 Ctrl + A 组合键

  D. 通过快速选择，设置选中半径为 20 的圆的条件，并勾选"排除在新选择集之外"

4-6　在对图形的多个区域进行图案填充时，往往这些图案是一体的，要使每个区域的填充图案是独立的，则最好的方法是（　　　）。

  A. 对每一个区域单独填充

  B. 将图案分解

  C. 在创建图案填充时选择"创建独立的填充图案"

  D. 在创建图案填充时选择关联。

4-7　试绘制图 4-91 所示的几何图形 1 和图形 2。

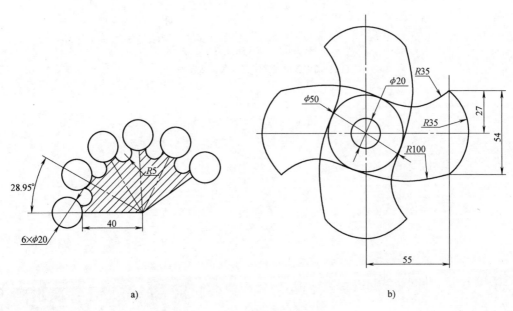

图 4-91　习题 4-7 附图

a）图形 1　b）图形 2

4-8　试绘制图 4-92 所示的某单转电动机控制原理图。

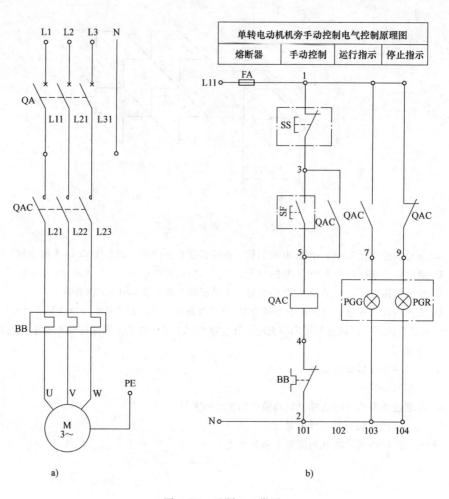

单转电动机机旁手动控制电气控制原理图			
熔断器	手动控制	运行指示	停止指示

a)   b)

图 4-92   习题 4-8 附图

（注：图中各电气文字符号含义见表 2-3。）

附 录

附录 A 强电图样的常用图形符号 （GB/T 50786—2012）

序号	常用图形符号		说 明	应用类别
	形式 1	形式 2		
1		3	导线组（示出导线数，如示出三根导线）	电路图、接线图、平面图、总平面图、系统图
2			软连接	
3	○		端子	
4			端子板	电路图
5			T 型连接	电路图、接线图、平面图、总平面图、系统图
6			导线的双 T 连接	
7			跨接连接（跨越连接）	
8			阴接触件（连接器的）、插座	电路图、接线图、系统图
9			阳接触件（连接器的）、插头	电路图、接线图、平面图、系统图
10			定向连接	
11			进入线束的点（本符号不适用于表示电气连接）	电路图、接线图、平面图、总平面图、系统图
12			电阻器，一般符号	
13			电容器，一般符号	
14			半导体二极管，一般符号	电路图
15			发光二极管（LED），一般符号	

（续）

序号	常用图形符号		说　明	应用类别
	形式1	形式2		
16			双向三极闸流晶体管	电路图
17			PNP 晶体管	
18	★		电机,一般符号 见注2	电路图、接线图、平面图、系统图
19			三相笼式感应电动机	
20			单相笼式感应电动机 有绕组分相引出端子	电路图
21			三相绕线式转子 感应电动机	
22			双绕组变压器,一般符号 (形式2可表示瞬时 电压的极性)	电路图、接线图、平面图、总平面图、系统图 　形式2只适用电路图
23			星形—三角形连接的 三相变压器	电路图、接线图、平面图、总平面图、系统图 　形式2只适用电路图
24			单相变压器组成的 三相变压器,星形— 三角形连接	
25			具有分接开关的 三相变压器,星形— 三角形连接	电路图、接线图、平面图、接线图 　形式2只适用电路图

（续）

序号	常 用 图 形 符 号		说　明	应 用 类 别
	形式 1	形式 2		
26			三相变压器,星形—三角形连接	电路图、接线图、系统图　形式 2 只适用电路图
27			自耦变压器,一般符号	电路图、接线图、平面图、总平面图、系统图　形式 2 只适用电路图
28			单相自耦变压器	
29			三相自耦变压器	电路图、接线图、系统图　形式 2 只适用电路图
30			电抗器,一般符号	
31			电压互感器	
32			电流互感器,一般符号	电路图、接线图、平面图、总平面图、系统图　形式 2 只适用电路图
33			具有两个铁心,每个铁心有一个次级绕组的电流互感器见注 3,其中形式 2 中的铁心符号可以省略	电路图、接线图、系统图　形式 2 只适用电路图
34			在一个铁心上具有两个次级绕组的电流互感器,形式 2 中的铁心符号必须画出	

（续）

序号	常用图形符号		说　明	应用类别
	形式1	形式2		
35		L1 L2 L3	三个电流互感器 （四个次级引线引出）	电路图、接线图、系统图 　形式2只适用电路图
36	L1、L3	L1 L2 L3	两个电流互感器， 导线L1和导线L3； 三个次级引线引出	
37	L1、L3	L1 L2 L3	具有两个铁心，每个铁心 有一个次级绕组的两个 电流互感器	
38	○		物件，一般符号	电路图、接线图、平面图、系统图
39	□			
40	注4			
41			有稳定输出电压的变换器	电路图、接线图、系统图
42			整流器	
43			逆变器	
44			整流器/逆变器	
45			原电池，长线代表阳极，短线代表阴极	
46			动合（常开）触点，一般符号；开关，一般符号	

（续）

序号	常用图形符号		说　明	应 用 类 别
	形式 1	形式 2		
47			动断(常闭)触点	
48			先断后合的转换触点	
49			中间断开的转换触点	
50			先合后断的双向换触点	
51			延时闭合的动合触点	
52			延时断开的动合触点 （当延时断开）	
53			延时断开的动断触点 （当带该触点的器件被吸 合时,此触点延时断开）	
54			延时闭合的动断触点 （当带该触点的器件被 释放时,此触点延时闭合）	
55			自动复位的手动按钮开关	
56			无自动复位的手动旋转开关	
57			带有防止无意操作的 手动控制的具有动合 触点的按钮开关	

（续）

序号	常用图形符号		说　明	应用类别
	形式1	形式2		
58			热继电器,动断触点	
59			接触器;接触器的主动合触点(在非操作位置上触点断开)	
60			接触器;接触器的主动断触点(在非操作位置上触点闭合)	
61			隔离器	
62			隔离开关	
63			带自动释放功能的隔离开关(具有由内装的测量继电器或脱扣器触发的自动释放功能)	
64			断路器,一般符号	
65			带隔离功能断路器	
66			继电器线圈,一般符号;驱动器件,一般符号	
67			缓慢释放继电器线圈	
68			缓慢吸合继电器线圈	
69			热继电器的驱动器	
70			熔断器,一般符号	
71			熔断器式隔离器	
72			熔断器式隔离开关	

（续）

序号	常用图形符号		说　明	应 用 类 别
	形式1	形式2		
73			火花间隙	
74			避雷器	
75	V		电压表	电路图、接线图、系统图
76	Wh		电能表（瓦时计）	
77	Wh		复费率电能表（示出二费率）	
78	⊗		信号灯，一般符号。见注5	
79			音响信号装置，一般符号（电喇叭、电铃、单击电铃、电动汽笛）	电路图、接线图、平面图、系统图
80			蜂鸣器	
81			发电站，规划的	总平面图
82			发电站，运行的	
83			热电联产发电站，规划的	
84			热电联产发电站，运行的	总平面图
85	○		变电站、配电所，规划的	
86			变电站、配电所，运行的	

（续）

序号	常用图形符号		说　明	应用类别
	形式1	形式2		
87		●	接闪杆	接线图、平面图、总平面图、系统图
88		─○─	架空线路	总平面图
89		─▢─	电力电缆井/人孔	
90		─⊟─	手孔	
91			电缆梯架、托盘和槽盒线路	平面图、总平面图
92			电缆沟线路	
93			中性线	电路图、平面图、系统图
94			保护线	
95			保护线和中性线共用线	
96			带中性线和保护线的三相线路	
97			向上配线或布线	平面图
98			向下配线或布线	
99			垂直通过配线或布线	
100			由下引来配线或布线	
101			由上引来配线或布线	
102		⊙	连接盒；接线盒	

（续）

序号	常用图形符号		说　明	应 用 类 别
	形式1	形式2		
103	形式1	形式2 MS	电动机启动器,一般符号	电路图、接线图、系统图 形式2用于平面图
104			电源插座、插孔,一般符号(用于不带保护极的电源插座)。见注6	平面图
105	形式1 ⌒3	形式2	多个电源插座 (符号表示三个插座)	
106			带保护极的电源插座	
107			单相二、三极电源插座	
108			带保护极和单极 开关的电源插座	
109			带隔离变压器的电源插座	
110			开关,一般符号 (单联单控开关)	
111			双联单控开关	
112			三联单控开关	
113			带指示灯的开关 (带指示灯的单联单控开关)	平面图
114			带指示灯双联单控开关	
115			带指示灯的三联单控开关	
116			单极限时开关	
117			单极声光控开关	

（续）

序号	常用图形符号		说　　明	应用类别
	形式1	形式2		
118			双控单极开关	
119			单极拉线开关	
120			按钮	
121			带指示灯的按钮	
122			防止无意操作的按钮 （例如借助于打碎 玻璃罩进行保护）	
123			灯, 一般符号 见注7	
124	E		应急疏散指示标志灯	平面图
125			应急疏散指示标 志灯（向右）	
126			应急疏散指示标 志灯（向左）	
127			应急疏散指示标 志灯（向左、向右）	
128			专用电路上的应急照明灯	
129			自带电源的应急照明灯	
130			荧光灯, 一般符号 （单管荧光灯）	
131			二管荧光灯	

（续）

序号	常用图形符号		说 明	应 用 类 别
	形式1	形式2		
132			三管荧光灯	
133		n	多管荧光灯,$n > 3$	
134			单管格栅灯	
135			双管格栅灯	
136			三管格栅灯	平面图
137		⊗	投光灯,一般符号	
138		⊗→	聚光灯	
139			风扇;风机	

注：1. 当电气元器件需要说明类型和敷设方式时，宜在符号旁标注下列字母：EX—防爆；EN—密闭；C—暗装。

2. 当电机需要区分不同类型时，符号"★"可采用下列字母表示：

G—发电机；GP—永磁发电机；GS—同步发电机；M—电动机；MG—能作为发电机或电动机使用的电机；MS—同步电动机；MGS—同步发电机—电动机等。

3. 符号中加上端子符号（O）表明是一个器件，如果使用了端子代号，则端子符号可以省略。

4. □ 可作为电气箱（柜、屏）的图形符号，当需要区分其类型时，宜在 □ 内标注下列字母：

LB—照明配电箱；ELB—应急照明配电箱；PB—动力配电箱；EPB—应急动力配电箱；

WB—电能表箱；SB—信号箱；TB—电源切换箱；CB—控制箱、操作箱。

5. 当电源插座需要区分不同类型时，宜在符号旁标注下列字母：

1P—单相；3P—三相；1C—单相暗敷；3C—三相暗敷；1EX—单相防爆；3EX—三相防爆；1EN—单相密闭；

3EN—三相密闭。

6. 当灯具需要区分不同类型时，宜在符号旁标注下列字母：

ST—备用照明；SA—安全照明；LL—局部照明灯；W—壁灯；C—吸顶灯；R—筒灯；

EN—密闭灯；G—圆球灯；EX—防爆灯；E—应急灯；L—花灯；P—吊灯；BM—浴霸。

附录B　发电厂与变电所电路图上的交流回路标号数字序列（供参考）

回路名称	用途	标 号 数 字 序 列				
		L1 相	L2 相	L3 相	中性线 N	零序 L
保护装置及测量表计的电流回路	LH	U401 ~ U409	V401 ~ V409	W401 ~ W409	N401 ~ N409	L401 ~ L409
	1LH	U411 ~ U419	V411 ~ V419	W411 ~ W419	N411 ~ N419	L411 ~ L419
	2LH	U421 ~ U429	V421 ~ V429	W421 ~ W429	N421 ~ N429	L421 ~ L429
	9LH	U491 ~ U499	V491 ~ V499	W491 ~ W499	N491 ~ N499	L491 ~ L499
	10LH	U501 ~ U509	V501 ~ V509	W501 ~ W509	N501 ~ N509	L501 ~ L509
	…	…	…	…	…	…

（续）

回路名称	用途	标 号 数 字 序 列				
		L1 相	L2 相	L3 相	中性线 N	零序 L
保护装置及	YH	U601 ~ U609	V601 ~ V609	W601 ~ W609	N601 ~ N609	L601 ~ L609
测量表计的	1YH	U611 ~ U619	V611 ~ V619	W611 ~ W19	N611 ~ N619	L611 ~ L619
电压回路	2YH	U621 ~ U629	V621 ~ V629	W621 ~ W629	N621 ~ N629	L621 ~ L629
控制、保护、信号回路		U1 ~ U399	V1 ~ V399	W1 ~ W399	N1 ~ N399	L1 ~ L399
绝缘监察电压 表的公用回路		U700	V700	W700	N700	

注：表中文字符号"LH"、"YH"为电流互感器和电压互感器的旧符号，新文字符号均为"BE"，见表 2-3。
　　这里是为了避免不同种类互感器的混淆，而沿用旧符号"LH"、"YH"。

附录 C　发电厂与变电所电路图上的小母线文字符号（供参考）

小 母 线 名 称		小 母 线 标 号	
		新	旧
直流控制和信号的电源及辅助小母线			
控制回路电源小母线		+ WC，- WC	+ KM，- KM
信号回路电源小母线		+ WS，- WS	+ XM，- XM
事故音响信号小母线	用于配电装置内	WAS	SYM
	用于不发遥远信号	1WAS	1SYM
	用于发遥远信号	2WAS	2SYM
	用于直流屏	3WAS	3SYM
预报信号小母线	瞬时动作的信号	1WFS	1YBM
		2WFS	2YBM
	延时动作的信号	3WFS	3YBM
		4WFS	4YBM
直流屏上的预报信号小母线（延时动作的信号）		5WFS	5YBM
		6WFS	6YBM
灯光信号小母线		WL	- DM
闪光信号小母线		WF	(+)SM
合闸小母线		WO	+ HM，- HM
"掉牌未复归"光字牌小母线		WSR	PM
交流电压、同期和电源小母线			
同期小母线	待并系统	WOSu	TQMa
		WOSw	TQMc
	运行系统	WOSu'	TQMa'
		WOSw'	TQMc'
电压小母线		WV	YM

附录 D　建筑总平面图常用图例（GB/T 50103—2001 摘录）

名　称	图 例 符 号	说　明
新建的建筑物	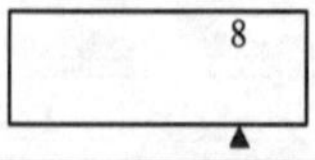	右上角数字为层数；用中粗实线表示；"▲"表示 出入口
拆除的建筑物	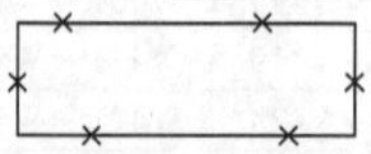	用细实线表示
围墙及大门	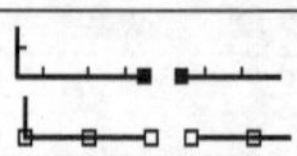	上图为实体性质的围墙，下图为通透性质的围墙

（续）

名　称	图例符号	说　明
原有道路	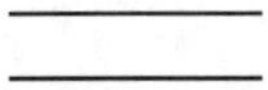	
拆除的道路	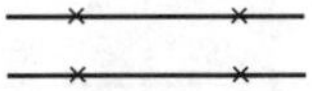	
绿篱		
护坡	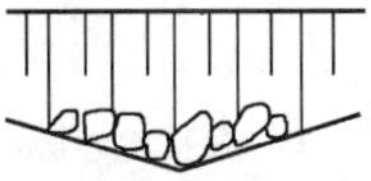	
原有建筑物	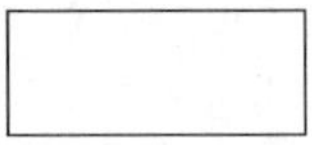	用细实线表示
室外标高	● 143.00 或 ▼ 143.00	也可用等高线表示 示例：室外标高 143.00m
新建的道路	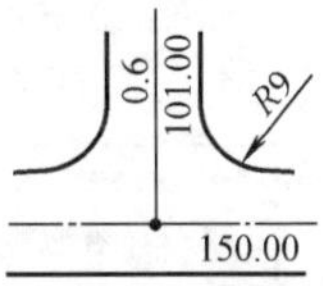 0.6 101.00 R9 150.00	图中示例： "150.00"为路面中心标高；R9 转弯半径为 9m； "101.00"为边坡点间距离；"0.6"为 0.6% 的纵向坡度
计划扩建的道路		用中虚线表示
计划扩建的预留地或建筑物		用中虚线表示
人行道	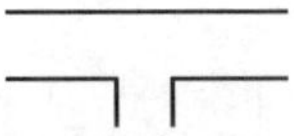	
植草砖、铺地	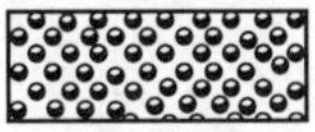	
填挖边坡	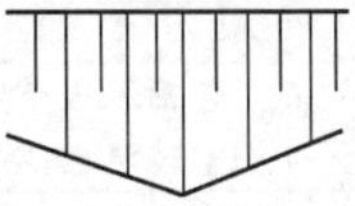	

附录 E　常用建筑材料图例（GB/T 50001—2010 摘录）

序号	名　称	图　例	备　注
1	自然土壤	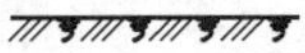	包括各种自然土层
2	夯实土壤		
3	砂、灰土	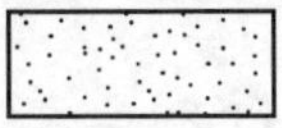	靠近轮廓线绘较密的点
4	砂砾石、碎砖三合土	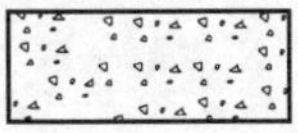	

（续）

序 号	名 称	图 例	备 注
5	石材	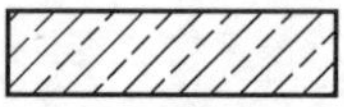	
6	毛石	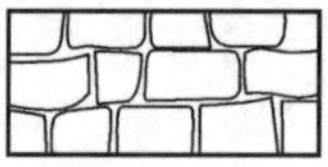	
7	普通砖	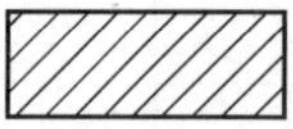	包括实心砖、多孔砖、砌块等砌体。断面较窄不易绘出图例线时,可涂黑
8	混凝土		1. 本图例指能承重的混凝土及钢筋混凝土 2. 包括各种强度等级、骨料、添加剂的混凝土 3. 在剖面图上画出钢筋时,不画图例线 4. 断面图形小,不易画出图例线时,可涂黑
9	钢筋混凝土	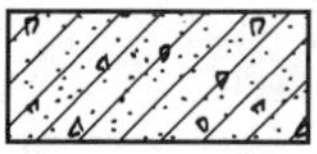	
10	木材	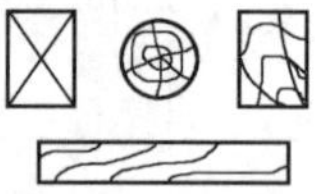	1. 上图为横断面,左上图为垫木、木砖或木龙骨 2. 下图为纵断面
11	胶合板	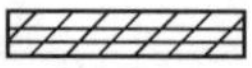	应注明为 X 层胶合板
12	石膏板	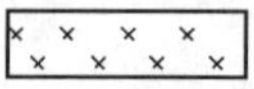	包括圆孔、方孔石膏板、防水石膏板等
13	金属	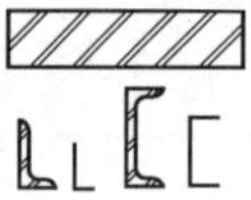	1. 包括各种金属 2. 图形小时,可涂黑
14	液体	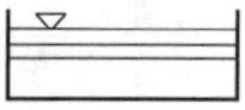	应注明具体液体名称
15	玻璃		包括平板玻璃、磨砂玻璃、夹丝玻璃、钢化玻璃、中空玻璃、加层玻璃、镀膜玻璃等
16	橡胶		
17	塑料		包括各种软、硬塑料及有机玻璃等
18	粉刷	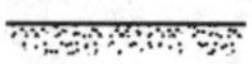	本图例采用较稀的点

注：图例中的斜线、短斜线、交叉斜线等一律为45°。

参 考 文 献

[1]　全国电气信息机构、文件编制和图形符号标准化技术委员会. 新编电气图形符号标准手册［M］. 北京：中国标准出版社，2005.

[2]　中国标准出版社. 电气制图国家标准汇编［M］. 北京：中国标准出版社，2005.

[3]　中国标准出版社. GB/T 4728.6～13—2008　电气简图用图形符号［S］. 北京：中国标准出版社，2010.

[4]　中国标准出版社. GB/T 5465.22—2008　电气设备用图形符号　第2部分：图形符号［S］. 北京：中国标准出版社，2010.

[5]　中华人民共和国住房和城乡建设部. 房屋建筑制图统一标准［S］. 北京：中国计划出版社，2011.

[6]　中华人民共和国住房和城乡建设部. GB/T 50786—2012　建筑电气制图标准［S］. 北京：中国建筑工业出版社，2012.

[7]　白公. 怎样阅读电气工程图［M］. 3版. 北京：机械工业出版社，2012.

[8]　叶玉驹，焦永和，张彤. 机械制图手册［M］. 5版. 北京：机械工业出版社，2012.

[9]　朱献清. 物业供电与电气设备［M］. 北京：机械工业出版社，2004.

[10]　朱献清. 物业供用电［M］. 北京：机械工业出版社，2006.

[11]　郭再泉，朱献清. 电工识图［M］. 北京：机械工业出版社，1999.

[12]　朱献清. 电气技术识图［M］. 北京：机械工业出版社，2007.

[13]　黄和平. AutoCAD 2008实用教程［M］. 北京：清华大学出版社，2007.

[14]　杨中瑞，叶德云. 电气工程CAD［M］. 北京：中国水利水电出版社，2004.

[15]　朱献清，郑静. 电气制图［M］. 北京：机械工业出版社，2009.

[16]　CAD/CAM/CAE技术联盟. AutoCAD2012中文版电气设计. 北京：清华大学出版社，2012.